创意学教程

CHUANGYIXUE JIAOCHENG

主　编　赵明华

副主编　丁社教
　　　　高宝营
　　　　刘志成

西北工业大学出版社

【内容简介】 本教程结合学生的专业学习和职业选择的实际，对学生全面讲授了人类创意思维活动和实现创新思想的教育。全书共分三篇。第一篇，创意原理。包括创意的基本概念、创意思维、创意过程及创意成果，使读者了解创意产生、发展的基本规律。第二篇，创意方法。包括思维障碍排除、思维潜力开发、思维方式训练等内容，其目的是要培养学生的创新思维能力。第三篇，创意思维的具体应用。包括产品创意、管理创意和营销创意，重点指导学生把创意思维与市场经济密切结合起来。

本教程是专为我国众多面临择业、就业、创业的人们而编写的一个理论与实践相结合的创新教育系列教材之一，具有很强的系统性、时代性和实用性。主要阅读对象是高等学校的大学生、研究生及广大祈盼生机、祈盼财富、祈盼成功而辛勤创业、再创业的各界人士。

图书在版编目(CIP)数据

创意学教程/赵明华主编．—西安：西北工业大学出版社，2003.9(2013.9 重印)
(创新教育系列教材)
ISBN 978-7-5612-1667-5

Ⅰ．创… Ⅱ．赵… Ⅲ．创意思维学—高等学校—教材 Ⅳ．B804.4

中国版本图书馆 CIP 数据核字(2003)第 080886 号

出版发行：西北工业大学出版社
通信地址：西安市友谊西路 127 号 邮编：710072 电话：(029)88493844
网 址：www.nwpup.com
印 刷 者：陕西天元印务有限责任公司
开 本：787 mm×960 mm 1/16
印 张：19.5
字 数：290 千字
版 次：2004 年 1 月第 1 版 2013 年 8 月第 5 次印刷
定 价：35.00 元

创新教育系列教材高级顾问

创新教育系列教材编委会

创新教育

马文瑞题

2003年十月十八日

马文瑞　全国政协原副主席

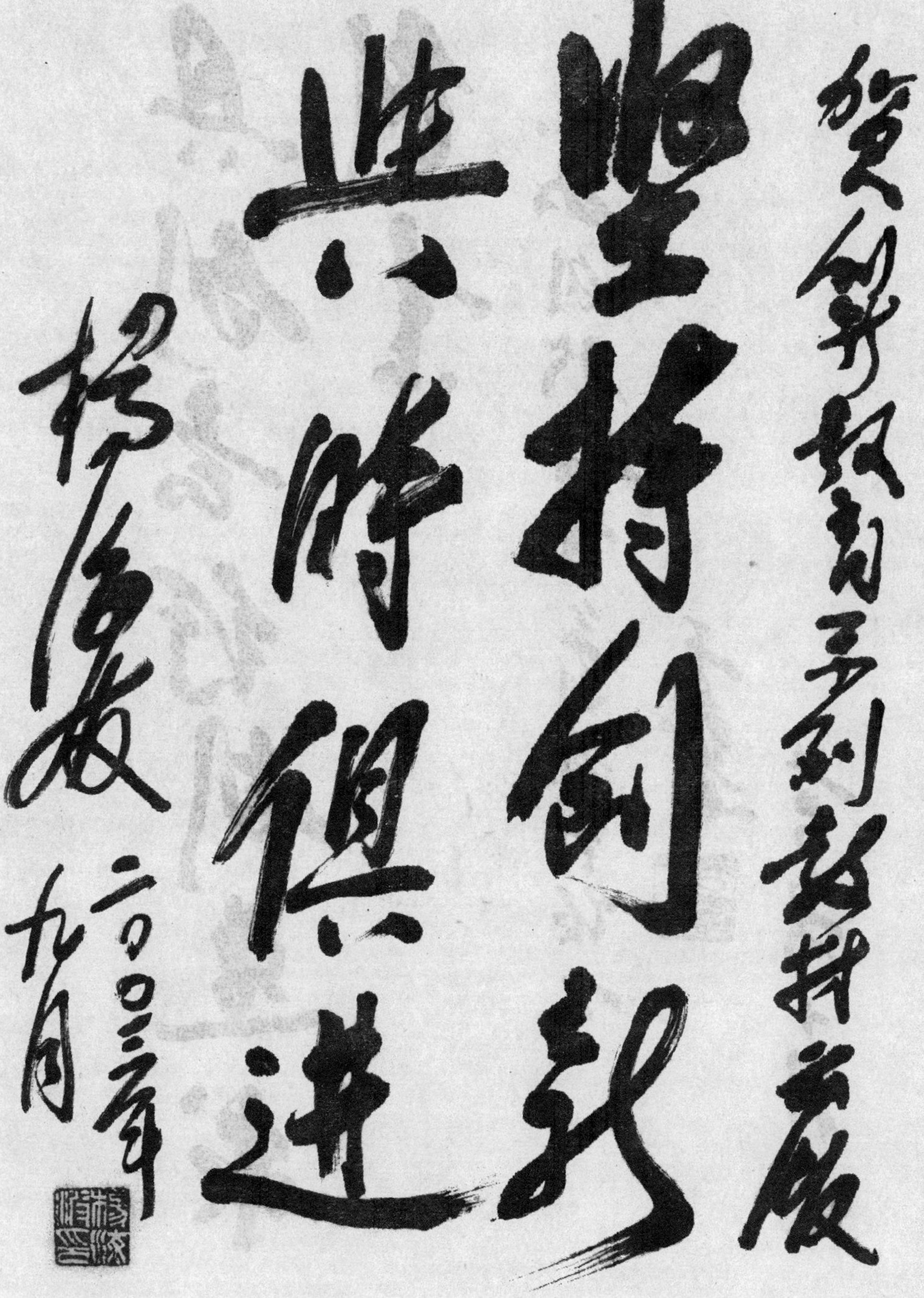

杨海波　全国人大教科文卫委员会原副主任，教育部原副部长

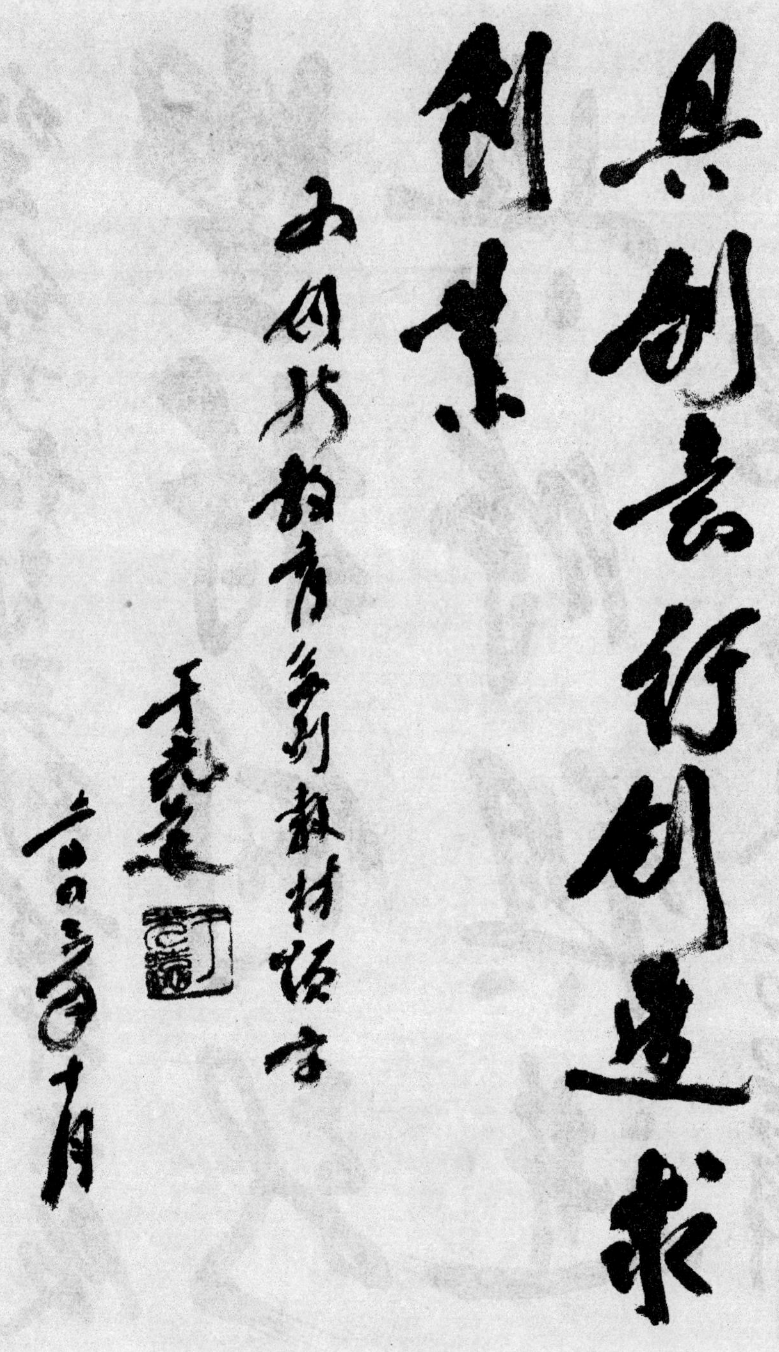

于光远　中国著名学者，经济学家

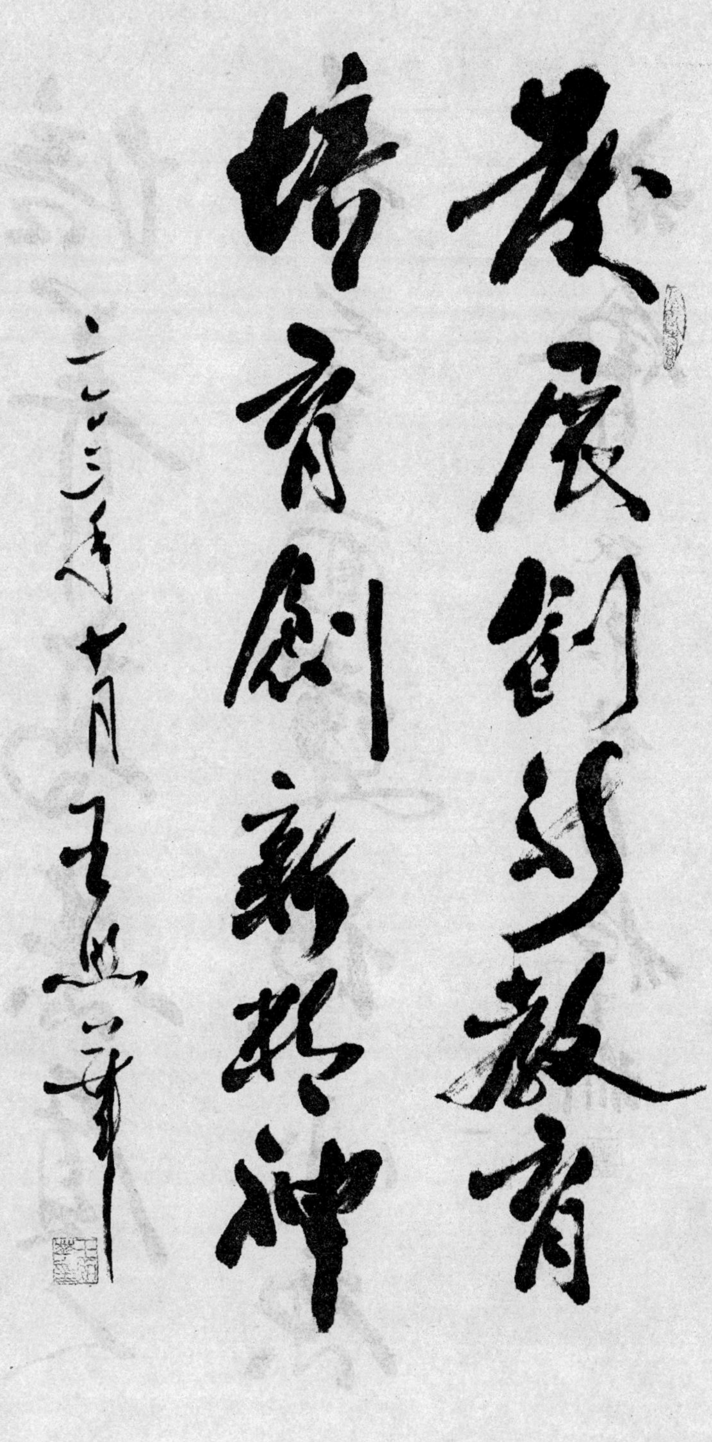

王照华　中国关心下一代发展委员会会长，中共中央组织部原副部长

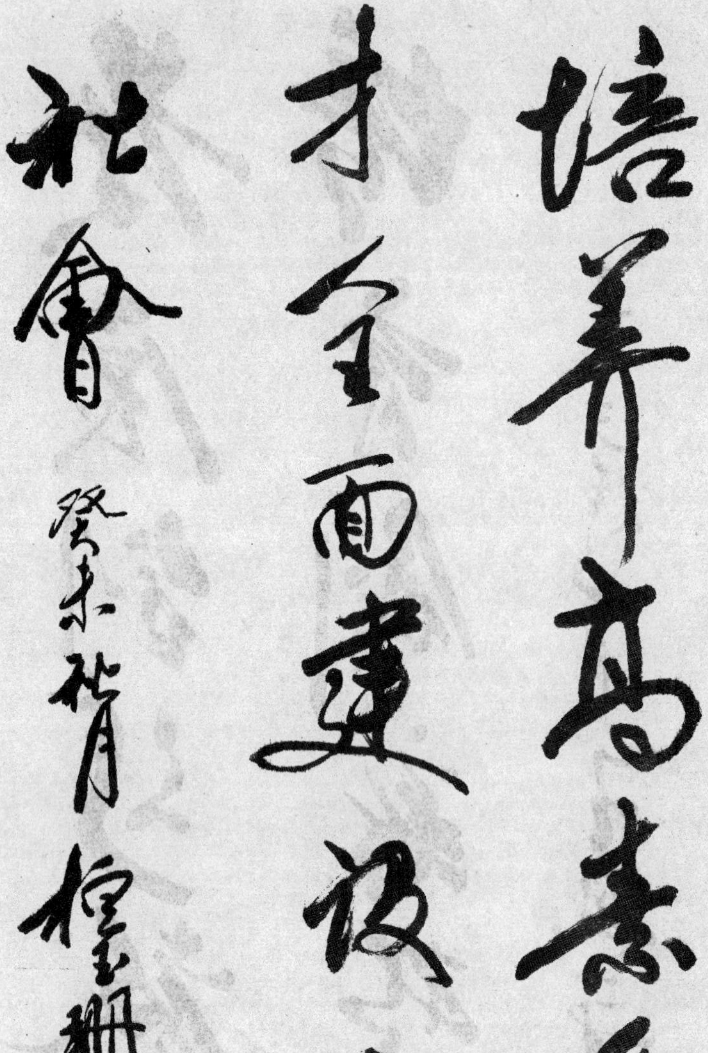

桓玉珊　全国工商联合会原副主席

创意以解放思想
创造以回报社会
创业以成就人才

叶金福
二〇〇三年十二月十六日

叶金福　西北工业大学党委书记兼管理学院院长

祝賀創新教育系列教材出版

发展創新教育

培育民族精神

陳一堅

二〇〇三、十二、十二

陈一坚　中国工程院院士，中国“飞豹”飞机总设计师

把创新的旗帜插上科学的高峰

袁贵仁*

我们正处在全面建设小康社会、加快推进社会主义现代化的伟大时代。这是一个崇尚科学、鼓励创新的时代。科学技术日新月异,知识经济方兴未艾,极大地改变了人们的社会生产和生活方式,极大地丰富了人们的物质生活和精神生活。改革开放和现代化建设的巨大成就,用无数的事实表明:创新,已经成为引导当今社会前进的旗帜。

创新是门科学,它需要以实践为基础,需要用理论来指导。现在,人人都在讲创新,没有谁会怀疑创新的重要性。人们对"创新的关键在人才,人才的培养靠教育"的名言也都耳熟能详。但如何自觉地进行创新,怎样实现创新教育,对这样的深层次问题,还需要专家学者们进一步探讨,从更高的高度和更新的角度,加以整合、概括、提炼和升华,形成比较完善的创新教育理论与实践体系。党的十六大报告指出:"实践基础上的理论创新是社会发展和变革的先导。通过理论创新推动制度创新、科技创新、文化创新以及其他各方面的创新,不断在实践中探索前进,永不自满,永不懈怠,这是我们要长期坚持的治党治国之道。"这一重要论述,高度评价了理论创新的意义,提出了研究创新理论、加强创新能力培养的光荣而艰巨的任务。完成这一任务,高等教育责无旁贷。

近几年来,我们教育界一直在探索创新教育问题。不少高等院校开设了创新课程,开展了以创新为主题的丰富多彩、形式多样的校园文化活动,许多学校还成立了创新教育研究中心,或创新实践指导中心等,以培养学生的创新精神和指导学生的创新活动。这反映了我国高校与时俱进,适应社会发展需要,积极培养创新人才的科学态度和开拓精神。但这仅仅是一个开端。从全国来说,创新教育活动和创新教育理论研究还亟待加强,使之系统化、科学化。令人高兴的是,西北工业大学人文与经法学院、管理学院和德育教研室的教师们在多年实践的基础上,在全国率先编写了一套独具特色的创新教育系列教材。这就是读者看到的《创意学教程》、《创造学教程》和《创业学教程》。这套教材吸收了我国高校创新教育的成果,反映了高校创新教育的整体水平,标志着我们对创新教育的认识已从感性认识发展到理性认识,创新教育实践已从简单的课程设置向着学科建设方向发展。这套教材的作者们完成了一项开创性的工作,做了一件大事。这就是建立创新学的学科,把创新旗帜插上了科学的高峰。我向作者们表示祝贺和敬意。

我们知道,作为一门新的学科,它必须具备创造性、系统性和时代性等特征。这套教材是

* 袁贵仁——时任中华人民共和国教育部副部长,现任中华人民共和国教育部部长。

符合这些条件的。

从创造性来讲，新的学科所反映的应该是一个新的知识体系，在这点上，这套教材是显而易见的。虽然在20世纪创意学、创造学和创业学就相继出现，但这套教材围绕创新这个主题，结合中国的实际，以全新的理念和视野将三门单一的知识有机地联系在一起，上升到学科的高度，构成一个完整的体系。这是这套教材的创造性之处。

从系统性来看，新的学科需要反映客观对象规律的系统知识，这套教材致力于对创新活动基本规律和特点的深入揭示和全面把握。三部教程是一个不可分割的统一体，其中，创意学提出创新思维理论，创造学提出创新开发理论，创业学提出创新应用理论。它们实际覆盖了创新实践活动的完整过程。

再来看时代性。任何一门新的学科，都是时代的产物，都是适应时代的需要而产生的。这套教材的时代色彩也非常鲜明。教材以创业作为落脚点，就很有时代意义。当代中国，就业和创业已成为全社会关注的一个热点和各级党委政府工作的重点。当然，创业教育不仅仅局限在就业这一层面，更为重要和更为长远的是，中华民族的复兴需要一代具有实践能力和创业精神的高素质人才。创业教育，对于开发和施展人的智慧和才华，充分实现人的价值，具有特别重要的意义。

从学科的角度看，这套教材中不尽如人意之处也是明显的。它还稚嫩，不少内容有待完善，有些观点值得商榷。但是，必须肯定，它是我国高等院校在实践创新教育过程中的一个有益的尝试，一个良好的开端。

教育部一向重视高校的创新教育工作，对于任何有价值的进展和成果，都给予鼓励和支持。我希望全国高校都能像西北工业大学这样，在创新教育方面有所创建，有所成就。同时，也希望西北工业大学的教师们继续努力，刻苦钻研，不断完善这套教材理论体系，优化其结构，丰富其内容，特别是精选一批典型案例，使之成为一部在全国有影响力和吸引力的精品教材。

我相信，随着高等院校创新教育理论与实践的不断深化，创新教育这一新的学科将不断完善和逐渐成熟。创新教育，任重而道远。衷心希望在社会各界的支持下，教育战线有志之士不懈努力，不断推进我国的创新教育迈入更高的境界，为实施科教兴国战略、人才强国战略、可持续发展战略做出我们应有的贡献。

2003年10月16日

于北京

唱响创新主旋律

姜澄宇*

我们正处在一个知识经济蓬勃兴起的时代。正如农业经济以水为动力，工业经济以电为动力一样，知识经济要以创新为动力。这是一个需要用创新来推动的时代。

创新是当今时代的旗帜。在中国的历史上，从来没有哪个时代把创新提升到像今天这样的高度。“创新”一词的使用率超过了眼下最时髦的词汇，诸如管理创新、制度创新、技术创新、理论创新、艺术创新、教育创新等，触目可见，比比皆是。中国人如此关注创新，自然就提出了创新人才的问题。江泽民同志有句名言：“创新的关键在人才，人才的成长靠教育”。讲来讲去，所有的创新，最终都得落脚在创新教育上。

如果说创新是一支流行曲，那么创新教育就是这支曲子的主旋律，高校作为培养人才的基地，理应承担起领唱的任务。

进行创新教育，教材是必不可少的，没有教材，教育便成了无米之炊。目前，关于创新的书籍出版不少，但大多不成体系，缺乏特色，能成为教材的屈指可数。教材成了进行创新教育的关键和当务之急。我校教师就是在这种背景下编写了这套名为《创意学教程》、《创造学教程》和《创业学教程》的创新教育系列教材。

出于一名高等教育工作者的兴趣和责任感，我浏览了这套教材的清样，虽说是走马观花、浮光掠影，但读后却受益匪浅。

这套教材从形式上给我的直观感觉，与其说是一套系列教材，不如说是一个创新体系。三部书名并没有重复创新的字眼，而是用“创意”、“创造”和“创业”来表现创新的具体内容。这种组合本身就是一种创新，至少在此之前我还未见有这种组合。如果你仔细分析，就会发现这种组合似乎是自然天成，无懈可击的。《创意学教程》讲的是思维创新；《创造学教程》讲的是产品创新；而《创业学教程》讲的是事业创新。把三者联系起来，大概可以这样理解：创意产生新的设想，创造把这种设想物化为有形的新产品，创业利用这一产品创建一个新的事业。这是一个完整的创新过程。无独到不能言创新，惟联系才可称系列。这的确是一套名副其实的创新系列教材。事实上，当教材的策划者把这三个概念组合到一起的时候，一个新的创新体系就诞生了。也许，这套教材的最大独特之处就在于此吧。

难能可贵的是，这套教材在内容上注重文理交叉和多学科渗透，具有很强的兼容性。它以

---

* 姜澄宇——西北工业大学校长兼研究生院院长，博士生导师，教授，亚太生产力创新学会副会长，中国航空学会副理事长，国家科技进步奖评审专家，国防科技进步奖评审专家。

全体大学生为对象，摈弃学科偏见，不受专业限制，文科学生可以读，理工科学生也可以读，真正实现了文理贯通，具有较强的通用性、综合性和实用性。例如，原来意义上的创造学，主要讲技术发明，是以工科学生为主要对象的。而《创造学教程》则把“创造”的概念扩展到了科学研究、艺术创作等领域，把创造学发展成为理、工、文科大学生的共同课程。用“有教无类”来评价是不算过分的。

尤其值得一提的是这套教材的实用效果，它不限于一般意义上的知识传授，满足于让学生懂得“知识就是力量”的道理，而是更注重联系我国社会的现实情况和市场经济的实际，启发学生“知识就是财富”的思想，并指导学生“怎样把知识变成财富”。比如《创意学教程》中，就专门介绍了创意成果的商品化问题。在《创造学教程》中，专门讨论了知识产权和技术保护问题。《创业学教程》的内容就更是如此了。需要指出的是，西北工业大学的创业教育在全国高等学校中是启动比较早的。据我所知，教育部高教司从 2002 年 4 月才开始创业教育的试点工作，而这时西北工业大学开设创业学课程已有两年了。这充分说明我校教师具有独到的眼光和创新能力，同时，也是对为什么我校教师能编出这样一套富有特色的创新教育系列教材所做的最有力的注解。

教材是反映一所高等学校教学水平和学科建设水平的标志之一。西北工业大学出过不少在全国有影响力的优秀教材，不过大多都是工科教材，文科优秀教材则寥若晨星，这使得我们同全国先进院校有了相当的差距。众所周知，西北工业大学是一所以工理为主的大学，我们有强大的工科，形成了以航空、航天、航海“三航”为特色的一大批先进学科群，但管、文、经、法等学科相对较弱，形成了桎梏我校进一步发展的“瓶颈”。我在许多场合讲过：没有一个强大的文科，就不会有持久强大的工科，更不会有高水平研究型的大学。西北工业大学文弱工强的现状不改变，建设国内一流、国际知名高水平大学的目标就是一句空话，工、理、管、文、法、经必须协调发展。这套教材的出版，使我感到西北工业大学人文学科正在形成自己的一个优势，这就是“三创”特色。目前，许多学校都在开展创新教育，而以“创意、创造、创业”为核心内容的创新教育则只有西北工业大学一家，这当然是一个良好的开端。我相信这套教材的出版，将使创新教育成为我校人文学科的一个新的教学与研究的增长点，我希望我校人文学科建设进入快速发展的轨道。

创新如旭日东升，给大地、给人类带来无限生机。愿这套创新教育系列教材也如东升之旭日，为我们的大学生、青年朋友及所有创业的人们带来光明，带来光辉灿烂的美好前程！

最后，我要对这套教材的作者们说几句话。创新教育是交响乐，而不是独奏曲。希望大家在现有的基础上，再接再厉，虚心向兄弟院校学习，加强交流，取长补短，不断用新的研究成果来丰富、深化、完善这套教材，继续不断地辛勤工作和努力奋斗，以开放的精神加入到创新教育的大合唱中，唱响创新主旋律！

2003 年 9 月 10 日

于西安

目录

第一篇　基础理念

CH.01

CH.02

CHUANG YI XUE

CH.03

CH.04

第二篇　方法训练

CH.05

CH.06

CHUANG YI XUE

CH.07

第三篇 实务运作

CH.08

第 一 篇

基础理念

第1章 导论

不怨天，不尤人，下学而上达。

——《论语·宪问》

【创造创意】

永恒的竞争是世界的规则。只有敢于接受挑战，才会激活创意思维；有创意，才有个性；有个性才有生命力，有特点，才有竞争力，出奇才能制胜。

曾有科学家做过这样的一个试验：将100个人分成A、B两组。为A组的50人提供了舒适环境，打高尔夫球，有大轿车送，玩麻将，吃法式西餐，总之，应有尽有，一切欲望和需求都可以不费丝毫气力得到满足。而B组的50人，无论干什么事都障碍重重，总有各种各样的难处。这样过了6个月，A组的人整天昏昏然，精神倦怠，而B组的人却精神抖擞并提出了许多新设想。结论：逆境促人警醒，舒适教人慵懒。

首先开始对自己未来的创意吧，你会有不菲的收获。有了创意的春天，离硕果之秋还会远吗？

【学习指南】

本章学习目的

通过对创意学基本框架的学习，了解到本课程是一个集传播创意学基本知识与训练创意人为一体的现代课程体系，从而促使读者能够积极检视自身，开始进入学习创意、进行创意的过程之中。

本章内容提要

创意既是能够产生创造性社会后果或成果的思维过程，又是在思维方法、思维形式工具、思维过程的某些方面富有独创性的思维。创意的特性主要有独立性、敏捷性、灵活性、伸展性、深刻性。创意学是以创意人与自然、社会环境不断交换信息从而创造新信息的社会实践过程为研究对象，发现并遵循其规律进而培养现代创意人的新兴学科。

第1章 导论

创意是创意人从事创造性社会实践的过程，是一个与自然、社会环境不断交换信息的过程。如今，随着社会的飞速发展，科学技术水平日益提高，如何提高创意的效率，就成为人们日益关注的课题。创意学作为一门新兴学科应运而生，并得以迅速发展，生机勃勃，蒸蒸日上，充满着活力和魅力。它在社会生活尤其是市场经济中的地位因此显得愈加突出，遍布经济生活中的每一个角落，也成为一个人取得成功的关键因素之一。

创意是知识资本不断增值的源泉。

第一节 创意与创意人

一、创意的内涵

创意：Creative
Creativity
Idea

1. 创意的词源

创意的汉语原意是指写文章要有新意。在英文中，“创意”似乎没有形成统一的、被广泛使用的专用名词，在英文中创意一词有三种表达方式：

创意，含义之复杂，也说明其本身的灵活性。

其一，Creative，其英文原意是创意性的、有创意力的，现在常常被人们引申为“创意”，如“Creative Strategy”一词常被译为“创意策略”。

其二，Creativity，其英文原意为创作道理，有时被译为“创意”。

其三，Idea，其英文原意是思想、概念、主意、念头、计划、打算等。这是创意最普遍、最有代表性的英文词汇。其出自著名广告大师詹姆斯·韦伯·扬(Jams Webb Young)的广告名著 *A Technique for Producing Ideas*，此书译为《产生创意的方法》，自此，Idea 作为创意一词便被普遍认同并被广泛使用开来。

创意的核心是建立一种新的有意义的关系的艺术。

因此可以说，“创意”这一概念有多层含义，它最基本的含义是指创造性的主意，一个好点子，一种从未有过的东西。它既是一个静止的概念，又是一个动态的过程。静态的“创意”是指创意性的意念、巧妙的构思，即通常所说的“好点子、好主意”；动态的“创意”是指创意性的思维活动，是“从无到有的”这一逻辑思想的产生过程。

CH.1

2. 创意的内涵

美国广告大师李奥·贝纳提出，创意的核心是运用有关的、可信的、品调高的方式，与以前无关的事物之间建立一种新的有意义的关系的艺术。从内容而言，创意包括两方面：首先，它是能够产生创造性社会后果或成果的思维过程；其次，它是在思维方法、思维形式工具、思维过程的某些方面富有独创性的思维，即创意思维就是思维本身和思维结果均具有创造特点的思维。在这里，思维方法、形式、过程的创新性，是思维结果富有创造性的前提，后者是前者的归宿，并且是创意思维的意义所在。

创意的关键在于创造。而创造既是一个过程也是一种成果，可分为三种，即发现、发明、发展。

创意的关键在于创造。

第一，发现。指在特定的时间、空间范围内，发现了在此范围内其他人尚未知道的现象、事物、规律、原理、物品、问题等。例如，在生物学领域，发现了一个新物种；在物理学领域，发现了一种新粒子，发现了万有引力、相对论等物质运动的规律和原理；在社会学领域，发现了一种新文化、一个新部(村)落；在历史与考古领域，发现了已经失传的文献、文物；在经济生活中，发现了一种新材料、新原料，等等。发现作为一种创造性活动的特点在于，被发现之对象本身是一种客观存在，只不过尚未被人们认识，人们通过创意思维将对象揭示出来，从而将这些对象纳入人类的知识领域。

发明："无中生有"
发现："有中出新"

第二，发明。指运用已知道或新发现的规律、原理等，局部或整体性地改进、分解、组合、提升既存的事物、物品、理论及其他物质、精神成果，创造出新的技术、产品或产品品种，以及新的制度、规范、方法和其他新型的物质与文化成果等。如发明制造出的新工具、新材料、新工艺；创造出的新型企业组织模式、新金融形式及新市场关系等。发明与发现的区别在于，后者是对已存事物的开创性认识，而前者则以已存文明成果为依托，"无中生有"，创造出原来并不存在的新事物。当然，发明是分层次的，局部性创新和整体性创新作为发明，其后果不无差别。例如，如果只是局部性对既有产品进行改进，那么这种发明便只能提供改进型产品；如果对既有产品进行整体性改进，那么这种发明就能提供全新型产品。但即使是局部性改进，经过局部改进的产品，虽然不能以全新产品的面貌出现，但都可以以全新产品品种的面貌出现。因此，改进型产品也是新产品，从事这种创意的活动，也是一种发明活动。

创意是人类社会不断进步的原动力。

第三，发展。指对既存物质及精神文明的成果进行较为系统化的创新。发展型创意通常有两种情况：一是对既存物质与精神文明成果的空档、缺陷、弊端等加以弥补、纠正、改进；二是根据时空条件的变化，对原有成果予以丰富、完善、扬弃。发展作为具有系统性特征的创意，本身可能包含了一系列的发现或发明的成果。前者如社会主义市场经济对资本主义自由市场经济继承、弥补、纠正；后者如邓小平理论对毛泽东思想的继承、扬弃和创新。

发现、发明、发展的涵义及其价值具有相对性的特点，因而创意思维也具有不同层次。如同样是发现，第一个发现“看不见的手”即市场规律对于经济运行作用的亚当·斯密，他的发现就是在整个人类尚未认识这一经济运行原理时做出的；通过学习和实践，认为在社会主义生产关系下，经济运行也同样受“看不见的手”的制约，同样受价值规律的支配。这一发现就仅仅只对于某一局部的、特定的社会单位而言才有意义。当然，在人类社会中的某一局部范围内，第一个发现某一原理、某一现象或问题的，也是一种发现，但这种发现的层次，显然不能与在整个人类社会范围内的首次发现相媲美。尤其在信息时代，在世界各国、各地区的交往越来越密切的条件下，人们的创造性能力更应该向高标准、高层次看齐，力争使发现、发明和发展具有世界先进水平。只有这样做，才能减少重复性劳动，提高创意思维的经济社会效果。

3. 创意的特性

创意思维成果有赖于思维方式、方法、过程本身的创新，思维成果的创新性与思维活动的创新性，是创意思维内涵的不可分割的两个方面。因此，作为在形式、方法、过程上具有一定标新立异性质的创意思维，它除了具有前文所述的思维的一般特性外，还具有下述独特的品质。

创意之特性：
独立性
敏捷性
灵活性
伸展性
深刻性

第一，独立性。指创意思维在展开过程中，具有不依赖现成的答案和方法，不易受他人暗示的品格，在逻辑上属于超出原有论域的思维。缺乏独立性的思维，照本宣科、墨守成规、依葫芦画瓢，是不可能产生创造性成果的。

第二，敏捷性。指创意思维具有面对问题时能迅速做出反应、思维进程的速度较快的品格。创意思维的这一特点及作用，尤其在人们面对复杂多变的事物时，更能显示出来。敏捷的反面是迟钝，迟钝的思维抓不住变化万千的现象，无法捕捉转瞬即逝的信息，更无法对捕捉的印象、信息迅速进行加工处理，当然也就难以取得创造性成果。

第三，灵活性。指创意思维所具有的能根据具体情况的需要，随时调整、改进原有思路及其假说、假设、方案等的品性。与灵活思维相反的是直线思维，认死理、思路单调，屡屡碰壁而不知迂回。

第四，伸展性。指创意思维所具有的向前、向后、向左、向右延伸的品质。这一品质引导的结果，就是创意思维在展开过程中，易于全面、整体性地抓住对象，不仅善于抓住对象的基本轮廓，而且善于抓住重要细节；不仅善于抓住对象本身，而且善于抓住与所考察对象相关的现象、事物或问题。思维的伸展性问题，即思维向大处、小（细）处，向过去、将来等向外的延伸力度问题。

第五，深刻性。指创意思维所具有的善于透过现象而深入事物本质的品性。透过现象看本质，才能找到对象的因果联系，从多方面和多种联系中理解问题，进而找到创造的突破口。思维过于肤浅，就抓不住问题的根本，是不可能产生创意思维成果的。

创意思维在形式、方法、过程上具有一定标新立异的性质。

创意思维的独立性、敏捷性、灵活性、伸展性、深刻性品质，通俗地表达出来，就是指思路快、思路活、思路广、思路多、思路深，它决定了创意思维与常规性思维相比较，在思维的高度、广（宽）度、长度、密度、深度方面，具有明显的优势。

阿基米德曾充满自信地说过："假如给我一个支点，我就可以托起整个地球。"的确，在流淌而去的历史长河中，创新先驱们都曾以自己某一个独特的"支点"，支撑起为后人仰慕的一片天空。从笛卡尔坐标系、普朗克常数、阿基米德定律、相对论、量子力学，到蒸汽机、白炽灯、电动机、雷达、电子计算机等给人类生活带来翻天覆地变化的难以计数的科学技术成果，至今仍是人们步入科学殿堂的一块块基石，仍是人们创造物质财富和精神财富必不可少的工具。浇铸这块块基石、创造那笔笔财富的，不仅有创新英豪们意志的力量、神奇的思维，还有他们娴熟的创新技能和方法。创新技能和方法包含着因勤于好问而积累的阅历、经验、学识，也包含着由敏于睿思而养成的悟性，其中最主要的，当属以笃于务实为宗旨的创新技能技法。而贯穿于这创新技能技法核心的是创意思维。

创意是人们创造物质财富和精神财富必不可少的基石。

总之，培养创意思维，提高人的创造能力，一方面要从掌握科学思维方法、工具，加强思维训练着手；另一方面也要根据心理学原理，注重科学地培养自身的创造动机和兴趣。从这一目的出发，我们力倡理论

与实践的统一，在着重探讨创意思维的过程、形式、方法的同时，强调运用科学的方法进行创意思维的强化训练。

二、创意人的内涵

目前对创意人还没有一个明确的定义，也没有一个统一的标准，但可以肯定的一点是只要有思维能力的人都可以进行创意。

人人具有创意能力。创意能力与智力不同。智力是一种认知能力，它是由观察力、记忆力和思维力等要素构成的。而创意能力是一种创新能力，它是产生新颖而有价值产物的能力。创意能力是指产生新思想，发现和创造新事物的能力。从词源上看，创意是指在原先一无所有的情况下，创造出新的东西。创意能力是成功地完成某种创意性活动所必需的条件。美国心理学家吉尔福特等人认为，发散思维表现于外部行为，代表个人的创意能力。重视发散思维在创意能力结构中的作用，并不排斥集中思维的作用。人们在进行创意思维时，整个过程反复交织着发散思维和集中思维。一般认为，创意能力包含独特性和有价值性两个基本特征，创意能力本身是逐步形成和发展起来的。

按照创意产物或创意成果的新颖性和价值大小，科学家把创意能力区分为三种水平，即社会水平创意能力、群体水平创意能力和个人水平创意能力。社会水平的创意能力，是指产生历史上前所未有的、具有巨大社会价值成果的能力。科学家发现新规律、工程技术人员发明新机器、艺术家写出新作品等等，就是社会水平创意能力的一种表现。群体水平的创意能力，其成果的新颖性，就一个群体来说是前所未有的，而且具有社会价值。个人水平的创意能力，相对个人而言是前所未有的，而且也有社会价值。人们在日常生活、工作、学习中的一些新颖做法，如讨论问题时发表的新见解，写作中的新颖立意、独特构思，解题过程中使用的新方法，以及小论文、小制作，均可从群体的角度对创意能力水平进行评价。这种个体水平、群体水平的创意能力，是人人具有的，而且它又是发展高水平创意能力的基础。

所以，从广义讲，创意人就是指提出富有创见性设想的人。从狭义讲，创意人是指专门从事创意活动、以创意为职业的人，比如在咨询公司、策划工作室、广告公司等公司单位中进行策划研究、策划工作的策划者们。

人人具有创意能力。

创意能力的三种水平：
社会水平创意能力
群体水平创意能力
个人水平创意能力

创意人是指专门从事创意活动、以创意为职业的人。

随着社会主义市场经济的建立，创意工作已逐步从某些行业中独立出来，形成一种专门行业，职业创意人也相应出现。这对社会的发展、人类的进步将更为有利。创意将被更广泛地推广、利用，将发挥其更大的威力。

创意是无法垄断的，也不是少数人的专利，每个人只要努力学习，都可以成为一名合格的创意人，甚至成为卓越的职业创意人。综上所述，我们认为，所谓创意人，就是在社会生产活动中，在不断地认识世界、改造世界的过程中，运用思维提供新颖的、独创的、具有社会意义的产物或活动的社会成员。创意是人的创意，作为创意主体的创意人具有与本职业特点相适应的特性，归纳起来有十二种。

创意人的特性，不是天赋的，而是自我培养的结果。

1. 好奇心强

好奇心是创意的萌芽。没有好奇心就不会有创意思维，也不会有创意思维的花和果。不可扼制的求知欲望和好奇心是创意性人才最突出的特点。研究表明，好奇心使创意活动具有“多样性”，常常使他们产生许多新的联想。

2. 挑战和冒险精神

创意往往是要走前人未走的路，创意者必须有鲜明的挑战与冒险精神。曾有人对100位最重要的人物做过调查，他们“几乎是在积极的寻求挑战中成长的”。自信心是指对自己以及对自己所从事事业的正确性深信不疑。自信心强的人能够充分利用自己的长处有效地避免自己的短处，向创意的山峰攀登。有自信心的人，他们朝气蓬勃、乐观向上，在创意中遇到困难时能以巨大的勇气和力量，在自信心的推动下，充分挖掘潜力坚持把创意进行下去。

3. 审美力强

创意与美有不解之缘，对美的追求和对真、善的追求一样，是创意人才很重要的特征。创意者“对他们的工作有强烈的美感”，“他们都追求全面的幽雅的解决方案”。他们“思考和表达的严密性和最终产品的幽雅性有关系”。可以说，美学是一种高层次的创意科学，两者相结合可以把两门学科的发展推向一个崭新的阶段。艺术美学、科学美学、技术美学等学科的蓬勃发展，显示了这一方向的强大生命力。有意识培养和自觉提高审美力正成为普遍趋势。

4. 全神贯注

专心致志是创意的关键。创意者一进入创意状态，便别无他顾，全身心都投入进去，往往忘了世界、忘了时间、忘了自己，以达到苦心孤诣、如醉如痴的境界。正如创意学家贝利指出的，“事实上任何领域的发明创意，在解决创意性任务时都需要全神贯注；不集中精力，创意者就无法取得有用的成果”。

专心致志是创意的关键。

5. 想象无限

科学家普利斯特利指出：“凡是能自由想象并把不相干的观点结合起来的人，就是勇敢和最有创意性的”。任何创意、创作发明，都离不开“形象化能力”、“感知确定对象的能力”和“空间想象力”。创意能力强的人总是想象丰富、自由舒展、无拘无束，幻梦现实、禁区冷角，无不有他们想象的足迹。

6. 抽象深刻

高度抽象，洞察深刻，能够透过现象洞察本质，把复杂现象简洁化、条理化。科学家需要有高度的抽象能力和洞察力，艺术家也需要有较高的抽象能力和洞察力，才能使作品更为深刻和典型，把握时代旋律，揭示生活的深刻哲理。

天才就是勤奋，成就来自执着。

7. 坚韧不拔

在创意中尤其需要坚韧不拔、锲而不舍、长期拼搏、百折不挠的精神。一位创意学家指出：“要想取得有历史价值的创意业绩，花费十年岁月决不算长。如果在十年中没有适应环境及闯过障碍的热情、气质和执着的追求，是干不出大事业的”。创意活动不是靠一时的兴趣或一时爆发的冲动。创意性成果的获得需要有坚强的意志力，它包括坚定的目的性、果断性、勇敢精神、自制力、顽强性和独立性。

勤奋并不等于终日劳作而不休息，也不等于不讲究科学方法。勤奋是与意志特征联系在一起的，同时与能力也有直接的关系。德国无产阶级革命家李卜克内西的一段话可谓精辟：“天才就是勤奋，曾经有人这样说过。如果这话不完全正确，那至少在很大程度上是正确的。没有非常的精力的所谓天才，不过是一个漂亮的肥皂泡或者是一张到月亮上去兑现的支票而已。但是，哪里有超乎常人的精力与工作能力，哪里就有天才。”

8. 激情似火

创意人的情感世界十分丰富，往往有火一样的激情，对创造充满深沉的爱，把创意看做其乐无穷的事业。对事业的热爱，对工作的迷恋，是一切活动的最重要的动力之一，是创意能力和智力表现及发展的必要条件。热情来自一个人对他所从事活动的理解以及对其结果的社会意义的认识。由此而产生的炽热的强烈情感，使一个人发奋忘我地工作和创意，这时，他对事业的敏感性显著提高，对所接触的创意对象印象深刻，创意思维极为活跃，创意灵感不断涌现。所以说，发明创意不可能缺少热情。英国生理学家高尔顿说："我认为不存在没有热情的智力，也不存在没有智力的热情。如果没有勤奋，也不存在热情与智力的结合。"哲学家黑格尔也认为："要是没有热情，世界上任何伟大事业都不会成功。"

要是没有热情，世界上任何伟大事业都不会成功。

——黑格尔

9. 兴趣广泛

创意具有高度综合性、跨学科性，创意人要有旺盛的求知欲和广博的多学科知识。因此，大多数创意性人才的兴趣十分广泛，善于利用"他山之石"攻创意之"玉"，出其不意地解决创意难题。

10. 珍视自由

对创意者来说，想象的自由、思考的自由和行动的自由极其珍贵。这种自由天地越大，创意成果就越丰硕。巴伦指出："以不平常或独特的方式做出回答的能力随自由增加而增加"。创意思维一般有超前性，因此应当许可独辟蹊径，甚至离经叛道。

11. 永不满足，不随大流

一位创意学家说过："广义的不满足，才是创造活动的原动力"。不满足现状，不随大流，不盲从权威，不从众，坚定走自己的路，是创意人可贵的品格。一个人的创意能力与对工作负责、任何时候都不满足于自己成绩的性格有关。创意人善于评价别人的智慧和自己所创意的产品，向自己经常不断地提出新的创意领域，使自己去寻找新的工作方式和方法，形成高效率创意活动所必需的品质和知识。同时，这种严格要求自己的性格品质，还表现在创意态度上的严格、严肃和严密。

广义的不满足，才是创造活动的原动力。

12. 豁达幽默

创意人很少在生活小事和物质追求上斤斤计较，他们胸怀创意大目标，关心创意格局，注重净化心灵，摆脱俗气。他们喜欢"抓住事物的本质和根本”，不管喜欢不喜欢，不被眼前的琐事搞花眼睛，不会“对经常出现的枝节问题患得患失”。他们豁达大度，不拘小节，有深沉的幽默感。既不为别人的诋毁诽谤而悲观丧气，也不为自己的挫败而气馁，更不为一时的成功而得意忘形。幽默感是灵活思维的兴奋剂和调节器，常与灵感、直觉形影相随，保证创意思路畅通。同时，幽默感又是抚慰心灵的镇静剂，使人保持一种坦然的乐观。总之，深沉的幽默标志着一种内在心理的自由，有了这种自由，就会有成功的创意。

三、创意人的素质

在一个人人都坚信地球是方的、大海是由乌龟驮起的年代中，哥伦布提出：地球是圆的。从自己居住的地方向西航行，可以到达神秘的东方——他发现了新大陆。

要能够用自己的眼睛和心，在司空见惯的事物中发现新的东西。

丹麦物理学家雅各布·博尔在不小心打碎花瓶后，利用创意出的“碎花瓶理论”来恢复文物、陨石等不知其原貌的物体，给考古和天体研究带来了意想不到的效率。正如艺术大师罗丹所言：“所谓大师，就是这样的人：他们用自己的眼睛去看别人看过的东西，在别人司空见惯的东西上能够发现出美来。”

我们可以看到，创意思维是以思维活跃、不因循守旧、不盲从、富于创意性和批判性、具有敢于标新立异、独树一帜的精神和追求为主要特征的。只有具备强烈的创新意识，才能倾心于创意，敢想前人没有想过的事，敢创前人不曾创成的业。

司空见惯是因为角度不变。

作为一名创意人，必须具备一定的条件，包括广博的知识、创新意识、高成就动机与浓厚兴趣、创新意志品质、最佳的情绪情感状态、创意的性格品质以及创新能力。

1. 广博的知识

韦氏辞典对“知识”的定义是：从调查研究中得到的事实、真理或定律，对艺术或技艺的实际了解，整合对所有已知或可能知道的事。许多人常将资料与知识混淆理解。“资料”的定义是文字或语言组成的消息或报导的事实或数据。所以资料是知识的原料，就像木材只是桌子的原料一样。航海坐标和海洋地图是资料，会应用这些资料于航行，将船驶向目的地，就是知识。而掌握了这些知识的人就是人才。资料可以在各种非生命中找到，从书本到电脑都可以。但是，知识只有人类才有。知识是指了解专门技术并应用资料进行工作的能力。只有人类手脑并用，才具有知识。如果没有人使用资料，资料便毫无意义。

如前所述，只有人类才可能掌握知识，电脑只是资料的处理者。现在也有人工智能电脑，但不论用途多广，电脑还是要人类为它编程序、操作它。还没有人可以做出程序让电脑将毫无关联的资料和知识结合在一起，而这是创意的基本能力。

人才是知识创意的主体，知识是创意能力的源泉。人才是由知识武装起来的。创意人首先要获取充足的知识，将这些知识进行有效迁移并能创见性地解决问题，而且在解决问题的同时形成新知识。所以知识是创意的前提条件，创意人首先要进行知识的储备。

知识就是力量。
——培根

人类掌握的知识包括书本所学的知识和人生阅历。它们具备一般性特征：伸展性、自我创意性、替代性、传递性和分享性。创意人不仅要掌握这些一般性的知识，同时还要掌握为创意工作服务的知识。这些知识具有着一般知识的特性，还具有着新奇性、独特性、时代性和发展性。

当我们今天重温培根的名言“知识就是力量”的时候，其含义已不再仅限于知识给人的精神世界带来的“第一推动力”，还在于知识因其具有社会生产力和财富创意性，它可以形成知识资本。知识与智能将会成为创意过程中的重要资源和基本要素。同样也可以说，能够成为力量的知识，也绝非是对传统知识、书本知识简单的继承和复制刻板，而是对其在经济生活中的有效利用和更进一步的加工创意。

2. 创新意识

创新意识主要由好奇心、求知欲、怀疑感、创意需要、思维独立性与创意思维等因素所组成。人们在认识世界与改造世界的过程中观念创新、知识创新、技术创新、体制创新、制度创新、管理创新等都离不开创新意识，都是以创新意识为先导并且贯穿创新意识推动创新活动的。

疑者，觉悟之机也；一番觉悟，一番长进。

人们的发明创意往往开始于对某种事物的好奇心、求知欲与怀疑感。俄国著名生理学家巴甫洛夫对司空见惯的狗流唾液现象感到好奇，经过长期探索，终于创立了高级神经活动生理学。爱因斯坦曾经说：“我们思想的发展在某种意义上常常来源于好奇心。”在科学技术发展史上，在人类的认识史上，对于一般人看来是平淡无奇的事物产生了好奇感，产生了惊奇感，从而形成了创新意识，进而引导了重大发明创意，这样的事是屡见不鲜的。

怀疑是探索科学的向导。它可以使科技工作者获得新的正确的认识。怀疑不等于怀疑一切，否认一切。科学研究需要质疑，它对创新意识的形成颇为有益。我国古代学者很重视学问上的质疑。古人说："疑者，觉悟之机也；一番觉悟，一番长进。"我国杰出科学家李四光敢于怀疑所谓传统权威理论——"中国无油论"，并提出自己的理论。李四光的中国"有油说"已被大庆等油田所证实。

怀疑是探索科学的向导。

创意需要也是形成创新意识与发展创新意识的一个重要心理因素。没有创意的需要就没有创新意识的形成。创意需要越强就越会促进创新意识的发展，就越会推动创新意识的巩固，就越会保证创新意识在创新过程中发挥重大的作用。

科学上创立新学说的人都是思维独立性很强的人。爱因斯坦是一位不受传统观念束缚、敢于创立新学说的杰出科学家。他的思维特点就是敢于并善于破除迷信，解放思想。从17世纪以来人们都认为牛顿力学是整个物理学乃至整个自然科学的牢固基础，对它顶多在细节上有所补充，而不可能再发展了。但是爱因斯坦以他敢于创新的精神，极大地发展了牛顿力学，把物理学推到崭新的相对论阶段。

创意思维对创新意识形成起着关键的作用，没有创意思维就没有创新意识。创意思维是创新意识中带有区别于以往的事物的认识，它对探索与形成新观念，促进新的创意设想的形成都有重要的意义。

3. 高成就动机与浓厚兴趣

动机＋智商＝成功

成就动机是个人追求成就的动机，是个人对自己所认为重要的或是有价值的事情，去从事、去完成、追求成功并要求达到完善状态的动力。默里称成就需要为"克服障碍、操纵权力，力求尽好尽快地解决难题"，并认为这是人类心理需要的一种。麦克莱伦和阿特金森则把成就动机定义为"具有某种优胜标准的竞争中对成功的关注"。成就动机和一个人的抱负水平有着密切联系。抱负水平指一个人从事活动之前，估计自己能达到的目标的高低。个人的成败经验也会影响抱负水平的高低。

"动机＋智商＝成功"。高成就动机对个人发展和社会进步都具有重大作用，它好像是一架强大的"发动机"那样，激励人们努力向上。

贝弗里奇说："成功的科学家往往是兴趣广泛的人。他们的独创精神可能来自他们的博学。”兴趣可以使人善于创造条件、适应环境，对创意活动充满热情。兴趣还可以扩展一个人的眼界，丰富人的心理活动内容，并推动人去积极活动，表现出人的积极个性，为创意活动创造条件。当一个人对他生活着的世界有兴趣的时候，他就会觉得世界是那样的丰富多彩，有那么多新鲜的事物等着自己去学习、体验，有那么多创意课题等待自己去探索和突破，使人整日处在愉快和奋发进取的心境中。而一个人对什么都不感兴趣，就会觉得生活枯燥乏味，就不可能有什么事物充实他的思想，激起他的情感。

有多方面的兴趣就能在创意中应付多变的、甚至于己不利的环境。如环境有变，由于有广泛的兴趣，可以随之变换创意的性质、内容，并很快熟悉新领域的创意，获得创意的内心满足。再如处于对自己不利的环境时，一方面可凭借兴趣的转换另辟蹊径，重整旗鼓去干；另一方面，由于有较积极的心理状态，可以应付不利环境的影响。

不想当将军的士兵不是好士兵。

兴趣是一种具有浓厚情感的志趣活动，它可以使人集中精力去获得知识，并开始创意活动。古今中外的科学家、发明家，莫不是由他们创意的兴趣和对事业的责任心所凝成的力量，推动着他们去孜孜不倦地追求创意而获得成功的。

创意不仅需要强烈的创意兴趣，还需要广泛的多样兴趣。“人不博览者，不闻古今，不见事类，不知然否，犹目盲耳聋鼻痈者也。”这是很有道理的，因为多样化的兴趣会使人观点新鲜，能产生创意性设想。

4. 坚强的创新意志

心理学认为，意志是在完成一种有目的的活动时，所进行的选择、决定和执行行动的心理过程。换言之，这一心理过程是个三步曲，即决心—信心—恒心。进行一种有目的的活动，必须要选择一个清晰明确的目标，而要完成它，就需要一个人下决心，这是意志的开端。有了决心，决定要执行这一选择，还必须相信目标可以通过努力奋斗达到，这就要树立信心。最后还要在执行行动的过程中不断地克服困难，抵制各种干扰，持之以恒，这就离不开恒心。创新者自觉地为创新明确目的，并根据这一目的来支配、调节自己的行动，克服困难，最终实现预定目的的心理过程，就是我们所说的创意意志。

一个成功的创意人在其意志品质构成中，必然也必须具备三要素：意志自觉性、意志果断性、意志坚韧性。

意志自觉性指的是创意人对行为的目的与意义有着正确的认识，并以此自觉地支配自己的行动，实现创新的目标。创意人对目标在社会、经济与科技发展中存在价值与意义的认识越敏锐、越透彻，意志的自觉性就越高。在这种情况下，人的注意力会清晰而明确地集中指向目标，创意思维与创意性想象会被充分调动起来，继而促进积极行动的产生，加速目标的实现。意志自觉性这种品质要素，反映着一个人的坚定立场和信仰。它不是一时的激情或偶然的冲动，而是以坚定的信念和科学世界观的建立为基础的。具有意志自觉性的人，能够主动地、独立地调控自己的行动，为实现预定的目的倾注全部的热情和力量。即使"零落成泥辗做尘"，也要"化做春泥总护花"。所以，意志自觉性是坚强意志的源泉。

意志果断性是指以善于明辨为前提，不失时机地做出决定并坚决执行的品质。这种品质是以敏锐的洞察力和勇敢、机智的应变力为条件的。如果缺乏对事物发展纵横变化的深刻认识和敏捷反应，就谈不上明辨。所看到的只能是杂乱无章，在错综复杂的现象面前如坠雾中、优柔寡断、坐失良机，从而导致舍本逐末，任成功的金丝线从指缝中流走。当年倘若已是胜利在握的拿破仑不让稳操胜券的法军休息那与厄运相连的一天，或许欧洲的历史又会是另外一种景色。同样，如果不具备敢作敢为又机智聪敏的应变力，也无法当机立断。脍炙人口的"空城计"，正是诸葛亮明辨司马懿心态、性格和思维模式，力排众议，果断地为后人写下的极为精彩的一幕。城楼上下那一场大险大惊的较量，是一场心理的较量，更是一场意志的较量。意志果断性的意义可见一斑。

智者先知，
勇者先达。

对创意人来说，意志的果断性可以保证个体敏锐地捕捉发展的每一个机遇，根据社会经济与科技发展的大趋势，做出带有前瞻性的战略决策，从而在竞争中旗开得胜，先声夺人。另一方面，一旦发现因主客观条件的限制，经过努力仍难以实现创新目标时，也会当断则断，停止执行原方案而去选择新的创新支点。

意志坚韧性表现为创意人在执行意志决定过程中，为实现创新目标始终不渝地保持旺盛的精力，不畏任何艰难险阻，具有"绳锯木断，水滴石穿"的精神品质。人类历史上出现的重大研究成果，许多重要的创新杰作，都是创意人凭借"衣带渐宽终不悔"的坚韧意志，数十年呕心沥血求索的结晶。哥白尼的《论天体运动》写了 30 年，马克思的《资本论》

则用了40年，而歌德的诗剧《浮士德》几乎花费了他半生的精力。“优选法”的创始人华罗庚曾形象地说：“面对悬崖峭壁，一百年也看不出一条缝来，但用斧凿，能进一寸进一寸，得进一尺进一尺。”正是从这个意义上，我们说创新成果是意志与智慧结合的产物。

创新之路风雨如磐，焦虑、挫折与失败如影随行。而最终能否成功到达分水岭，恰恰是这一创新困顿期内，由个体意志坚韧性所支撑的、面对困难的“表面张力”与面对挫折的心理耐力。正如中央电视台著名主持人白岩松所撰的那部书名，创意人在这一“无人喝彩”的困顿逆境中，能否依然“痛并快乐着”。

5. 调动最佳的情绪和情感状态的能力

在创意中，情感对人的一切认识和行动起着发动作用，达尔文说：“我之所以能在科学上成功，最重要的一点就是对科学的热爱，坚持长期探索。”高级情感——道德感，有力地推动着创意，崇高的道德责任感召唤我们去创意所产生的力量，是任何其他动力所不及的。一旦创意成为心中的道德责任感，创意就是愉快的，这时所表现出来的动力功能是巨大的。

执着、快乐，才能创意不断。

什么样的情绪最有利于创意效率的提高？心理学研究表明，从情绪的性质来看，它必须是乐观、坚定、自信、愉快的积极情绪。积极的情绪对人的创意活动起“增力”作用。如能通过一定心理手段对人的情绪加以控制而始终保持积极的良好状态，这个人甚至能在短时间内做出多次创意。

在情绪情感比较轻松、愉快和适度兴奋的情况下，最珍贵的创意性思维和想象力最容易爆发，稍纵即逝的创意灵感也最容易闪现。许多发明、创意和科学发现，常在散步、聊天时获得突破性成功，因为此时的情绪往往比较轻松、安适和愉快。情绪不好，还可能压抑创意思维，影响正常的判断。消极情绪会抑制创意思维，是因为大脑负责理性思维的左半球被负责情绪反应的右半球所干扰，影响思维的正常进行。

6. 创意人的独特个性是影响创意能力发挥和发展的因素

在平时，人的创意能力以潜在形式存在着。当人进行某种创意活动时，一个人的创意能力便以创意行为表露于外，创意人的独特个性影响创意能力的发挥与发展。因此，我们在培养自己创意能力时，不仅要培养自己的创意性思维，而且要培养自己的创意个性。1980年美国心理学家戴维斯总结前人的研究成果，在22届国际心理学会议上指出，具有创意能力的人，独立性强、自信心强、敢于冒风险、具有好奇心、有理想抱负、不轻信他人意见、对复杂奇怪的事情会感到一种魅力，而且创意人一般都具有艺术上的审美观和幽默感，他们的兴趣爱好既广泛又专一。1988年钱曼君等以青少年创意发明获奖者为对象的研究表明，创意型青少年学生具有共同的个性特点，如好奇心、独立性、恒心、适应性、自信心、精力旺盛等等。上述一系列研究成果，为自我培养创意能力提供了坚实的理论基础。

创意学是应运而生的智慧之果。

第二节　创意学的研究对象与体系

一、创意学的研究对象

创意作为一种人们主动地创造新信息、新产品、新方式的前期活动，久已有之。从中国古代的《孙子兵法》到《三国演义》中诸葛亮的妙计连连，从司马迁《史记·货殖列传》中所记载的范蠡“十九年之中三致千金”到著名的“红顶商人”胡雪岩，从老牌企业可口可乐的繁荣到新兴巨头微软雄霸市场……诸如此类的例子不胜枚举。这些成功者的成功无不是以创意为其核心动力的。而创意一词被人们广为传播和使用则是20世纪80年代以后的事，甚至至今西文中还没有一个专有名词来表达创意之内涵。至于创意学作为一门独立的学科出现，则是20世纪末到21世纪初的事情了。

人的创意是地球上最为美丽的花朵。

在当今这个知识经济已吐花蕾、信息网络高速发展、人才市场百舸争流的年代，激烈的竞争使个体素质的构成备受人们关注。虽然素质的含义划分也是见仁见智，各执一说，但谁也无法否认，创新素质是这个创新的世纪里社会成员最重要的素质之一，也是最受人们钦佩与渴求的个体素质之一，同时更是我们这个正在走向复兴的民族最需要强化和提高的素质之一。个体对这一素质的自我修养与提升，是人才发展的必然要求。创意学正是在这一时代背景下，专为培养创意人才而诞生的。

1. 创意学是以创意人与自然、社会环境不断交换信息从而创造新信息的社会实践过程为研究对象的新兴学科

创意学是适应21世纪这个信息爆炸时代的要求而产生的，它以信息交换与信息创造为研究对象。信息交换与信息创造是社会实践活动的核心和前提。世界上各种事物、诸种事件无时无刻不在进行着信息交换和信息创造，但除了人之外，均属于无心而为。大到宇宙爆炸，小至花开花落，都以改变自身为手段遵循着自然规律，几乎以不变的步骤进行信息循环。直到人类产生之后，才打破了这种循环。新的信息表现形式——人的思维以其特有的灵性赋予世界灵性，人之思维当仁不让地成为世界的灵魂，正如恩格斯所言：人的思维是这个地球上最为美丽的花朵。人的本质特征之一就是人是具有思维能力的万物之灵长。正是因为人的思维，这个世界越来越成为一个奇迹不断迸现的世界，也创造出越来越多的物质财富和精神财富。虽然人类真正进入文明社会的历史与无边无际的宇宙演化史相比，仅区区万年，但其思维的巨大潜力也已经出现端倪。我们有理由怀着对未来美好生活的希望，不断激发思维的"核能"，创造未来。

创意学旨在揭开创意思维神秘的面纱，探索创意生成的奥秘。

2. 创意学是以探究创意人与自然、社会环境不断交换信息从而创造新信息的规律为研究目的的新兴学科

创意学是为适应社会经济和文化进步的要求而产生的。随着世界经济全球化趋势的加快，世界各国都面临着已有的以及潜在的竞争对手的竞争，如何能够尽快地提高国家的综合国力，就成为每个国家的首要任务。发达国家想方设法要维持现有的对自己有利的世界格局，在新科技成果的创造上始终居于主导位置；发展中国家则是千方百计地要改变现有地位，创造出不依赖于发达国家的新科技成果尤其是新的信息技术成果，从而实现自身的跳跃式发展，在未来的竞争中处于有利地位。

这是一个快鱼吃慢鱼的时代。

而各个企业更是越来越感受到竞争压力与日俱增，为了在市场经济的竞争中立于不败之地，就迫切需要在培养自身的可持续创新能力方面实现新的突破，不断产生新的创意，不断创造新的产品。如果说，在以往我国企业还处于相对封闭的经济环境之中，某些善于学习和借鉴的企业能够直接借用国外企业的创意、直接引进国外企业的成果，从而取得市场竞争控制权的话，那么，在这样一个国际跨国集团纷纷抢滩

中国市场的今天，再想故伎重演，恐怕只能落得个东施效颦的结局，甚至有被送上法庭的可能了。

正是在这种严峻的形势下，以探索和发现创意规律为目的的创意学才应运而生。要创造出新产品，离不开创意；要有新的创意，没有对创意规律的深刻认识是不可能的。

3. 创意学是发现并遵循创意规律从而培养现代创意人的新兴学科

创意学不是仅仅为了发现创意规律而创立的，更是为了遵循创意规律培养现代创意人而建立的理论与实践相统一的新兴学科。

中国市场经济正处于蓬勃发展时期，企业要发展，要取得竞争的胜利，就要进一步解放思想、更新观念。行动的范围和力度永远小于思维的广度和深度，只有思维的广度得以自由拓展了，思维的深度得以自由挖掘了，行动的范围和力度才可能得以相应地扩大和加强。从这个意义上说，竞争的成功与否取决于思维的解放程度即创意能力的大小。这就需要大量的创意人才。人才，只有人才才是企业发展的不竭动力。

孕育创意之果，激发生命之花，体验生活乐趣。

二、创意学的体系

创意学是一个以创意基础理念为指导，总结创意规律，提炼各种创意方法并加以具体运用的理论与实践相结合的开放体系。它由三个部分构成：基础理念、方法训练和实务运作。

先行其言而后从之。

1. 创意学的基础理念

创意学是一门有关创意思维的新兴学科。它认为，人们的创意活动遍布于生活中的每一过程和每一环节，每一次创意活动都是极具个性特色的创造性活动。创意思维是创意活动的指导，创意思维与一般的思维有着诸多区别，正是因为人们具有了创意思维，所以才使得自身的行为产生了创造性。创意活动有着不同于一般活动的过程和特征，对社会生活也有着非常突出的推动作用。

2. 创意思维的方法训练

创意学是一门有关创意思维方法及其相关训练的注重“思想实验”的新兴学科。要具有创意思维能力，首先要认识自身存在的不利于创意思维产生和增强的各种障碍，然后才能接受不同于一般思维的创意思维方法，进而运用诸种方法经过相对密集的时间与空间的集中训练，具有初步的创意思维能力。这样一个运用世界上最复杂的"实验仪器"——人的大脑进行的"思想实验",又是一个开放的活动过程,它会不断地吸取各种科学先进的训练方法,不断激发人们的思维活力。

3. 创意思维的实务运作

创意学是一个面向市场经济、指导创意人在企业管理、产品开发以及市场营销活动中进行持续创新的实践性学科。

每个企业的生存和发展都有赖于可持续的创新能力,每个创意人不仅应该具有一般的创意思维方法和能力,更需要拥有面向企业发展的专业的创意思维方法和能力。这样,创意人的创意思维能力才能更具有针对性,才能在自己的专业工作中产生更多更好的创意,取得满意的成绩。只有专业,才会深刻。

只有专业,才会深刻。

第三节　创意学的学习和应用

一、要理解和掌握创意学的学科特性

创意学因市场经济对创新的要求而在中国兴起,从广告创意、营销创意到管理创意、产品创意,逐渐地扩展到了越来越多的领域。创意很多时候看似灵机一动,得来全不费工夫,但若真要灵机动时,却像深水微澜,波澜难兴。这是因为,创意学是一门涉及人的最复杂思维活动的科学学科,实践性、综合性与时尚性是创意学的三大特性。理解和掌握这三大特性是进入创意境界的第一步。

1. 实践性是创意学的显著特征

创意学的实践性包含了两层含义:一是创意学在理论上肯定了自身与实践在逻辑上的相关性,实践是创意学建立的基础,是创意学的来源和发展的动力。贯穿敬业精神的工作实践、具备豁达心态的生活实践和坚持切文近思的思想实验不仅是产生创意的源泉,而且是促进创意不断涌现的动力源泉。二是创意学建立之时就是以创造性的实践活动为目的的。以创意学理论指导创造性活动是创意学自身的基本要求,把创意贯穿于创造性实践活动中并成为其灵魂则是创意学的最终目标。

创意学是一门科学,它是一个人的学问、艺术、生活态度、人生智慧等的升华和集中体现。

2. 综合性是创意学的主要特征

创意学的综合性有两方面含义：一是创意学是一门跨学科理论，它的研究领域并不限于经济活动范围，而是涉及经济、社会、文化、心理、风俗等各种完全不同的领域，探讨各种不同学科、理论，甚至民族、地区之间的异同，进而进行相互交叉、相互借鉴、相互促进、共同创造。二是尽量从不同的角度用不同的思路去理解和掌握创意学，创意学本身是一个开放的理论体系，是一个只有不断汲取新的营养才能生存和发展的理论。

时尚是创意成功的基本标志。

3. 时尚性是创意学的典型特征

创意学的创意本质要求创意学必须与时俱进，把握时代潮流，与时代潮流同步，领先时代潮流。时尚是创意成功的基本标志，而创意学就是以培养具有时尚眼光和时尚创造力的创意人为宗旨的。离开时尚，创意学如同无目的的航行一般。

二、学习与应用创意学要具有的信念

1. 学习与应用创意学，首先要具有天生我材必有用的信念

创意学的学习、理解乃至掌握的过程是一个学习者思维放松、心理坦荡的思想实验过程，任何的自卑都会产生思维的压抑，导致思维实验内部环境恶化。当然，应当承认人与人之间是有差异的，但这并不能构成不适合学习创意学的理由，也不能成为不可能理解和掌握创意学的原因。创意学认为，每个人的生活其实都是有创意的生活，创意是每个人的天然能力。一个人如果没有创意能力，他就不可能面对和解决生活中任何问题。由于时间、地点和条件不同，问题总是新问题，正所谓“太阳每天都是新的”。每个人能够生存下来，正是依靠了自身的创意能力。诚然，这种不为已知的创意能力要想被激发出来，成为自觉的创意能力，这就需要积极地进行以科学方法为指导的训练。在这里，决定理解和掌握创意学的关键不是对某一具体课题或任务完成的效率，而是完成课题或任务过程中的态度。始终坚信“尺有所短，寸有所长”这一道理是至关重要的。

太阳每天都是新的。

2. 学习与应用创意学，应该具有敢于挑战自我、超越自我的信念

广义来说，学习任何一门理论都需要自我否定，才能有所发展。而创意学更是如此。创意的基本标志就是不复制自己，更不复制他人。

尺有所短，
寸有所长。
无限风光在险峰。

具有自己的独特个性，是每个人都在追求的目标，自觉地与他人相区别，甚至与大多数人相区别，是现代人尤其是青年人的显著特点。另类着装打扮、另类生活方式、另类文学艺术等的兴起，无不说明了这一点。但是，不复制自己却被许多人忽视，364 天都是对第一天的复制，渐渐就失去了创意能力。所以，否定自我、挑战自我、超越自我，对于一个有志于不断创造、成功创业的人而言，是高悬在心中的"晨钟暮鼓"。

3. 学习与应用创意学，还要具有无限风光在险峰的信念

创意学的学习与应用大体可分为三个阶段。第一阶段："衣带渐宽终不悔，为伊消得人憔悴"，这是一个对比自身、检视自身的过程。"万事开头难"，在这一过程中，学习者可能会产生诸多困难，如克服过去思维习惯的困难，难以迅速进入创意境界的困难，学之难用的困难等，要过这一关，无他诀窍，坚持而已。第二阶段："独上高楼"，这是一个视野逐渐开阔、思维渐趋活跃、灵感时而涌现的过程。对创意学的学习与应用有了质的飞跃之后，能够运用创意学理论，有了一些小创意，在这一阶段最需克服的则是自满心态，最应有的心态是"欲穷千里目，更上一层楼"。第三阶段："蓦然回首，那人却在，灯火阑珊处"，这是一个能够把各种知识融会贯通、不断提出新创意的过程。至此，对创意学的学习与应用才进入了灵活运用的境界，才从小创意上升到了大创意阶段，走上了创意高速路，从此就是广阔天地大有作为了。

创意是高悬于心中的"晨钟暮鼓"。

三、学习与应用创意学的主要方法

1. 理论与实践的统一

创意学是因市场经济实践需要而诞生的新学科，回到市场经济实践、生活实践中去是创意学自身的要求。学习与应用创意学，遵循创意学理论与自身各种实践相统一的学习原则，是理解和掌握创意学的基本要求。这就是说，一方面要善于根据自身生活与工作实践的直接或间接经验、案例来理解创意学原理，二是要积极广泛地运用创意学原理，分析、理解自身各种实践活动的新情况和新问题。要认识到，从近乎教条式的搬用、套用进步到灵活运用是一个需要不断实践锻炼的过程。

光是知道是不够的，还必须加以应用；光是希望是不够的，还非去做不可。

2. 有为与无为的统一

创意学基本原则、基本方法是成功者实践经验的总结、概括和抽象，恰当运用这些基本原则、基本方法进行创意活动，是一种较好的选

择。但是创意学理论认为,创意是在思维放松与紧张互动协调中才能产生的成果,总是有意依托某些原则和方法进行创意,往往适得其反。只有把这些原则和方法内化为自身自由思维的一部分,将有为与无为相结合,从有为创意发展为无为创意,才会真正理解、掌握创意学的精神之所在。

3. 知识与智慧的统一

创意学是一种理论,是一种知识,学习与应用这一理论和知识是培养自身创意能力的必要条件,这是促使人们从偶尔创意上升为自觉创意的基础。但是,仅有这些知识并不能成为一个现代创意人,理解和掌握创意学的基本精神,领悟创意的精髓,具有创意的智慧,开发出一双创意慧眼,才可以收到事半功倍的效果。悟性是理解和掌握创意学的关键,而只有把学习创意学的过程作为一个自我不断反思、思路不断拓展的过程,其悟性才会不断提高。请始终记住:学而不思则罔,思而不学则殆。

无为而无不为。

【本章小结】

1. 创意既是能够产生创造性社会后果或成果的思维过程,又是在思维方法、思维形式工具、思维过程的某些方面富有独创性的思维。创意的特性主要有独立性、敏捷性、灵活性、伸展性、深刻性。创意学是以创意人与自然、社会环境不断交换信息从而创造新信息的社会实践过程为研究对象,发现并遵循其规律进而培养现代创意人的新兴学科。

2. 创意学是一个以创意基础理念为指导、总结创意规律、提炼各种创意方法并加以具体运用的理论与实践相结合的开放体系。它由三个部分构成:基础理念、方法训练和实务运作。

3. 学习与应用创意学要掌握它的实践性、综合性与时尚性这三种特性,要具有天生我材必有用、挑战自我与超越自我、无限风光在险峰这三种信念,要运用理论与实践的统一、有为与无为的统一、知识与智慧的统一这三种方法。

创意的岁月是流金的岁月,更是激情燃烧的岁月。

【思考题】

1. 试运用有关创意与创意人的理论检视自身的特点，制定一个自我训练计划。

2. 如何理解学习与应用创意学的三种方法？

★★★★★ 进修指导 ★★★★★

【参考文献】

1 阿拉斯泰·瑞莱特，凯文·罗罕．创造培训奇迹．北京：中央编译出版社，1998

2 郭力宜，胡世发等．创意学全书(上、下)．北京：中国城市出版社，1997

3 余明阳，陈先红．广告策划创意学．上海：复旦大学出版社，1999

4 陈兵．人类创意思维的奥秘——创意哲学概论．武汉：武汉大学出版社，1999

5 王健．广告创意．北京：中国建筑工业出版社，1998

6 王文博．创意思维与设计．北京：中国纺织出版社，1998

7 刘卫平．创新思维．杭州：浙江人民出版社，1999

8 鲁克成．创造心理与技法．西安：西北工业大学出版社，1988

9 王极盛．创新时代．西安：中国世界语出版社，1999

10 冯培，贺淑曼等．创新素养与人才发展．北京：世界图书出版公司，2001

第2章

创意思维

创新是力量、自由及幸福的源泉。

——拿破仑

【创意的魅力】

传说八仙中的吕洞宾想接济一位后生，他用点石成金的办法，把一块石头变成了灿烂的黄金，那人不要；吕洞宾再点成一块更大的黄金，那人仍摇头；吕洞宾又点了更多的黄金，那人还是拒绝。吕洞宾问他要什么，那人回答："我想得到你点石成金的指头"。确实，对于每个人来说，重要的不是你拥有多少知识，而是你是否拥有创造新思想、提出新思路、做出新发明的头脑。就像一个人身体健康不在于吃得是否多、是否合乎科学配方，而在于他能否消化，是否有个功能良好的胃。

【学习指南】

本章学习目的

通过本章的学习，希望读者对创意思维所包含的内容有一个基本了解，从心态和情绪上做好了思维脱胎换骨的准备。

本章内容提要

创意思维是一种具有开放性、创新性的高级思维形式，创意活动是知识经济时代的主导性活动，而思维的创意是其核心。因此认识、把握和获得创意思维能力是创意能否成功的关键。在创意过程中，人们运用创意思维提出一个又一个新观念，形成一个又一个新理论，做出一次又一次新的发明和创造，不断地丰富了人类的知识宝库，促进了人类社会的进步和人的全面发展。开发和培养创意思维就是开辟现在和未来，正是思维的创新开始了人类创造历史的历程。

第一节　创意思维的概念

一个人的行为成功与否取决于他是否具有创新能力，而一个人是否具有创新能力则取决于他是否具有创意思维方式，一个人是否具有创意思维方式又取决于他是否具有创意思维。一个人只有具有了创意思维，不断解放思想，超越自我，充分发挥创意思维的作用，才会与时代同步，才会到达成功的顶点，才会驶向理想的彼岸。

培养创意思维是一个思维脱胎换骨的过程。

一、思维与创意思维

《中国大百科全书·哲学卷》对思维一条是这样解释的："思维有二义：广义上是相对于物质而与意识同义的范畴；狭义上是相对于感性认识而与理性认识同义的范畴。"①所以，从本质上说，思维是人脑对客观现实间接的和概括的反映。它是借助语言实现的、能揭示事物本质特征及内部规律的理性认识过程。思维的形式是极为复杂的，包括了各种各样的思维形式。

创意思维是人类思维的高级形式。

创意思维是人类思维的高级形式，具有双重含义，它既是一种高于其他思维之上的独立思维、超常规思维、创造性思维、形象思维等的综合性思维，又是对一切旧思维进行革命性的改革和更新的新型思维。

创意思维与再现性思维不同。创意思维指的是能够获得新知识并能产生新颖思维成果的有创见的思维活动过程，是通过创意思维活动进行思维创新的过程；而再现性思维则是运用先前已经获得知识和经验解决问题的思维活动过程。

一般思维只能表面地、简单地揭示事物的表象以及事物之间的常规性活动的轨迹，而创意思维则不仅能够揭示事物的本质和事物之间的常规性活动轨迹，而且能够提供新的、具有社会价值的思维产品。从这一角度上说，创意思维是反映事物本质属性和内外在有机联系并具有新颖性的一种可以物化的高级思维心理活动。

常规性思维是遵循固有的思路和方法进行思维，重复常人过去已经进行的思维过程，所能解决的是实践中经常重复出现的情况和问题，

① 《中国大百科全书·哲学卷》，第2册，中国大百科全书出版社，1987年版，第828页。

思维的结论属于已有知识的范围。而创意思维则是努力探索世界尚未认识的规律,所解决的是实践中出现的新情况和新问题,从而为人们的实践活动开辟新领域。

二、创意思维的本质与特征

创意思维就是创新性思维,它不仅能把握事物的本质和规律,而且能够综合已有的思维成果创造具有新价值的思维成果。

1. 创意思维的本质

创意活动是一种综合性的创新活动,是进行一种不同于以前的思维创新、观念创新、理论创新和行为创新的过程。贯穿于创意活动始终的创意思维具有不同于一般思维的特点。

在以往的思维理论中,是否合乎理性、是否合乎逻辑常常被理解成人类思维的标准,而这种标准又被理解为由一般到个别的演绎思维模式,这种模式导致的结果就是:太阳底下没有新东西。

创意思维的逻辑不是那种按部就班式的演绎逻辑,而是随时会有跳跃的充满偶然性的建议性逻辑,是一种可以做出多种选择的或然性逻辑,是一种只定目标不定方法的准则逻辑,即目标是怎样做得更好、更有效和更有帮助,至于如何达到这些,则属于创意活动主体依据各种复杂因素和条件,发挥自己创意思维的灵活的创新活动。在创意思维过程中,人们在大多数情况下是依据对事物的直观洞察,通过比较、类推、联想、想象、直觉、灵感等,在可靠性和或然性的基础上进行有效的推测,通过试探而逼近目标的。

创意活动是思维创新、观念创新、理论创新和行为创新的过程。

总之,创意思维的本质是在社会实践需要所产生的目标指导下,以一定的心理结构为基础,主体通过意识与无意识的交替作用和辩证统一过程,对储存和外来的信息,经过鉴别和筛选,重新联结和组合,从而发明或发现一种新方式,用以处理某件事情或表达某种事物的思维过程。

(1)创意思维是多种思维形式有机结合的辩证统一过程

在创意思维过程中,总是表现为既有逻辑思维,又有非逻辑思维;既有抽象思维,又有形象思维;既有发散思维,又有收敛思维等等。这些不同的思维形式构成了既相互区别、相互否定、相互对立,又相互补充、相互依存、相互统一的矛盾关系网,在这一"互联网"中,创意思维活动得以发生、展开。创意思维并非是单一的思维形式，而是由多种思维形式有机结合的辩证统一体，是一种“两面神”思维。

“两面神”是古罗马的门神，它有两个面孔，一个是哭的，一个是笑的，能同时转向两个相反的方向。而“‘两面神’思维所指的是，同时积极地构想出两个或更多并存的概念、思想或印象。在表面违反逻辑或者反自然法则情况下，具有创造力的人物制定了两个或更多并存和同时起作用的相反物或对立面，而这样的表述产生了完整的概念、印象和创造。”①所以说，“两面神”思维实质上是从矛盾对立中把握统一的思维。

创意思维是一种“两面神”思维。

(2)创意思维是同中求异和异中求同相统一的思维过程

同中求异(求异思维)就是对熟悉的事物，有意识地把它看成陌生的，并按照新的理论加以研究，并善于在相同的或相似的事物之间找到不同之处。

异中求同(求同思维)则是对陌生事物要持熟悉它的态度，采用对熟悉事物的态度衡量比较，并善于在不同的事物之间发现相似的地方。

人们在实践中，一般总是先用现有的理论和方法去解释新现象、新问题，只有当现有的理论、方法不能解决时，采取另辟蹊径，寻求新的方法，更新现有理论或者根本抛弃现有理论而建立新的理论。一般地说，人们习惯于先是求同，只是到了不得已时才求异。但实际上，就任何一门学科、理论、观念而言，如果不经常异中求同，就不能吸取新养料，丰富充实自身内容；如果不能同中求异，则又不能突破旧规范，使自身向前发展。一门学科、一种理论或一个创意的产生，一般都是求异和求同的产物。现代科学技术的发展日益显示出不断分化和综合的趋势，正是异中求同和同中求异的表现。

同中求异与异中求同是有机统一的两个方面。

(3)7 创意思维是多种思维方法和逻辑模式的综合运用过程

创意思维既然是要解决前人没有遇到或者没有解决的问题，那么它就不是一蹴而就的事情。创意的思维过程必然包含着直觉的洞察和灵感的迸发、想象的发挥与模型的构想、类比的跨接与思路的外推、归纳的概括与假设的试探、演绎的联接与溯因的沟通、分析的还原与综合

① 傅世侠、罗玲玲著，《科学创造方法论》，中国经济出版社，2000 年版，第 367 页。

的归纳、反馈的利用与控制的运筹,最后通过不断的试错与逼近,形成新的概念框架和理论体系。

那种把创意思维归结为某一种思维方法或逻辑模式是片面的。辩证逻辑依据对人类认识成果的总结和辩证思维经验的概括,揭示出在思维过程中,尤其是在创意思维过程中,必须处理好抽象与具体、分析与综合、归纳与演绎、历史与逻辑等的关系。

日本物理学家汤川秀澍就认为,人类的直觉能力与人类的抽象能力对于科学中的创意思维是很重要的。他认为抽象能力对于建立像物理学这样一种严密科学来说是决定性的,但事实上抽象不可能单独起作用。人们必须从内容上更为具体和丰富的他物中抽象出某物,换言之,人类必须从直觉或想象着手,然后才能借助于自己的抽象能力。不仅如此,他还认为抽象与直觉是可以互相转化的。人类的图像识别能力可以看做是直觉与抽象之间相互配合的一种结果,人们很难仅依据归纳法和演绎法去发现创意思维的根源。

(4)创意思维是一个机智的思维过程

机智的思维是指思维迅速地、轻易地从一类对象转变到另一类内容相隔很远的对象的过程。思维的惰性、刻板、僵化或者呆滞等就是缺乏机智思维的表现。凡是具有机智思维的人,都表现出思路开阔、妙思泉涌的特点。科学家依靠机智思维创造奇迹的人数不胜数,有的甚至是隔行的“业余爱好者”。微积分和数理逻辑的创始人、德国数学家莱布尼茨同时还是律师、官吏、哲学家。法国物理学家德布罗意是文学硕士,但正是他提出了微观粒子“物质波”的思想,为量子力学的建立做出了突出的贡献。可见在解决实际问题时,具有灵活的思维是创意成功的关键。

机智思维
创造思维奇迹,
演绎精彩人生。

机智思维还表现在及时抛弃已被证明是错误的观点和认识。爱因斯坦说,像我们这种工作需要注意两点:毫不疲倦地坚持性和随时准备抛弃我们为之花费了许多时间和劳动的任何东西。这就是说,机智思维是坚持性与灵活性的统一。灵活性过大,过早地轻易地抛弃已有的看法,可能失去获得突破性成就的良机;固守已得之见,会白白浪费许多时间和精力。机智思维必须以广博的学识为基础,有了广博的学识,思维才不至于想人非非、误入迷津,才能左右逢源。

2. 创意思维的特征

创意思维以不断发展变化的动态社会为基础，不局限于一种思维模式，是一种灵活多变的、富于探索性的、以不断变化的现实为标准的思维形式。

(1)思维目标具有专一性

创意思维与毫无根据的胡思乱想是有根本区别的。创意思维虽然需要想象力的自由发挥和遐想的驰骋，但其前进的动力是实践的需要或者理论与事实的矛盾所提出的新课题。人们要进行创意思维，就要有专一性和确定性。专一性是指导引思维目标的确定性，是导引思维过程中已有概念、事物在显意识与潜意识两个层次的集中与凝聚的特征。

心理学实验证明，当人的活动具有专一的目的时，效率高；而当"一心二用"时，效率就大大降低。专一的目的越鲜明、越强烈，思维活动就越易集中，聚焦于一个突破点上，产生聚焦突破效果。也就是说，研究者调动他们的全部知识、信息储备和全部思维能力去突破研究课题，从各个方向、反复思考，寻求解决课题的途径。研究的专一性一般来源于研究者强烈的事业心，这种强烈的事业心则是研究者对研究对象产生强烈兴趣的基础。强烈的研究兴趣转化为强烈的创造冲动，促使研究者为突破研究课题倾注全部精力大大提高对其研究课题的注意力、观察力和思维能力，在此期间的一切辅助性思维活动都围绕这一课题进行。只有这样，思维才能取得成功。

(2)思维方向具有灵活性

创意思维，就其思维的目标来说是确定的，但就思维的方向来说，又应当是不确定的。这就是说，要达到某个认识目标，必须围绕某个中心进行多路思考。所谓多路思考，就是对认识的对象进行全方位的思考，从不同视角、不同侧面、不同方位、不同层次上加以把握。

这种灵活性要求在捕捉研究课题的过程中要有思维的灵活性。研究课题或思考中心的确定，是一个过程。在这个过程中，首先要善于围绕某个认识对象进行全方位的思考，提出各种各样的问题，然后经过分析比较，从中筛选出某个最佳的课题，以作为思考的中心或研究的方向，这样的课题才有可能取得成功并取得最好的社会与经济效益。否则，不作分析比较、不作筛选，碰着个题目就全力去做，就会增加其盲目性，使其实践容易失误，浪费人力、物力与财力。因此，确定课题之前，务必要做多路的思考，务必要从不同的角度提出各种不同的问题，然后从中筛选出最佳的选题。

达到目标的方法或途径是多种多样的。研究的课题、主攻方向确定下来后，完成这一课题和攻下某个目标的方法或道路，不应拘泥于某种固有的公式。应该因时因地制宜，不断改变思考的角度，跨学科、跨领域地思考问题，方可找到走向目标的正确道路。否则，如果在思维过程中，只作单向思考，不作多路的诸如纵向、逆向和横向的思考，思维就难以深入，成果就难以扩大，成功就难以持续。

(3)思维方式具有求异性

创意思维是一种求异思维，积极的求异心理、敏锐的观察与联想贯穿于创意思维活动的始终。这种求异性是指在认识过程中着力于发掘客观事物之间的差异性、现象与本质的不一致性、已有知识与客观实际相比而具有的局限性等等，是对习惯现象和人们已有的习以为常的认识持怀疑、分析、批判的态度，在怀疑、分析和批判中去探索符合实际的客观规律。

他山之石，
可以攻玉。
——《诗经》

《诗经》云："他山之石，可以攻玉。"它告诉我们，为了进行创意，必须"左思右想"。只有广泛涉猎其他学科、其他业务活动领域，广取他地、他人、他企业之长，从各种差异很大的不同角度启发自己的思维，才能大大提高创造成功的机会。这种利用"局外"信息来发现解决问题途径的思维过程即属于一种求异的创意思维过程。

求异思维是在所研究或关注的问题成为研究者坚定不移的优势目标和梦寐以求的悬念后，把生活中的所有现象、所有理论以及以往所积累的知识尽数调动起来，围绕这个问题进行不断地探索，最终帮助人们找到解决问题的办法的过程。

求异思维最重要的条件是所研究的问题已经成为研究者的优势目标，即心理学上所说的"优势灶"。例如，阿基米德由于整天冥思苦想"金冠之谜"，所以看到从浴缸溢出的水的体积跟自己入水部分一样大时，如获至宝。如果阿基米德不是在这个问题上"为伊消得人憔悴"，恐怕他十次、百次见到水缸溢水也会视而不见。只是当他把这一问题当做坚定不移的目标时，他的大脑皮层就建立起一个相应的优势灶。这样，求异思维受到刺激，他就会在所研究的问题上对它做出反应，提出问题，形成概念或产生新的思想。

积极的求异思维是观察者能够敏锐地捕捉到研究对象的特点，能够使研究者不断地将观察到的事物和已有的知识、看法、前提假定联系起来进行思考，联系其相似性、特异性、重复性，发现现象的本质与必然联系，发现偶然现象和新的线索，洞悉其潜在的意义，把握其内在的规律，做出创造性的成果。

(4)思维进程具有突发性和偶然性

创造性成果的产生，是研究者长期观察、研究、思考的结果，是创意思维活动过程的产物。在这一过程中，往往存在着对于形成创造性成果起关键、决定作用的突发性思维转折点。在这里，长期思索不得其解的问题突然找到了求解的契机，于“山穷水尽”时突然看到了“柳暗花明”。创意思维总是表现为在时间上以一种突然降临的情景标志着某一突破的获得，表现了一种非逻辑的特征，这是在长期量变基础上的爆发性的质的飞跃。

这种突发性和偶然性表现在，思想火花的爆发没有固定的时机，它的出现带有极大的随机性。例如，一种新思想，可以是在读书时由于某段精辟的论述而突然萌生；也可以是乘车、漫步、看戏、参加体育比赛之中由于一句台词或一个偶然的动作得到启发而爆发出来；还可以是在与人讨论问题时突然受到启发而产生的某种新鲜见解；甚至可以是在洗澡时而突然顿悟的。这种突发性和偶然性表现在，问题的解决办法不是可以规定类别的，问题的解决也是不能规定硬性期限的，它总会表现出极大的偶然性。

(5)思维成果具有原创性、新颖性和突破性

创意思维的最基本特性就在于产生前所未有的思维成果，判断思维是否具有创造性的标志，在于其思维内容是否新颖。它不同于再生性思维，再生性思维是从过去已有的知识和经验中引伸出解决问题的方案。创意思维是要解决前人所没有解决过的新问题，因此它必然具有原创性和新颖性，必然是没有现成答案可以遵循的探索性的活动过程。它通常以新的概念、新的范畴、新的符号、新的模型和新的图示，准确、流畅和有效地表达思维的结果，并以最快速的方式向社会展示，获得首创权。

这样，创意思维是一个具有强烈的特殊个性色彩的过程，这就使得

莫笑农家腊酒浑，
半年留客足鸡豚。
山重水复疑无路，
柳暗花明又一村。
箫鼓追随春社近，
衣冠简朴古风存。
从今若许闲乘月，
拄杖无时夜叩门。
——宋·陆游

创意思维活动过程呈现出不同的阶段来，这些阶段可能会因人而异、因时而异、因事而异。从创意思维的实现形式上看，无论抽象思维、形象思维或灵感思维都有可能产生创意思维的积极成果。实际上，创意思维是抽象思维、形象思维与灵感思维的有效综合。

创意思维还具有突破性。创意思维要在思维领域保持领先的地位，就必须注重思维效率和思维速度，因而也就不能像常规思维那样循序渐进、循规蹈矩地进行，而必须保持较大的思维突破性。突破性是能够产生创新的根本原因。创意思维的这种突破性能够超越具体的时间界限，不受它的限制，就是说，能够在头脑中构想具体时间之外的事物和情景；能够超越具体的空间界限，不受它的限制而在头脑中构想具体空间之外的事物和情景；能够超越具体事物的限制，在头脑中构想世界上从来没有出现的事物。

当然，思维的突破性是相对的而不是绝对的，思维自身也要受到许许多多的制约，不可能无边无际。客观环境、教育背景、生理状况等方面，都制约着一个具体人的思维的突破性和创新水平。但是，人类创意思维的优越性就在于，人能够意识到多种因素的制约，并且不断地打破那些制约。

人因为具有创意思维而成为万物之灵长。

三、创意思维的功能

没有创意思维，就不会有人类社会的产生和进化，没有创意思维，就更没有 21 世纪知识经济时代的到来。恩格斯说，“人的思维是这个世界上最美丽的花朵”，我们要说，创意思维则是人的思维之花上的花蕊，是人的思维的精华所在。

1. 创意思维是创新能力的核心

对于个人来说，创意思维是最基本的创新能力，应该说人类历史上的所有新事物都是从思维的创意开始的。只要具有了良好的创意思维方法，人们就可以运用它去解决各种各样的问题。人类的每一个行为、每一种进步，都与自己的创意思维能力密切相关。

法国思想家帕斯卡说：“人不过是一株芦苇，是自然界中最脆弱的东西。可是，人是会思维的。要想压倒人，世界万物需要武装起来，一缕气、一滴水，都能致人于死地。但是，即便世界万物将人压倒了，人还是比世界万物要高出一筹；因为人知道自己会死，也知道世界万物在哪些方面要胜过了自己，而世界万物则一无所知。”在人类的思维中最重要的是创意思维，人们运用创意思维能力，看到天然的森林大火而想到保存火种，进而钻木取火；运用创意思维能力，人类首先在头脑中设计出千万种自然界并不存在的东西，并发挥自己的创新能力把这些创意变成了实实在在的现实，从那个茹毛饮血的时代走出来，创造了一个以人类为主导的新世界。

2. 创意思维是企业在市场经济中获胜的关键

市场经济是竞争经济，各种不同经济主体之间的竞争是社会生活的主旋律。而企业之间正是有了竞争，创意思维才更加为人们所需要。从市场经济的发展过程看，企业竞争的重点不断地转移，出现了三个不同的竞争阶段。

开拓新市场阶段。市场处于绝对短缺经济时期，供给严重不足，占有了物质资源就等于占领了市场经济的制高点。所以，此时企业的重点进行的是物质领域的竞争，争原料、争设备、争市场。在这些方面一旦获得竞争胜利，效果立即就会表现出来。

全球化背景下需要有世界胸怀的创意人。

巩固市场阶段。市场进入了相对短缺经济时期，市场对产品的需求层次提高，低层次上供需相对平衡，而高层次上供需不平衡，这就要求企业以发展求生存。企业为了获得长期的发展，竞争的内容从“占物”转向了“抢人”，因为企业发展的真正动力来自于人，企业只有拥有了众多的人才，才能获得迅速的发展。许多大公司千方百计地延揽人才。在这一过程中由于拥有了人才而获得大发展的例子不胜枚举。

扩大市场阶段。市场进入了全球化经济时期，企业产品在全球范围内流通，意味着企业面对着全球企业的竞争，竞争大大升级，企业如果没有居安思危的战略，今日的辉煌也会变成昨日的黄花，过去的大鱼吃小鱼式的竞争已让位于现在的快鱼吃慢鱼式的竞争。激烈竞争的现实使企业对人才有了更为深入的认识，人才分为两种：一种是技术型的人才，这种人才以能使企业获得局部效益或短、中期效益见长；另一种则是智慧型人才，这种人才则能使企业获得长期效益、整体效益，甚至对企业会产生无法估量的价值。智慧型人才成为市场竞争的热点，咨询、策划、顾问之类成为时髦的行业，创意成为企业对人才的基本要求。

3. 创意思维是个人实现自身价值的主要途径

创意思维不是与生俱来的，它主要来源于不断发展的实践之中，产生于创意主体不懈的追求中，形成于理论与实践的有机结合中。离开了主观努力，不可能获得创意，不可能实现创新，只有自己才是培养自己创意思维能力、提高自己创意思维层次的真正主人。

创意有大有小，在日常的各种工作中，也可以有各种形式、内容不同的创意。人们在事业上的新追求、新理想、新目标等的不断产生和发展，正是创意思维的结果。人们的生活内容是不断发展的，人们的需要层次也是不断提高的。旧的需要满足了，就会产生新的需要；低层次的需要满足了，也会产生高层次的需要。要满足人们不断增长的需要，实现人们对幸福的追求，就要靠创意思维。社会的进步在于创意思维，个人的自身价值实现也在于创意思维。事实上，创意思维在人生实践中变为现实，可以使人享受到人生的最大幸福，并激励人们以更大的热情去继续创新，从而实现人生的最大价值。正如拿破仑所说，“创新是力量、自由及幸福的源泉。”

第二节　创意思维的原则

创造之前必先破坏。

——毕加索

在现实生活中，我们头脑每时每刻都会遇到如潮水般涌来的信息，其中有各类客观事物、新产生的思想观念、需要解决的问题，等等。头脑在处理这些信息的时候一般都是依照思维定势进行“自动应答”，也就是头脑在筛选信息、分析问题、做出决定时，自觉或不自觉地沿着以前所熟悉的方向和路径进行思考，而不是另辟新路。思维定势的形成，与现实社会的文化传统和个人的独特生活经历有很大关系，具有很强的惯性，一旦定型之后就极难自发地改变，因为造成思维定势的，是思维主体所具有的实践目的、价值模式和知识储备等内在因素。但是，如果不打破思维定势，就不可能产生创意思维。要想具有创意思维能力，就必须克服位于思维过程中的各种障碍：传统的障碍、权威的障碍、从众的障碍和主观经验的障碍。要想进行创意思维活动，要想破除这些思维障碍，就必须遵循怀疑原则、反思原则、自由思维原则和持续创新原则。

一、怀疑原则

创意是在批判地继承的基础上进行的。广博的知识能促进创意思维，但是，在学习别人的知识时，如果不通过自己头脑的批判性吸收，而是机械地照搬，成了别人的俘虏，被纳入别人的思维轨道，就会失去创意思维的能力。而要具有自己的独立的创意思维，则须要打破各种思维定势。毕加索有句名言："创造之前必先破坏"。创意思维的一个特点就是向规则挑战，敢于怀疑，善于怀疑。

一方面是要改变从众型思维定势，这就要破除从众障碍和传统障碍。"从众"就是在实践行为、感情、态度、思想和价值观方面，服从众人，人云亦云，不会依据事实独立地进行判断和采取行动。思维上的"从众定势"，满足了个人的归属感和安全感的需要，消除了孤单和恐惧等有害心理，降低了为人处世的风险系数，避免了特立独行时所可能面对的被排斥、被惩罚的结果。当然，因此也就产生了缺乏创意思维能力的消极结果。

另一方面是要改变权威型思维定势，这就要破除权威障碍。来自各种教育的权威定势使人们逐渐地适应于以专家、权威或书本的是非为是非。常以权威的思想和观点来论证自身观点的合理性和正确性，甚至产生权威泛化和神圣化的特点，即或者是把个别在专业领域的权威，不恰当地扩展到社会生活的其他领域之内，成为一切领域的权威；或者是认为在权威自身的专门领域中其理论、思想和观点都是不可怀疑的绝对正确的真理。为了具有并保持创意思维的能力，就要时刻警惕受权威型思维定势的局限。只有尊重权威，而不迷信权威，才能打破权威型思维定势，保持头脑的灵活和思维的创新。

不破不立。

摆脱常规思维模式，改变传统思维定势，从"理所当然"中走出来，往往会产生意想不到的良好效果。"本田"喜代型汽车，就是在推翻了汽车制造业常识性的大前提之下的产物。对汽车的传统认识是：汽车必须是流线型才显得帅气；年轻人比较喜欢跑车型的汽车等。"本田"公司推翻了这些大前提，减轻了汽车的自重量，为了确保车子内部的空间，把车子的高度提高到最大限度。这些创新出乎意料地引起了消费者特别是青年人的喜爱，写下了汽车热销的新纪录。

"我寻找每一种投资命题的缺陷，找到缺陷时，我就会安心；要是我只能看到好的一面，我就会担心。"①金融大鳄索罗斯这番话应该值得我们沉思。

---

① 杨健等著，《相信自己的虚妄》，陕西师范大学出版社，1999 年版，第 96 页。

心疑则思，思则得之，不思则不得也。

夜郎自大(ludicrous conceit of the King of Yelang)：夜郎国(在今贵州西部)是汉代西南少数民族的酋长国，占地仅相当一个州县。他们不知汉有多广大，见到汉使，问："汉孰与我大？"意思是汉朝与我国哪个大。见《汉书·西南夷使》。后人因此称妄自尊大者为"夜郎自大"。

二、反思原则

如果一个人只是破除从众型思维定势和权威型思维定势，而坚持只有自己是不可怀疑的，就会陷入到"夜郎自大"的思维定势之中，而丧失创意思维能力。要具有创意思维能力，还要继续深入改变自以为是的思维定势，破除主观经验障碍。反思原则就是指创意主体要具有反思自省、自我批判的精神。

一方面创意主体要突破自身的习惯性思维定势。人们都有自己的思维程序，在解决问题的过程中，沿着同一思路进行，使各种观念在头脑中形成固定的思维框架。这样的处理问题方法会降低风险，但也同时削弱了头脑的想象力，排斥了创意思维。由多次重复的经验而形成的习惯具有很多的局限性：时空的局限性，任何习惯总是在一定的时空范围内产生和形成的，而往往也仅适应于一定的时空范围；主体的局限性，每一个人总是具有有限能力的人，对于自身经验之外的现象往往视而不见，失去创新的机会，其经验的有限性便成为创意思维的桎梏。

另一方面创意主体还要突破自我中心型的思维定势。在日常的思维活动中，人们总是自觉或不自觉地按照自己的观念、站在自己的立场、用自己的价值标准去思考别人乃至整个世界，从而产生了自我中心型的思维定势。由此导致的结果是：因每个人都只是以自我为中心，所以人际沟通产生困难；因每个人都以自身标准为标准，使人们之间的相处发生困难。所以说，创意主体要善于反省自身，跳出自我中心的限制，进行换位思考，倾听别人的意见和观点，甚至可以从攻击性的批评意见中寻找建设性的意义。

日本著名企业家松下先生认为：正确运用自我否定的策略，能使企业不断获得创新的机缘。为了确保松下电器公司立于不败之地，在"强化经营体制，改变企业现状"的口号下，松下不断反思自身，曾多次自我否定，有时不惜推翻现有的工作模式与企业规划格局，进行一系列的体制改革与技术革新，并为此起用了一大批具有新思想甚至过去曾反对过自己的人。这正是松下公司长盛不衰的奥秘之一。

三、自由思维原则

创意思维是一种以人的大脑为物质器官的主动、积极地处理复杂信息的过程，而人脑则是迄今为止所发现的世界上最为精密、灵敏和复杂的“仪器”，要保持这一“仪器”的高效运转和工作，必须具有良好的环境。即必须使自己在思考和探索问题时处于轻松、自由的思维状态，既要排除各种思维定势的制约，又要去除急功近利、恐惧失败和无自信心等不良情绪的影响。

遵循自由思维原则，就需要不断地利用外在的和自身的各种信息给予自己积极地暗示，积极地暗示能够开发头脑中的思维潜能，提高创意思维能力。遵循自由思维原则，需要的良好精神状态是，主体应能够随时感受来自生活的各种刺激，从光明的角度对待各种信息，以宽容的心态对待别人，从而使自我感觉处于自由自在的状态。遵循自由思维原则，还意味着要针对自身的实际情况，寻找适宜于自己诱发潜能、活跃思维、获得灵感、增强直觉、创造联想、丰富想象等有效方法。

自由思维原则的核心在于无分别接受信息刺激。要具有创意思维，就要求人们把头脑从封闭的体系中解放出来，保持一种流畅的开放状态，加强人与自然之间、人与人之间的信息沟通与交流，促进思维的发展。掌握了信息，就会把握住机遇；掌握了信息，就会获得发展的机会。美国前总统卡特说过：美国“三分之二的成果来自有关的信息活动”。“信息给美国这一代人和今后若干代人的道路以光明”。在信息社会里，看一个人的事业成功与否、发达与否、兴旺与否，很重要的一个标志就是获得信息量的能力高低。

解心释神，
莫然无魂。
万物云云，
各复其根。

信息是大自然的资源。实际生活中处处充满着信息，善于观察生活的人，总能产生创意思维的成果。只有从客观世界获取了丰富的大量的信息，并通过信息的综合、叠加、扩散、转换，才能激发创意思维。缺乏广博的知识积累，尤其是缺乏与创造性地解决具体问题相关的知识，就很难创造性地分析和处理有关知识，进而产生新观念就成了空谈。信息贫乏，产生新创意的可能自然就少。人与人之间各种形式的思想交流和信息沟通，在创意思维过程中显得日益重要。“谦虚使人进步，骄傲使人落后”，在这里具有了新的内涵和意蕴。

四、持续创新原则

创意思维的灵感来自于生活。在这个信息爆炸的时代，信息传播日益迅速，被人们越来越充分地挖掘和利用的自然和社会的信息，成为现代人创造力的源泉。但不同的人，创造力的大小、持续时间的长短、产生的快慢，却大相径庭。这就取决于是否能够激发自身的创意思维的潜力。潜力是人未表现出来但有潜在素质从而在特定条件下会被激活的能够超越原有能力的创造性能力。潜力是创意思维的源泉，是创造的基础。因此，培养个人的潜力就成为保持持续创新能力的关键。而培养潜力则应当从这几个方面着手：

第一，海纳百川，有容乃大。广泛地了解和掌握各种新知识，提高自身素质，才能做到厚积薄发。向大自然学习，领悟大自然创造万事万物的奥妙神奇；向社会生活学习，体会人类创造多姿多彩世界的无限创造力；向所有的人学习，获取学习方法，提高自身创意能力。

无贵无贱，
无长无少，
道之所存，
师之所存。

第二，厚德载物，德合无疆。培养自身宽容之德，有容乃大。人的潜能扎根于社会生活之中，来源于现实，下学才能上达。有德之人，才能创造出适合于自身创意思维的良好环境和氛围，才能产生持续的创新能力。有德之人，才能保持对一切人和事的浓厚兴趣，也才能有童心与童趣。而只有热爱生活、陶醉生活，才能有创造新生活的巨大冲动，才会激发出创造新世界的巨大潜力。

第三，法无定法，见机行事。人的潜力只有在放松自由的状态下才能迸发出来，没有一定之规。任何创造力一旦固定成为一种模式，那就失去了变化的可能，也就没有了创造性。灵活、多变、无定式是创意思维的特点。正如道家所言，只有无为才能无不为。培养和激发潜力，只有静待时机，捕捉机遇于电光火石之际。

第三节　创意思维的形式与特点

发散思维是创意思维的主要标志和集中表现。

创意思维既然是综合性的思维，那么它的具体表现形式自然是复杂多样的。大体而言，可以分为发散思维、逆向思维、想象思维、联想思维等。

一、发散思维

发散思维是创意思维的表现形式之一，又叫求异思维、分散思维、辐射思维。发散思维可以使人思路活跃、思维敏捷、办法多而新颖，能提出大量可供选择的方案、策划或建议。

1. 发散思维的内涵

发散思维是创意思维的主要标志和集中表现。美国心理学家吉尔福特认为,发散思维是“从所给的信息中产生信息,其着重点是在从同一的来源中产生多种多样为数众多的付出,并且很可能会发生转移作用。”发散式创意思维,是指在创造和解决问题的思考过程中,不拘泥于一点或一条线索,而是从已有信息出发,尽可能向各个方向扩展,不受意志或现存方式、方法、规则或范畴的约束,并且从这种扩散、辐射和求异式的思考中,求得多种不同的解决办法,衍生出多种不同的结果。具体来说,从某一个问题可能有很多答案开始,即以这个问题为中心,思维的方向像辐射一样,向外散发,找出的答案越多越好。

在日常生活中我们能够发现,有些人在思维过程中跨度很大,能够海阔天空地联想,奇思妙想源源不断;而有些人却缺乏应有的思维广度,只是在一个层面或一种方法上绕圈子,思路总是难以打开。从创意的角度说,思维的广度是取得创意思维成果必不可少的。在许多场合中,把思维广度扩展一些,便会引出一连串的创意。这就需要发散思维。

思长林而志在半草。

2. 发散思维的特点

发散思维具有流畅性、变通性和独创性等特点。

第一,流畅性(丰富性)。它是指思维过程中,反应敏捷,通过扩展思维的广度,能在较短时间内表达出较多观点的特征。这一特点就意味着思维内容在数量上的增加,或者增加可供思考的对象,或者得出一个问题的多种答案,等等。从实际的思维效果看,数量上的“多”能够引出质量上的“好”,因为数量越大,可供挑选的余地就越大,其中产生高水平创意的可能性就越大。

从思维对象方面来看,它具有无穷多的数量、无穷多的属性和无穷多的变化。在这个世界上,每时每刻都存在着无穷多的事物,都会产生无穷多的现象。在自然界中,大到日月星辰,小到尘埃微粒,无穷多的事物散布在我们周围;在人类社会,春种秋收,社会兴衰更替,有无穷多的事件发生在我们周围;在思维领域也是这样,无穷多的概念、观点、理论学说储存在人类的头脑中。所有这些事物和现象,都有可能成为我们创意思维的对象。同时也意味着,我们在思考一个问题或者一个事物的时候,也同样面临着数量无穷多的可供思考的对象,这就是说要考察与这一现象或事物以各种方式相联系的其他因素。客观事物和现象无穷无尽，创意思维也就永远不会枯竭。

从具体的思维对象来说，它所具有的属性是无穷多的，事物的属性是指该事物与其他事物相互联系、相互影响和相互作用时的外在表现。与无数的事物相联系，就会有无数不同的外在表现，相应地就具有无穷多的不同的属性。由于它具有无穷多种属性，因而使得我们的思维广度可以无穷地扩展，甚至永远不能达到“尽头”。扩展一种事物的用途，把它与从未联系过的事物相联系，常常会引导一项新创意的出现。比如，小小的拉链，最早的发明者仅仅用它来代替鞋带，后来有家服装店的老板把拉链用在钱包和衣服上。从此，拉链的用途逐渐扩大，几乎遍及生活用品。

辩证法告诉我们，世界并不是由事物组成的，而是由过程组成的。任何事物都处于运动、变化、发展之中，正如西方哲人赫拉克里特所言，“一切皆流，无物常住。”事物的变化是无穷多的。所以，我们必须具有不断发展变化的思维，才能与发展变化的世界事物相一致。把握了事物的变动，就把握了创新的机会。

革故鼎新，意味着发展的机遇。

在汽车发明以后，欧洲生产马具的工厂受到了影响。但是，也有极少数的马具商看到了那场变动所带来的新的商机，转而生产皮鞋、提包等皮革制品。而漠视变革的大部分马具商们都落得个破产负债的下场。

事物的变动是对人们的考验，对于具有创意思维的头脑来说，变动意味着发展的机遇；而对于因循守旧的头脑来说，变动无疑是一场灭顶之灾。

第二，变通性（灵活性）。它是指在思考一个事物、观念或者问题的过程中，能够在较大的范围内联系起别的事物、观念和问题，而不是局限于某一方面，能跨越许多不同领域进行思维。

从思维的范围方面说，我们确定了一个思考对象，当然要围绕这个对象来思考。但是，这个对象总是以各种各样的方式直接或间接地与其他因素相联系，这就给我们提供了在相当广阔的范围内思考问题的可能性。至于这个对象和哪些别的因素有联系？这就需要我们在思考问题过程中，破除各种思维定势，增加各种可采用的视角，扩大范围，把这个对象放在更广阔的背景里加以考察，从而发现有关思考对象的更多的属性。因为思考对象与不同的条件下不同的因素相联系就会有不同的表现即属性。

由于受到各种思维定势的影响，人们对于司空见惯的事物其实并不了解。也可以说，我们经常自以为正在海阔天空、无拘无束地思索，其实说不定只是在原地兜圈子。只有当我们换一个视角——而且往往是强迫自己换一个视角——来观察着同一个世界的时候，才可能发现它有许许多多奇妙的地方，才能发觉原先思考的范围很狭窄。

科学研究已经表明，光、声、味、嗅等感觉，对于创新思维能够起到促进作用。人们发现，儿童在回答创意问题时，喜欢用眼睛扫视四周，试图找到某种线索。线索丰富的环境能够给被试者以良好的刺激，使他获得较高的分数。科学家进行过这样一次测试，首先把一群人关进一间无光、无声的室内，使他们的感官不能充分发挥作用。然后再对他们进行创新思维的测试，结果，这些人的得分比其他人要低得多。由此可见，观察和思考的范围不能过于狭窄。

太阳每天都是新的。

第三，独创性。创意思维所要解决的问题，是没有现成答案可供参考的，重复、模仿、常规、传统的方式，是不能解决问题的。因为事物和事件的数量、属性和变化的无穷多，就使得人们在分析和解决任一问题时都会面临或多或少、或大或小的新问题和新特点，要求人们运用创意思维来解决。而创意思维的独创性是指产生不同于寻常的新思想的能力特征，在思维外在标志上其解决方案的新奇性大大有别于其他人。它以前所未有的新角度、新观点去认识事物，提出超乎寻常的新观念。

反者，道之动。

独创性是建立在流畅性和变通性基础上的更高层次的创意思维的特征。流畅性反映了发散式创意思维的速度与数量的特征；变通性则体现了发散式创意思维的类别与变化的特征；独创性反映的是发散式创意思维的本质和超越特征，起着核心的作用。

二、逆向思维

逆向思维是与一般思维方向相反，与传统的、逻辑的或群体的思维方向相反的一种思维，是创意思维的基本形式之一。

1. 逆向思维的内涵

逆向思维是从结果到原因反向追溯的思维形式，即对任何问题哪怕是现成的结论，都不满足于“是什么”，而要多问几个“为什么”，敢于提出不同的意见，敢于怀疑，反其道而行之。从广义上说，一切与原有的思路相反的思维都可以称为逆向思维。

逆向思维是有意识地寻找对立面，创造新的概念和思路，或者暴露事物的另一方面性质，找到事物的度；或者反其道而行之，得到意想不到的研究方案。在技术发明中，人们就经常运用具有挑战性、批判性和新奇性的启发思路。这种从对立的、颠倒的、相反的角度去想问题的方式往往能打破常规，破除由经验和习惯造成的僵化的认知模式。在现实生活中，我们对有些问题也知道是问题，也总想解决，却就是解决得不好、解决不了，如果能够从反向思维一下，也许就会有“柳暗花明又一村”的结局。逆向思维之所以有如此的作用，是因为它摆脱了单一思维的束缚，见人所未见，异想天开，引导人们从“山重水复疑无路”的困境中走出来，得到意想不到的收获。

逆向思维还有助于揭示处于隐蔽状态下的事物的相反属性，加深对事物本质的认识。有些事物的对立性质在同一场合下同时出现，有时交替出现，甚至有些性质只是以隐蔽的形式存在。在这种情况下，逆向思维常常是我们揭示事物潜在性质的有力手段。

2. 逆向思维的特点

逆向思维是一种具有很强创造性的思维过程和形式，它的创造性来自于其自身的特点：逆向性、求异性等。

学贵知疑，
小疑则小进，
大疑则大进。

第一，逆向性。逆向思维专门从相反的、对立的、颠倒的角度去思考问题，是一种非常规思维。一般情况下，人们思考问题多从相近的、相似的角度去想，相反的角度因为反差很大，非特意很少为之。从相近的、相似的角度想问题，是借助于无意识就能完成的自然状态，而逆向思维必须是有意识的、主动的思考。所以，长于疑，善于问，于无疑处见疑，敢于和善于提出问题，主动去向传统、权威和习惯挑战，这正是逆向思维的特点。恰如古人云：“学贵知疑，小疑则小进，大疑则大进。疑者，觉悟之机也；一番觉悟，一番长进。”

第二，求异性。逆向思维的求异性是指用挑剔的眼光去审视事物，富于批判性。逆向思维的求异性是对原有的思考角度的彻底反转，所以它比一般的求异更能打破常规，颠覆正向的思考角度和传统的思考方式，促使创意思维成果的产生。逆向思维在多数情况下表现为超出惯例、反对传统的性质，成为对常规和偏见的批判，在思维的范围上将人们的视野从熟悉引向陌生，从效果上具有让人耳目一新的感受，从行为上呈现出特立独行的特点。

三、想象思维

人类如果离开了想象，这个世界真不知会是什么样。想象思维作为创意思维的一种形式，是人类思维的活力所在。

1. 想象思维的内涵

法国思想家狄德罗说过：精神的浩瀚，想象的活跃，心灵的勤奋——就是天才。而这一切创造性活动都离不开想象。法国大作家雨果曾言：莎士比亚的剧作首先是一种想象，然而那正是我们已经指出的，并且为思想家所共知的一种真实，想象就是深度。没有一种心理机能比想象更能自我深化，更能深入对象，它是伟大的潜水者。同样，科学研究到了最后阶段，也就遇上了想象。在圆锥曲线中，在对数中，在概率计算中，在微积分计算中，在声波计算中，等等，想象都是计算的系数。于是数学也成了诗。

想象就是深度，创意人应是一个伟大的潜水者。

想象思维是人脑对记忆中的表象进行加工改造而创造新形象的创意思维。爱因斯坦就曾经指出科学概念的创造和发现需要大胆的想象。他认为："对于整理和理解事件，重要的也许不是物体的行为，而是物体之间某种东西的行为，即场的行为，要充分领会这件事，那是需要一种大胆的科学的想像力的。"[①]可以说，爱因斯坦的统一场论正是充分发挥了想像力的结果。因为绝对时间和惯性坐标系已被相对论抛弃了，一切事件不再是一维的时间和三维的空间连续区，而是具有新的变换性质的四维的时间一空间连续区了。这种概念的产生没有想像力的充分发挥是不可想象的，即使是要理解它，离开了想像力都不可能，更不用说要运用这一理论了。

想像力是思维力和创造力的基础，是产生思维爆发式飞跃的内在根据之一。正如爱因斯坦说："想像力比知识更重要，因为知识是有限的，而想像力概括着世界上的一切，推动着进步，并且是知识进化的源泉。"[②]人们在想象时，不仅会有创见意象的出现，而且会出现这种意象与思维的其他符号元素的相互作用，以意想不到的方式进行再组合。

① 《爱因斯坦文集》，第1卷，商务印书馆，1976年版，第378页。
② 《爱因斯坦文集》，第1卷，商务印书馆，1976年版，第284页。

原则上,这些代表着现实世界的各个方面的元素,其组合的形式是无限多的。也就是说,人类的想像力是无限大的。所以,想象思维是创意思维的基本形式之一。

想象思维可分为不随意想象和随意想象两种类型。

第一,不随意想象。它是没有预定目的、自发进行的想象。当我们观察天空中的浮云时,有时突然觉得它像一匹奔腾的马……各种想象的形象会不由自主地浮现出来。或者在从事一些不用思考的活动时,也会浮想联翩。这些想象都是不随意想象,不需要人们的一直努力,出现的也会很突然,但是它对思维有启发作用。

第二,随意想象。它是有预定目的、自觉进行的想象。它是意识活动的一种形式,是人们根据一定的目的,为塑造某种事物形象而进行的想象活动。这种想象活动具有一定的预见性、方向性。人们在随意想象过程中基本上控制着想象的方向和内容。随意想象又可分为再造想象与创造想象。

想象是创意的天空。

再造想象是人们根据别人的言语叙述、文字描述或图形示意等,在头脑中形成新形象的思维过程。再造想象是再造别人想象过的事物,但这种再造不是别人想象的简单重现,而是依据自己以往经验再造出来的。由于个体之间的知识、经验、兴趣、爱好、个性及遗传素质等方面的差异,每个人再造出来的形象会各不相同。

创造想象是不依据现成的描述而独立地创造出来新形象的过程。创造想象根据预定的目的,通过对已有的表象进行选择、加工、改组,而产生可以作为创造性活动"蓝图"的新形象。例如文学家的创作、科学家的创造发明时所依据的形象。创造想象是人类创意活动的一个不可缺少的因素。创意活动由于创造想象的参与才能够结合以往的经验,根据预定的目的和计划在想象中形成创造性的新形象,勾画出劳动的最终或中间产品的立体表象模型。没有了创造想象,技术发明、科学研究、艺术创作等,一切创造性活动都无法顺利进行。

2. 想象思维的特点

想象思维具有形象性、超前性等特点。

第一,形象性。想象思维是一种创造性的综合,是经过改造的各个成分纳入新的联系,经过重新整合而建立起来的新的完整形象。作为想象思维的结果,往往会形成概念内容从直观上得到加深的"形象概念”。这种想象思维能够创造新概念和概念体系，它能够孕育新奇的思想。想象思维主要处理图形信息，它是以直观形式呈现在人们头脑中的具有形象性特征的表征，而不是词或符号。在想象过程中，表象得到进一步的加工和组合，创造出新形象。它可以是没有直接感知过的事物形象，也可以是世界上还不存在或根本不可能存在的事物的形象。

第二，超前性。想象思维是以组织起来的形象系统对客观现实的超前反映，想象中的内容往往出现在现实之前。想象本身就包含一种筛选和设计的过程，它能帮助我们从整体上去把握事物机制和本质而舍去大量不必要的细节，能帮助我们超越现实事物。正如马克思所说：“劳动过程结束时得到的结果，在这个过程开始就已经在劳动者的表象中存在着，即已经观念地存在着。”①想象的形象可以成为人的意志行为和实践行为动作的内部推动力。

联想也是举一反三的思维。

四、联想思维

联想思维是创意思维的一种重要表现形式。联想思维体现出了思维的跳跃性，它不是一般性地思考问题，而是对问题思考的深化，是由此及彼的思考。展开联想，可以激发人的思维的积极性和主动性，采取多种研究角度寻求多方面的答案，从而把创意思维活动提高到新的水平。

1. 联想思维的内涵

联想思维体现了思维的跳跃性。

所谓联想思维，是一种由此及彼、由表及里的思维，就是人们通过一件事情的触发而转移到另一些事情上的思维。一般来说，在空间和时间上同时出现或相继出现、在外部特征和意义上相似或相反的事物，反映在人脑中建立联系并留下印迹，以后只要其中一个事物出现，就会在头脑中引起与之相联系的另一些事物的出现。这就形成了联想思维。联想思维能够克服两个事物或概念之间意义上的差距，并在另一种意义上把它们联系起来，由此产生一些新颖的思想。科学史上的许多发明，都是因科学家的联想而出现。

当人的思想受到某种刺激或在某种特定的环境下通过回忆可以产生三种类型的联想：相似联想、对比联想和接近联想。

① 《马克思恩格斯全集》，第23卷，人民出版社，1972年版，第202页。

第一，相似联想。它是指思维主体把所有思考对象同储存在自己大脑中的相似经验、动作与事物进行比较的联想。由于客观事物不管相互之间有多么不同，都可以在一定层次上找到它们的相似点，都可以联系起来或统一起来，因而依据事物或认识之间的相似而进行的联想，就称为相似联想。在创意过程中，将创意设计与现实中的某种现象、事物或过程等进行比较思考，就多属于相似联想。例如，鲁班进山砍伐木料，不小心被一种小锯齿的丝茅草划破了手脚，他运用相似联想法，发明了锯子。日本有个叫“药黑衣库金”的公司经营着 1327 家医药分店。它的发展就得益于公司社长从小学生的文具——三角尺——联想到以前看到的有关军队战略的论述：“这些直线排列的点，很容易被外力阻断运输线路，这正是失败的最大原因。为了与友军保持密切合作，应该确保至少三点鼎足，这样点和点联起来，就能守住中间的三角形部分了。”由此他进一步联想到开设医药分店应该使各分药店之间呈三角形布局。从此以后，这家公司很快就发展壮大起来了。

第二，对比联想。它是指思维主体将所考虑的问题与储存于大脑中的已知信息或经验进行对照的联想。这种联想，可以是正面的对比联想，也可以是反面的对比联想，也可以是正反兼有的联想，还可以是正反对照以突出其反差的对比联想。这种联想的发生过程具有很大的刻意性、挑战性、新颖性和独特性。有副对联是这样的，上联是：“桃花细逐杨花落；”下联是：“黄鸟时兼百鸟飞。”这样一落一飞，就含有对比联想，通过对比，便把春天原野上的一派春色给写活了。

学之，则难者亦易矣；不学，则易者亦难矣。

第三，接近联想。它是指思维主体借助时间和空间上与外界刺激有关的事物、动作或经验进行的联想。这里，联想物与刺激物存在关联性，其间并没有什么共同的特征，常常无一一对应关系，而只是意义或象征方面的相近。心理学研究表明，对任何两个毫不相干的概念，一般最多只需要经过四至五步的联想即可将它们联系起来。比如：“木质”与“皮球”这两个离得很远的概念，可以联想为：木质—树木；树木—田野；田野—足球场；足球场—皮球。

事实上，上述的“木质—皮球”这个联想所以能够在四步之内达到，是因为这个联想的最后一环（“皮球”）已作为这个联想程序的终点，是预先设定的。这种有预先给定目的的定向联想在创意活动中具有特别重要的意义。因为创意活动总是带有某些目的性的活动，它需要通过带有目的性的联想作为通道去达到目的。当然，作为创意思维本身来说，它更加提倡的是思想奔放、毫无拘束地自由联想。这样的自由联想可以通过多次重复交叉而形成一系列的“连锁反应”(如举一反三、闻一知十及触类旁通等)网，从而产生大量的创造性设想。

2. 联想思维的特点

联想思维具有自觉性和悟性等特点。

第一，自觉性。进行联想就一定要有打破砂锅问到底的精神，能主动地有意地联想，则联想的范围越广，越有深度，对创意活动就越有裨益。比如，从落地电风扇可以调节升降的特性联想而发明了升降篮球架；从伞的开合性能联想发明了能开合的菜罩；甚至从小孩玩的黏虫胶联想到火箭燃料的黏合剂等。发明创意都直接与联想的程序有关。事实上，古往今来，人类一直是在有意、无意地通过各种联想，不断地从自然界中得到了许多启迪，从而提出了无数新的创意成果，为自己的生存和发展创造着条件。正如日本创造学家高桥浩所说：“联想是打开沉睡在头脑深处记忆的最简便和最适宜的钥匙。”

联想是打开沉睡在头脑深处记忆的最简便和最适宜的钥匙。

第二，悟性。联想能力的大小首先取决于一个人的知识积累和经验丰富程度，一般说来，知识越多、见识越广的人联想的范围也越大，奇思妙想就越多。例如，一个生长在大海边的人就经常会发生与大海相关的联想，而一个出生在大山深处从未见过大海的人，一般与“大海”相关的联想能力就会很少或者没有。其次，联想能力的大小还与一个人是否具有良好的思考问题、追根究底的习惯有关，即与一个人是否遇事肯开动脑筋和善于开动脑筋等有关，而是否善于开动脑筋是与个人的悟性一致的。有的人虽然见多识广，然而却整天无所事事，不愿多动脑筋，缺乏悟性，因而也就不善于联想。因此，养成良好的思考问题的习惯，提高悟性，是培养联想能力、提高创意水平的一项重要措施。所谓“悟”，是在思维过程中，经过思维的跳跃，突然了解、领会、判断、把握事物的一种思维现象。悟性就是经过思维的跳跃而把握事物本质和规律的水平和能力。悟性是沟通理性和现实的必经桥梁和中介。悟性的作用就在于它能帮助理性完成把具体提升到抽象，进一步用抽象指导具体的过程。

【本章小结】

1. 创意思维的本质是在社会实践需要所产生的目标指导下，以一定的心理结构为基础，主要通过意识与无意识的交替作用和辩证统一过程，对储存和外来的信息，经过鉴别和筛选，重新联结和组合，从而发明或发现一种新方式，用以处理某件事情或表达某种事物的思维过程。创意思维具有五大特征：思维目标具有专一性；思维方向具有灵活性；思维方式具有求异性；思维进程具有偶然性和突发性；思维成果具有原创性、新颖性和突破性。创意思维是创新能力的核心，是企业在市场经济中获胜的关键，是个人实现自身价值的主要途径。

2. 进行创意思维活动，就要破除各种思维障碍，必须遵循怀疑原则、反思原则、自由思维原则和持续创新原则。

3. 创意思维是综合性的思维，它的具体表现形式是复杂多样的。主要有发散思维、逆向思维、想象思维、联想思维等，不同的思维形式又有不同的特点。

【思考题】

1. 创意思维的本质是什么？其特征有哪些？
2. 创意思维的原则有哪些？并反思自身的学习、生活和工作的得失。
3. 运用创意思维的具体形式进行一些创意活动，并总结这些活动的经验。

★★★★★ 进修指导 ★★★★★

【参考文献】

1　章士嵘．科学发现的逻辑．北京：人民出版社，1986
2　夏军．非理性世界．上海：上海三联书店，1993
3　苏越．科学发现中的逻辑方法．北京：北京师范大学出版社，1990
4　朱新国等．领导思维方法．北京：经济科学出版社，1987
5　梁良良．创新思维训练．北京：中央编译出版社，2001
6　傅世侠等．科学创造方法论．北京：中国经济出版社，2000

第3章 创意过程

昨夜西风凋碧树，
独上高楼，
望尽天涯路。
衣带渐宽终不悔，
为伊消得人憔悴。
众里寻他千百度，
蓦然回首，
那人却在，
灯火阑珊处。

——王国维

【创意渐入"三境界"】

"昨夜西风凋碧树，独上高楼，望尽天涯路。

衣带渐宽终不悔，为伊消得人憔悴。

众里寻他千百度，蓦然回首，那人却在，灯火阑珊处。"

这是晚清学者王国维在其传世佳作《人间词话》中荟萃的三句古代诗词佳句，生动形象地描述的"三境界"，他说："古今成大事业、大学问者，必须经过三种境界。"王国维先生形象地用这三种境界描绘了自己在诗词创作过程中的忘我体验。

上述第一句即第一境界，意为"悬想"；第二句为第二境界，对应"苦索"；第三句即为第三境界，乃"顿悟"之意。而这恰恰极为精彩地诠释了创意过程沿着"悬想→苦索→顿悟"的思维，渐入佳境的过程。

【学习指南】

本章学习目的

认识创意过程表现的三大阶段性特征：创意的准备—创意的产生—创意的验证，并从各个阶段的主要内容、思维特点和认知规律上系统地认识了解创意过程理论。

创意不是无中生有，是对既存信息的重新组合。创意过程是一个长期学习和不断积累信息的"迸发"过程，通过对创意过程阶段性理论的把握，更好地认识创意的本质，掌握创意过程的一些可操作技术，有助于我们自觉地进行创意活动。

本章内容提要

创意活动最重要的是寻找事实与事实之间的联系，创意过程就是发散式思维和收敛式思维的交替与重复。对于创意过程（解决问题的过程），古今中外学者从不同角度、不同领域、不同学科对其进行了考察，提出了多种阶段模式理论。本章在前人研究基础上，将创意过程归结为三个主要阶段：创意的准备阶段、创意的产生阶段和创意的验证阶段，并介绍了三个不同阶段的主要内容、思维形式和方法及特点。

创意的本质特点是刻意创新、灵活多变、不受拘束。具体的创意活动没有固定的、一成不变的模式，但通过对古今中外杰出创意事例的深入研究，并通过相关的专门领域的科学研究，我们认为创意活动过程仍表现出几个突出的阶段性特征。一是创意的准备期，即一个发现问题与界定问题的过程；二是创意的产生期，即一个提出假设、发挥构想、产生创意的过程；三是创意的验证期，即一个完善和发展假设、构想及评价优化创意的过程。

创意活动过程表现出的阶段性特征，并不是说创意活动一定要按照某一固定模式、程序去操作，创意活动其实是一种复杂的创意思维活动的过程，从结果上看，产生创意有时表现为灵机一动，突然顿悟；有时表现为反复试错，渐渐明白；有时表现为分析研究，洞幽察微；有时表现为综合建构，建立理论系统。但是我们通过对创意过程阶段性问题进行理论研究，旨在更好地认识创意的本质，掌握一些创意活动中的一些可操作性技术。了解了创意活动的过程，有助于人们更好地认识创意的本质，自觉地进行创意活动。

英国心理学家吉·沃勒斯(G. Wallas)认为，创意过程大体经过准备期—酝酿期—明朗期—验证期等四个阶段。这一分析较具有代表性，但他缺少的恰恰是王国维的真情实感。

第一节 创意的准备

创意的准备过程是一个外部信息输入环节，即掌握问题和搜集材料。创意活动的前提是提出有价值的问题，创意思维围绕这些问题展开，并确立思维方向。创意不是“无米之炊”，不是“空中楼阁”，它更多的是蕴含着创意人长期的努力。灵感不是突然跑出来的，杰出的创意是成功创意人“积累”的爆发，这就是创意的准备，创意的准备过程主要能解决的问题是确定创意的目标是什么。它是一个发现问题→界定问题→设立目标的过程。

创意的本质特点是刻意创新、灵活多变、不受拘束。

一、发现问题

正确寻觅和发现问题，就是明确创意对象。它是创意的开端，是创意的首要任务。只有正确地发现和提出问题，才能进行有针对性的创意思维活动，提高创意效率。正确发现问题，是创意的有效开始，明确了创意对象，是整个创意活动的基础。如果不能正确地发现和认识问题，就会失去创意方向和目标，就不可能进行有效思谋和有效地解决问题，创意就成了无的放矢。因此正确地寻觅和发现问题，是直接影响和决定创意能否成功的第一步，也是关键的一步。

在这一步骤中首先应弄清什么是问题，正确认识和发现问题对于创意有什么意义或作用，怎样才能正确地认识和发现问题，正确提出问题。这样，我们才有可能正确地认识和发现问题，成功迈出创意的第一步。

所谓问题，是指社会实践活动的预期效果、或理想效果、或应有效果与实际效果之间的差距，即有差距就有问题。问题就是社会活动主体的期望、设想与现实的差距所形成的客观矛盾，问题就是矛盾，发现问题就是发现矛盾。毛泽东同志说："什么叫问题？问题就是事物的矛盾。哪里有没有解决的矛盾，哪里就有问题。"①可见问题就是矛盾，正确地认识和发现问题，就是要正确地认识和发现矛盾。反过来说，能够正确地认识和发现矛盾，也就是正确地认识和发现问题。

提出一个问题，往往比解决一个问题更重要。

爱因斯坦曾说："提出一个问题，往往比解决一个问题更重要。"维纳所也说："只要我们没有提出正确的问题，那么我们就永远不能期待问题的正确答案。"美国心理学家贝尔纳精辟地说明："那些没有受过未知物折磨的人，不知道什么是发现的快乐。"正确地发现问题或发现矛盾，并提出问题是创意的关键一步，它是创意活动的基础。矛盾是普遍存在的，因而问题也是普遍存在的，发现问题并不是一项简单的工作，而是一项复杂而艰难的工作，它不仅要求具备对问题的观察力和发现力，而且需要准确无误地收集和正确分析客观事物的相关信息，并能通过思维活动把信息转换为对客观事物的正确认识的一系列相关活动。只有同时做好这些工作，才能正确地发现问题。要正确发现问题并提出问题必须做好以下几方面的具体工作。

1. 创意人必须磨炼问题意识

没有最好，只有更好。

要在实践中敏锐地发现问题，必须磨炼起问题意识来，有无问题意识是能否发现问题的思想基础和先导。如果缺乏问题意识或问题意识淡薄就难以发现问题，即使很明确的问题也可能会视而不见而与问题擦肩而过。所谓磨炼或确立问题意识，就是要创意人在思想中保持"有问题"的意念，无论对任何客观事物或社会活动，问题是普遍存在的，

① 《毛泽东选集》，第 3 卷，人民出版社，1991 年第 2 版，第 839 页。

没有无问题的客观事物和社会活动，即便“再好的情况”也可能存在某种问题，这就是问题意识，即“没有最好，只有更好。”有了这种问题意识，才能促使创意人积极思考和探索问题，才能对问题反应敏锐，才能高效地发现和认识问题，如果放弃“有问题”的意念，则会造成问题意识淡薄，造成对存在问题的疏忽、麻痹，视而不见。强烈的问题意识，是创意人的基本素质。

问题意识理论上可从客观和主观两方面来确立，即确立客观问题存在意识和主观问题存在意识。确立客观问题存在意识，就是要看到客观问题存在的普遍性、经常性和必然性。客观问题的存在不依人们是否认识它而存在，它的存在是客观的，是不以人们的意志为转移的。人们只有在主观思想符合客观实际时才能感受到问题的存在，因而必须使主观思想符合客观实际才能对客观事物保持“问题”意识或观念。这种客观问题存在意识，其内容十分广泛。例如，只要人们的主观愿望与客观实际发生背离，愿望与实际不相符或有差距时就是问题的存在。又如，人们对某一客观事物或现象不能认识，不能把握或驾驭时就是问题等。主观问题意识是人们在主观思想上保持的“问题”，如人们对现实的不满意，某种追求和愿望的产生，不满足感、危机感等思想上的自我压力造成的主观“问题”意识等，具有这种问题意识就会在问题探索中争取主动权，高效地发现问题，主、客观问题意识的综合，就能促使创意人有效地探索并及时准确地发现问题。

没有调查就没有发言权。

——毛泽东

2. 创意人必须进行调查分析和收集整理资料的工作

发现问题是一个对客观情况进行分析研究的过程，它通过对客观事物所发出的各种信息的收集、分析转化为特定认识的过程，也就是调查研究的过程，只有通过充分仔细的调查研究，才有可能正确地认识和发现问题。毛泽东指出：“提出问题，首先就要对于问题即矛盾的两个方面加以大略的调查和研究，才能懂得矛盾的性质是什么，这就是发现问题的过程。”①这里就告诉我们发现问题必须进行调查研究。

调查分析包括客观情况调查和调查分析两个方面的工作。客观情况调查即是一个调查收集信息资料的过程，调查是分析的起点和依据，因此调查必须严谨、扎实、全面，注重调查资料的丰富性、详尽性、客观

① 《毛泽东选集》，第 3 卷，人民出版社，1991 年第 2 版，第 839 页。

性和准确性。既不能有水分、虚假，也不能有遗漏，否则就难以保证分析的正确性。收集信息资料的质量高低，取决于调查的态度和方法，通过脚踏实地、实事求是地收集各种信息资料，了解客观事物发出的真实信息，才能准确反映客观实际。分析是对各种调查所获得的数据资料进行加工整理、剖析，找出事物的规律性和提示问题所在的过程，这是一个用"心"和"脑"的过程，即分析思考的过程。这一过程中必须运用科学的分析方法，充分发挥高超的鉴别力、准确的判断力、科学的推理能力、丰富的想象力，才可能真正有所发现。

其实，调查收集信息资料的过程，也是分析和研究的过程，即调查分析的过程。如果只是罗列堆积信息数据资料，不能对其做正确而深刻的分析，也就仍然不能发现问题。调查和分析不是截然分开的两个步骤，而是紧密联系在一起的。一边调查一边就要用心去进行分析，边调查边分析。调查为分析提供原始材料，分析为调查深入提供保障。例如在收集信息时，就要分析信息是什么，为什么是这样的信息而不是那样的信息，信息的真假、意义、作用等，这样通过思考分析使调查更加深入和详细。通过深入调查和详细资料的掌握，又为分析的准确性提供保障。缺少资料信息不行，没有分析也不行，只有通过正确的分析思考，才能够正确地发现问题和认识问题。毛泽东同志指出："正确的判断来源于周到的和必要的侦察，和对于各种侦察材料联贯起来的思索。"[①]又说："学习战争全局的指导规律，是要用心去想一想才行的。因为这种全局性的东西，眼睛看不见，只能用心思去想一想才能懂得，不用心思去想，就不会懂得……但若用心去想一想，也就都可以了解，都可以捉住，都可以精通。"[②]这就明确告诉我们，只有通过深入调查和科学分析与思考，才能发现那些看不见、摸不着而又实际存在的问题，才能明确创意任务和目的。

没有目标的创意是涂鸭，依据目标的涂鸭是艺术。

3. 发现问题应注意 3R 要点

3R 要点能更好帮助创意人发现问题。

(1)认识需求(Realize the need)

人的行为是在某种动机的策动下为了达到某一个人目标的有目的

① 《毛泽东选集》，第 1 卷，人民出版社，1991 年第 2 版，第 177～178 页。

② 《毛泽东选集》，第 1 卷，人民出版社，1991 年第 2 版，第 179 页。

活动，也就是人类的行为模式是受需要驱动的，需要引起动机，动机引起行为，行为又指向一定的目标。

人类的行为模式

需要 → 动机 → 行为 → 目标

要想使创意人进行创意活动，首先必须设立目标，以明确该往何处去。而创意的目标又必须相当明确清楚，必须符合 SMART 原则。

S：Specific　　具体的。

M：Measurable　　可衡量的。

A：Attainable　　可达到的。

R：Relevant　　相关的。

T：Timetable　　时间表。

符合 SMART 原则的目标才是一个真正的目标。如果目标太笼统就等于没有目标。目标明确，就应真正认识需要，了解创意需求并开发需求。

符合 SMART 原则的目标是一个"聪明"的目标。

(2)回顾资料(Review the data)

收集所有可以收集到的数据，并将信息放入我们的脑中，以便我们可以组织它和整理它。

21 世纪最宝贵的资源是信息资源。

收集信息的过程包括确立目标、确立所需信息、确立信息来源、收集信息的方法、收集信息以及分析信息六大步骤。

第一，确立目标。在计划收集信息前，第一步要做的就是确立目的，换句话说，为什么要收集这些信息。

第二，确立所需信息。收集信息的目的一旦确定，所要收集的信息其实也就确立了。

第三，确立信息来源。一般来讲，数据或信息有两种来源，二手信息和一手信息。二手信息指的是那些已存在的信息，它可以是以前为某一目的而收集过的信息，主要来自：

- 公司内部：公司的销售统计，业务代表、销售主管的日报、周报，公司的财务报表，先前的研究报告等。
- 官方出版物：如行业统计分析、统计年鉴等。
- 报刊、杂志。
- 市场研究公司的报告等。

一手信息是那些为这一目的而收集的原始数据。市场调研是收集一手信息的常用方法之一。

第四，确立如何收集信息。确立了信息的来源，下一步就是确立如何收集这些信息。如果信息来源是二手信息，那么相对来讲比较简单，可以通过阅读和查询组织内部的信息来收集。如果信息来源是一手的，那么就需要确立收集的方法及由谁、什么时候、去什么地方收集。

第五，收集信息。经过了前面四步，这一步就是具体地做，尽可能地收集更多的信息，不要轻易地舍去这些原始资料。

最后，分析信息。这是信息收集的最后一个步骤。如果说收集信息是制定策略的基础，那么，分析就是制定策略的关键，分析信息要按照一定的步骤和标准，去粗取精，去伪存真。

(3)保持数据(Restore the data)

彻底地回顾一次数据，让之保持。保持这些数据，存储信息。这里关键的要点是保持和整理信息，列出所有你收集到的信息，让它流淌在你的头脑中，你慢慢地消化这些信息，有时可以做些其他的事，一些与你的想法无关的事，试着睡觉和做梦。

【背景知识窗口】

“问题”激发创意的心理学分析

“问题”有助于摆脱思维的滞涩和定势。思维容易受先入之见的影响，因为人的大脑有把信息和材料安放在内存模式中的归档能力，思维常陷入滞涩与休眠状态，“问题”的出现造成的不确定性，使思维活跃起来，打破定势。

“问题”促使思维从“前反省状态”进入“后反省状态”。思维是从一种怀疑或混淆的“前反省状态”，进入一种满意或以对先前让自己感到怀疑和困惑的情景的控制为特征的“后反省状态”，在这种状态转换过程中，智力活动总是尝试性的，始于问题的提出，终于问题的解决。

“问题”的解决带来“顶峰”的体验可以激发再发现和再创新。难易适中且富有挑战性的问题可以激发下一阶段的发展，学会如何发现有意义、有价值的问题而不是简单地去寻找答案，通过对问题的探索与思考可领略一种顶峰体验，激发再发现和再创新。

“问题”深藏在潜意识或下意识中，“顿悟”由此产生。当某一问题已不受直接注意时，潜意识在某种程度上仍然保持对问题的思索状态，精神高度集中地考虑一个问题，有时可能造成思路的堵塞或误入歧途，而一旦松弛下来，倒可能产生稍纵即逝的思想火花。

二、界定问题

这个阶段是对第一阶段所发现或提出的问题进行分析辨别，做出界定。界定问题就是要明确问题性质和内容，即确定是什么样的问题，问题的实质和内容是什么等。也就是要明确创意对象“是什么”的问题，使创意具有针对性，达到有的放矢，对症下药。只有正确辨别和明确问题性质，创意才可做到针对性、高效性和高水平。界定问题是对问题的明确过程和把握过程，应注意以下几点。

1. 正确分析判断和把握问题

分析判断问题包括揭示问题实质、搞清问题的内容、摸清问题来龙去脉及形成原因等。即要弄清是什么样的问题或问题究竟是什么，问题的核心是什么，问题的要害是什么，问题的影响程度、重要程度有多大等。只有对问题的这些方面明确界定才能把握问题。例如，明确问题是否是事关全局的带根本性的问题；是重点问题，还是一般问题；是表面性问题，还是潜在的深层次的问题；是占主导地位的主干性问题，还是处于被支配地位的支节性的次要的问题；是普遍性的问题，还是特殊性的问题；是现实问题，还是将来问题；是长期性问题，还是短期性问题；是新问题，还是老问题等。通过对问题分析和识别，判明问题的特性，从而正确地分析、判断和把握问题。

矛盾分析法是解决问题的根本方法。

2. 诊断问题，找出问题的症结所在

诊断问题、找出问题的症结所在，以便对症下药，药到病除。这实际上指的就是对问题进行深入剖析，找到问题的要害和关键。这就是运用矛盾分析的方法去解剖矛盾、识别矛盾、分析矛盾的活动过程。由于矛盾的不定性和变动性，在界定问题时应充分注意问题的相对性和变化性。问题的相对性是指问题的重要程度、影响力都是相对的，同一问题在不同的场合和条件下其重要程度和影响力是不一样的，问题作用力度的大小也是不一样的。问题的变化性是指问题性质和作用都是在不断变化的，在一些场合是关键、主要的问题，而在另一些场合则有可能是次要的问题、一般问题；在一定场合是很次要的问题，在另一场合很可能是根本、关键的问题，这就是要根据不同的时间、地点、条件来认识和分析问题，这样才能真正把握住问题。

3. 选准创意问题

界定问题就是要选准创意问题，即选准作为创意对象的问题，以明确创意需要而且能够解决什么问题。创意要做什么，必须是明白无误的，否则就会导致创意失误。如选择了力所不能及的，是在现有条件和能力以及主观努力下解决不了的问题，那就必然碰壁，遭到失败。如果确定要解决的问题轻而易举，却又失去了创意的意义。因此，创意活动必须正确确定需要解决的问题，就是要在对创意问题识别的基础上，合理选择最有意义而又有能力解决的问题作为创意要解决的问题。我们都知道，无论是组织或个人，在一定的时间阶段总会面临一系列的问题，而由于人们的资源和精力在一定时间阶段总是有一定限度的，不可能同时解决所面临的所有问题，只能集中力量一个一个问题的解决。为此就要首先选择关键性的或是有影响性的重点问题加以解决，即按轻重缓急、先后秩序解决。这就必然要求在对问题进行识别的同时，对创意问题做出最合理的选择。一般来说应把最有现实意义和普遍意义，而又是社会活动主体最感兴趣，又有能力解决的问题作为创意的问题，而把所有存在问题都作为创意对象一锅煮、一把抓，那就必然造成精力分散、效率低下、吃力不讨好、最终一事无成、劳而无功的后果。这就是要克服什么问题都想解决，最后什么问题也没有解决好的状况。

牵牛要牵牛鼻子。

选择确立创意问题应进行全方位思考，全面衡量利弊。可从以下三点去考虑和把握：

第一，要考虑效果性。即首先要考虑所要解决的问题的预期效果怎样，能达到什么样的效果，即社会效应、经济价值如何？衡量效果时应从经济和社会的角度，短期的与长期的效应和利益实现结合起来进行考虑。选择既有显著的经济效益，而又有显著的社会效益；既有短期的“轰动”效应和现实利益，更有长期的影响作用和长远利益的问题作为创意对象。

第二，要考虑可能性。即要根据主客观条件考虑所要解决问题的可能性有多大，问题解决能达到什么样的程度。只有解决问题的可能性越大，或者是能完全彻底解决的问题，才越能成为创意对象问题。否则，解决问题的意义再大也是不能作为创意对象问题的。

第三，要对所有预备作为创意对象的问题的效果性和可能性进行比较评价、对比、选择，确立最有意义而又最能解决的问题作为创意对象。经过以上几点的思考，选择确定的创意对象就是比较准确的，就能保证创意效率的提高，增强创意效果。

三、设定目标

所谓目标，是指在一定条件下从事某一社会活动在预期内所要达到的成果或指标，或是在一定时间阶段内所要达到的预期目的和成果。确立创意目标，是决定整个创意的方向和指导。创意目标既不能过高也不能过低，而且必须是科学合理的切实可行的目标，才能促使创意成功。创意目标的科学合理性对创意效果产生直接影响，影响整个创意活动，因此科学确立创意目标十分重要。要正确确定创意目标就必须遵循一定的原则和步骤。

1. 创意目标确立的原则

沉默是金。

为了使创意目标确立具有正确性，必须遵循这样一些原则，这些原则包括目标的方向性、客观性、科学性、明晰性、系统性、弹性等原则。

第一，方向性原则。即坚持正确的目标方向。目标具有方向性作用，一旦目标错了，就会造成一错再错的局面。这就像走路的人，本应向南而走了北，结果离目的地越来越远。因而目标所示的方向必须是正确的，是符合社会需要的。

第二，客观性原则。即确定的目标是符合客观实际情况的，或者说是客观实际情况的确切反映。也就是说目标的确定是符合社会活动的客观条件和外界的客观实际，是客观的和人们主观能动性的结合，是需要和可能的结合。因而目标具有现实性和可行性。

第三，科学性原则。即指目标的先进性和合理性。先进性是指目标蕴含的技术和思想应是先进的，目标是超前、高难度的，而又是立足于现实上可行的。它既不是空想、幻想，也不是缺乏激励性的低目标。合理性是指经济合理性和社会合理性，它既是在现有的客观条件下所能预期的最大经济效益的目标，同时又符合国家方针、政策、法律、法规的规范，否则，目标就是不合理的。

第四，系统性原则。即指创意目标应遵循一个由主导目标和分层目标组织而成的系统目标。一项社会活动的目标不是单一的，而是包含着多种目标，从而形成一个目标体系。确立创意目标时必须按照系统属性要求确定。首先，在一定时间阶段或一次性活动中应选择一个主要目标作为系统目标的统帅目标，与其他次要目标或辅助目标组成一个系统目标。其次，主要目标或总体目标要统帅各种具体目标或分目标，分目标必须服从于总体目标，并相互照应、相互协调、相得益彰。如果没有统帅目标，就会形成目标分散和混乱，顾此失彼，失去目标作用。

第五，明晰性原则。即创意目标必须明确、清晰。目标的主次界线必须清楚，包含的内容分明，目标的时间、地点、数量都应是尽可能明白无误的，不能发生歧义，模棱两可，模糊不清，或过分抽象空洞。目标的含义应是单一的，即一种目标只能有一种理解，而不能出现其他各种理解。否则，社会活动将会无所适从，必然陷入盲目混乱之中，也无法衡量和评价创意的正确程度。同时还必须说明为什么要确立这个目标，而不是其他目标，即证明目标的必要性、合理性和可能性。

创意是从实际出发提出原则进行创意的过程。

第六，弹性原则。指目标要具有一定弹性，以适应环境条件的变化。目标是针对未来的活动成果，未来的客观环境条件会出现许多事前无法预料到的变化，会影响目标的实现，因而在确定目标时应预先充分考虑各种客观因素的复杂性和可变性，会给目标实现带来的影响。为此，目标要留有余地，保持一定的伸缩性，这样才不至于一旦情况发生变化而惊惶失措，影响活动目标的实现。

2. 创意目标确立的步骤

确立目标是一个过程，它包括目标调查、目标拟定、目标评估、目标论证、目标深化、目标确定等活动。只有连续不断地完成这些步骤，才可能制定出合理的目标。

第一步，目标调查。主要调查分析目标赖以确定的客观环境条件。只有依据客观条件确定的目标才是可行的。对客观环境条件切实进行调查研究，详细了解和准确掌握客观情况是确立目标的第一步。目标调查包括调查分析社会活动组织的相关外部环境因素的状况及其影响力和活动主体自身的条件状态两部分，外部环境中主要调查分析政治、法律、经济、社会、文化、大众心理、科学技术、竞争、资源、地理等各种因素的变化及其影响力，自身条件分析主要是分析自身实力状况，即资源条件、物资基础、智力状态、社会活动能力，以及主观能动性的发挥程度所能达到的极限，各种资源和能力的利用程度等主客观条件的调研。在完成这些调研分析的基础上确定的目标，才有客观依据和基础，才会具有可行性。

第二步，目标拟定。指在主客观条件相结合分析的基础上，初步拟定若干目标，以供评选。这个过程即是在客观条件进行充分认识的基础上，提出若干有可能实现的目标，并对拟定的各种可能目标寻找充分的理由根据。证明为什么要确立这样的目标而不是其他目标，理由是什么，如果放弃这些目标，将会造成什么样的结果，又会带来什么样的问题等。这样拟定的目标才有理有据，有说服力，可信度高，才能为正确选择目标奠定良好的基础。

第三步，目标评估。即对目标的可能性、正确性和价值性进行评估，通过评估，以选择出最合理的目标。目标评估准确至少应做到以下几点：首先，要考虑评估拟定目标的依据是否充分，是否客观真实；其次，要分析目标实现的可能性，实现目标的条件是否充分具备；再次，还必须评价目标的价值性，如果目标没有价值或价值太小，即使具有正确性和可行性也没有意义。评价目标价值包括经济价值和社会价值两个方面，从长远、整体角度看，社会价值和经济价值的利益最大化是最佳的选择。

原则不是出发点，而是落脚点。

第四步，目标论证。为了使评选出的目标具有正确性和可行性，还必须对选择目标进行进一步的论证。经过系统的论证后表明可行的目标，即可正式作为确定目标。论证一方面是看评选的目标是否正确，同时也是看能否在论证中发现更好的目标。这一般可运用目标转换法来进行论证，即从新的角度重新确立一个预定目标对应的目标，然后对两个目标进行对照评价、比较、分析和鉴别，以发现预定目标的优劣，并看其是否是符合需要的可靠目标，同时还要看是否能发现新的比预选目标更好的目标。如果没有更好的新目标，则证明预选目标是可行的，反之，则是不可行的。

第五步，目标深化。指对已确定的目标进行质的提升和量的扩展，促使目标更加理想和优化。如果经过提升和扩展的目标不可行时，就应坚决放弃，仍用原定目标。如果经过提升和扩展，目标更可行、更正确、更具价值、更有说服力，就应采用深化了的目标。这样就能使创意目标越来越接近科学、准确、可靠，增大其意义和价值。

经过上述步骤确定的创意活动目标就是较为科学合理的目标，可以保证目标的具体实现。

创意的准备过程是创意过程的定向阶段,在明确问题过程中心理状态是高度紧张、全神贯注,努力对对象做深入探讨,是一种有意识的心理活动。而在准备过程中,思维机制主要表现为言语形式的逻辑思维的运用,即当主体处于准备期,除对问题的敏感性外,主要便是从人类知识宝库中搜集、整理、分析和筛选现成文献资料,或从前人精神产品中获取知识和经验。这时,所利用的只能是与之相适应的符合逻辑常规的思维形式,即逻辑思维,并围绕掌握的问题及收集的资料,力求使问题立体化、形象化和可视化。

槛菊愁烟兰泣露,
罗幕轻寒,
燕子双飞去,
明月不谙离恨苦,
斜光到晓穿朱户。
昨夜西风凋碧树,
独上高楼,
望尽天涯路。
欲寄彩笺兼尺素,
山长水阔知何处?
——宋·晏殊

第二节 创意的产生

一、创意的孕育

创意的孕育即提出假设与构想的"沉思阶段",也称为创意的酝酿期。创意的准备过程是有意识地积累所研究的领域,并按一定规则划分的知识,形成一种"问题态",在此基础上进行创意活动。而创意的产生(灵感产生)是一个从酝酿期到明朗期的过程,具体来讲是一个从提出假设、构想到制作方案、设计的过程,正如晚清学者王国维在其传世佳作《人间词话》中描述的"三境界":

"昨夜西风凋碧树,独上高楼,望尽天涯路。"

——这是一种悬想境界,相当于"发现问题"的准备期。

"衣带渐宽终不悔,为伊消得人憔悴。"

——这是一种苦索境界,相当于"酝酿"或"潜伏"期。

"众里寻他千百度,蓦然回首,那人却在,灯火阑珊处。"

——这是一种顿悟境界,相当于"思想闪现"或"明朗期"也即创意的产生。

伫倚危楼风细细,
望极春愁,
黯黯生天际。
草色烟光残照里,
无言谁会凭阑意?
拟把疏狂图一醉,
对酒当歌,
强乐还无味。
衣带渐宽终不悔,
为伊消得人憔悴!
——宋·柳永

王国维先生描述的"三境界"生动形象地刻画了创意人在创意产生时客观的行为和心态,描述了准备期→酝酿期→顿悟期的思维活动过程。

酝酿阶段是对所发现并界定的问题,对所收集的资料、信息进行加工和处理,探索解决问题的潜伏时期,因此这一阶段常常需要相当长的时间,是大脑高强度的劳动时期。酝酿阶段的主要内容是不断地从正面、反面进行各种假设、构想，让各种知识、信息在头脑中反复地组合、交叉、撞击和渗透，创造性地加工，不断地否定、选择，不断地提出各种新的假设、构想。

这一阶段是准备阶段和灵感出现之间的一个潜伏期，其时间差异较大，少则几分钟，多则数日，甚至几年，其性质也各不相同，各有妙处。在这一阶段，人们常常在一段紧张思考之后，暂时搁置问题，让信息处于孕育状态，让其逐渐成熟。虽然创意人对问题没有进行有意识的加工，但由于潜意识的参与往往能产生重大的突破，甚至正确地解决问题，酝酿在这里有"休息"、"有意识地放松"等引申义，这一阶段的突出表现就是结果常常有意外性。酝酿是创意人的一种创新活动，而创意人始终处于一种内心活动的状态，在产生创意的过程中，解决问题的要点有：

1. 首先对创意进行立意和设计主题

进行创意，就是要开展进行多种创新构想并落实转化为对社会活动开展的具体设计和规划等。把创新构想或设计编制成规范性的创意方案，这一过程就是根据已界定的问题和已经掌握的主、客观情况及设置的目标，探索和设定解决问题的具体步骤和方法。在这一活动中，主要就是创意进行立意和设计主题。

立意就是要对所要进行的社会活动明确意义，以作为方案构想、构思的指导思想。也就是把所开展的社会活动的内容确定在一个什么意义或作用层次上，具有什么样的品位和价值。立意不是具体的创意方案，它是对进行创意的总体意义的要求、总体规范和总体思想指导。例如，创意要反映什么样的文化品位，达到什么效果，从什么样的角度去审视创意方案等，都是对创意的立意要求。因而创意立意应高远，立意越高远，越卓越，创意就越能获得成功。立意是创意的着眼点，或说是创意的立足点和基本思想要求，进而也可以说是为创意的定位。这就是说，立意决定着创意的发展方向、水平和质量。为了提高创意效果，立意必须立足于新颖、高远、高尚、卓越、气度恢弘，能体现时代的进步和发展，体现不同于一般的高层次创意思想和思路。

主题是创意活动的高度概括，是创意活动的中心点和灵魂，是对创意活动的集中归纳和集中表达，是点睛之笔，是整个创意的统帅，是贯穿于创意活动的主线。因而，主题是否突出、形象生动、富有特点和艺

东风夜放花千树，
更吹落，
星如雨。
宝马雕车香满路，
凤箫声动，
玉壶光转，
一夜鱼龙舞。
蛾儿雪柳黄金缕，
笑语盈盈暗香去。
众里寻他千百度，
蓦然回首，
那人却在，
灯火阑珊处。
——宋·辛弃疾

术性，能否集中地高度概括和反映出整个创意活动内容，直接影响着整个创意活动的效果。主题拟定不能随心所欲、轻率从事，更不能胡乱编造。而是必须在对各种客观情况进行充分掌握和分析的基础上，根据创意对象活动的特点所抽象和概括出来的很精辟的一句话或一个词语，词语要高度概括出一次创意活动的全部内容，体现整个创意的内涵、方式方法、活动目的、意义、活动形象等。因此，在拟定主题时应充分调查研究，综合考虑社会活动受众对象心理和社会时代潮流，传播渠道的特点和功能，以及创意对象自身的目标、性质、特点、活动内容等要求。只有由这几个方面综合抽象出来的主题，才能真正集中体现和概括整个活动的内容。

志存高远，力行不息。

正确和富于表现力的创意主题一般应该具备这样一些特点，即：新颖、独特、突出、与众不同；富于思想性、简洁、明快、言简意赅、形象鲜活、生动、通俗易懂、鲜明、醒目、富于艺术表现和特色，具有强有力的刺激力、感召力。在思考主题时，应既能从现实出发，又能充分发挥想象力，大胆幻想、精心思考、小心求证，力求既有思想性又有艺术性，达到思想和艺术的完美结合，这样才能保证主题的统驭力和表现力。

2. 创意关键在于突破常规并遵循创意的内在基本原理

为了使创意过程更加深刻与广泛，应注意把思想的范围从熟悉的领域扩大到表面上没有什么联系的其他专业领域和以前不被注意的领域。这样，一是有利于冲破传统思维方式和权威的束缚，打破成见，开辟捷径；二是有利于获得多方面的信息，利用多学科知识进行“杂交”，在一个更高的层次上把握创意活动的全局，寻找到创意的突破口。同时，创意是一种复杂高级的思维活动，它存在一些基本的内在原理。

第一，综合择优原理。要选择最可操作又最能实现意图的创意。在创意的过程中，选择无时不有，无处不在，只有通过综合而择优，才能使创意的整体功能最优化。

第二，移植原理。客观事物中存在着很多相似现象。相似不是相同，而是“相同加上变异”。“他山之石，可以攻玉。”通过某些事物启发，在此基础上创造新事物，寻找创意技巧。

第三，组合原理。创意往往表现于系统要素、方法间的重新组合。

第四，逆反原理。按照事物间存在的对应性、对称性去构思，以实现创造意图的规律。要走自己的路，创出自己的特色，则需要逆向思维，不能老跟在别人的后面亦步亦趋。

第五，非系统原理与裂变原理。

在酝酿创意的过程中，以上五条原理往往是相互渗透和相辅相成的，在实际运用中应灵活应变。

3. 拓展思路构想多种方案

在酝酿构想过程中，需要从不同的角度，用不同的思路去构想同一问题的不同解决方法，或对同一活动的所有内容进行构想，然后对各种思路产生的构想方案去比较，选择较全面科学的构想方案或将多种构想内容重新组合为新的更好的创想方案。这样才可能构想或编排出真正能解决问题或取得社会活动成功的最佳方案。

如果只有一种构想方案，不能进行选择，也就不能构想和编排出最合理或最佳的创意方案。同时也可能说明这一种方案本身就是不怎么样的或不理想的，甚至是错误的。国外有一句格言：如果看来只有一条路可走，那么这条路可能是错误的。这就说明在方案创作初期必须进行多方案思考。事实上客观世界每一事物都有多种属性，一事物总是要和其他事物相联系着变化发展，也就为同一客观问题可以用多种方法进行解决提供了客观基础。在现实中每一问题的解决都必然存在着多种方法、多种途径。同时，人们的思维不可穷尽，思路也就不可穷尽。因而，对同一问题的解决或同一社会活动的安排必须而且应该提出多种方案。应该说构想的方案越多、越奇妙，选择余地越大，就越能找到最佳的创意方案。

方法永远多于问题。

在构想方案时，还应注意这样两点：一是要注意立足于实际，二是充分运用智慧的力量，立足于实际，但不是拘泥于现实，应超越现实、高于现实。要充分发挥丰富的想象力，创造性地构想方案，但又必须注意每一方案的实践性和现实性，创意的目的是为了更好地指导社会实践活动，如果方案脱离了现实就失去了现实意义。如果方案拘泥于现实而不能高于现实，超越现实，驾驭现实，也就失去了指导性作用，同样也就失去了创意的意义。

在构想方案时要体现知识和智慧的含量。就是要充分发挥知识和智慧的作用，在创意时注入丰富的文化意蕴、智慧含量，使创意充分体现智慧力的能量，使整个创意充满睿智，充满理性，智慧内涵丰富，文化品位高，充满艺术和技巧。

构想创意的方案时，应多方案思考，发挥构想，锤炼构想，选择构想。

4. 尝试采用一些另辟蹊径的创意方法

在创意的构想中，可采用一些创造性解决问题的方法，当然我们介绍的这些技巧方法，并不是定势思维模式，在我们沉思的时候，或许有一些提醒。

第一，逆向技术。

变换角度看问题，用新的眼光看待某个事物，从而发现不同的意义，这是一种很重要的能力，这种能力对于创造性地认识问题、解决问题是很有帮助的。

【鲶鱼效应】

鲶鱼效应是逆向技术的一个很好的应用。在挪威，渔民们捕到的沙丁鱼，往往等不到上市就奄奄一息，总卖不到好价钱。于是，有人就在鱼槽中放进一条鲶鱼，鲶鱼追逐沙丁鱼，迫使其动来动去，反而保全了生命，这就是著名的“鲶鱼效应”，反过来思考问题反而解决了问题。世上万事，似乎都有常规，但若打破一下常规，颠倒一下思路，往往能达到柳暗花明、财路大开的效果。

要打破程式化的思维方式。

逆向技术还可以帮助你多角度看问题，它是创造性技术中常用的方法，也是一种雄辩术。逆向技术要求从相反的角度来看待事物，转动180°来提出问题。

第二，纵深技术。

纵深技术是思维纵向的运用，它是将同一个洞挖深，收集解决问题的所有可能性，挖掘各种可能，这种技术最好的运用是问为什么，通过进行几次深入的提问，能挖掘出问题的根源以找出解决方案，通过不断提问，可以找出问题的症结，避免问题重复发生。

第三，广角技术。

从思维的角度来看，思维又分为纵向思维和横向思维，纵向思维以事物的产生、发展为线索，通过比较事物的过去、现在和未来，使我们能够科学地认识事物发展的客观规律，纵向思维具有一定的深度，但缺乏一定的广度。横向思维是一种同时性的横向比较思维，它研究的是同一时间内同一事物的不同方面，或一事物与他事物之间相互联系的特点。

在创意活动中，纵向思维与横向思维相互交织，相互渗透，它们一起来编织创意思维的经纬网，共同来解决面临的各种问题。同时，鉴于人们习惯于纵向思维思考问题，更应提倡横向思维。广角技术可以更好地帮助我们利用这种方法来解决问题。

对于出现的问题，寻找解决的措施总是按照一定的思维方式进行，但人们往往陷入它的深度之中，而忽略了其他的思考途径，也就是说忽略了解决问题的广度。广角技术就要求不仅考虑到深度，而且还要考虑广度，它是一种改变主意的基本原则，根据其原则提问、收集信息。

无论如何，在酝酿的过程中实际上是消化和转换信息，在头脑中进行象征性尝试，以重新组合概念。经过准备阶段，不仅对某些方面的信息有了相当深度的了解，而且开始从事更深刻的思考。当象征性尝试无法解决问题时，思考者可能将问题暂时搁置一边而从事其他活动。表面看来他对这一问题的思考活动已经中断，但思考却仍然可以在潜意识中断断续续地进行，有时还在睡梦中出现。这种潜意识的思考活动可能就孕育着解决问题的观念，一旦酝酿成熟，就会脱颖而出，使问题得到解决。酝酿的时候要求我们走出自己的领域，将自己的先入之见放在一边，打破程式化的思考，让大脑中成千上百种信息流淌。

只有体验到"踏破铁鞋无觅处"，才能有"得来全不费功夫"的顿悟。

酝酿阶段的心理状态是多种思维状态的交替，思考过程起伏大，常有"山重水复疑无路"的内心困惑出现，意志品质在本阶段有重大作用。酝酿期的思维活动的重点是从意识区转向无意识区，此时，有的人养神休息，有的人运动、散心。在这个创新的过程中，或苦思冥想，或泰然休闲，直至突然间豁然开朗，这时，则无须诉诸语言，也无须受制于逻辑规范，所利用的思维形式则是非逻辑思维。

二、创意的诞生

创意的诞生即顿悟和灵感产生的——成型阶段，也称为创意的豁朗期。顿悟阶段是发现具体的解决方法的明朗期，即发现了解决问题的途径与方法，形成了解决问题的初步假设，找到了问题的答案或得出了结论。顿悟是经过长时间的酝酿之后，创意思维火花猛烈爆发，新的观念在极为短暂的时间里豁然开朗，脱颖而出，直觉、灵感等非逻辑思维往往起着决定性作用。顿悟和突破虽然是在极短时间里出现的，但它们是整个创意过程中的转折点。

在这一时期，为灵感来临时期，经过潜伏期的酝酿阶段，创造性的新观念会随着头脑中事物各部分和关系的突然接通，出现豁然开朗的感觉，真可谓“山重水复疑无路，柳暗花明又一村”。这一心理活动过程即所谓的灵感产生。灵感的突然来临，有时是突然的，有时是具有戏剧性的，有时会出现在半睡眠的模糊状态，甚至有时还会出现在正从事的其他活动中。比如，在你临睡前，回忆你的问题——还有理想的解决方法，将它放入“大脑库”，交给你的潜意识去接管，也许转机就在睡眠中，就如“苯”分子式的发现就是梦带来的灵感一样（德国化学家凯库勒梦见苯分子像一条蛇咬着尾巴旋转，悟出六个碳原子苯环的概念）。再如，阿基米德为了测定王冠含金的纯度，废寝忘食，苦无所得，未料在洗澡时不经意间发现了“浮力定理”。

注意，灵感的出现不是轻而易举的，而是在艰苦的脑力劳动以后出现的。灵感出现的时机不是在体力和脑力劳动相当疲劳、心情烦躁，或高度紧张焦虑时产生的，而是在思维活动长期紧张以后的暂时放松状态下产生的。因为当大脑处于紧张状态时，是难以接受新信息并进行有效思考的，只有当大脑处于较松弛状态时，外界的有关信息才有可能与脑中原有信息重新组合沟通，使问题得到顺利解决。因此，利用音乐或自然放松，参观艺术走廊、散步都会有助于思考，凡是能让大脑开始新的组合的活动都可以做。

世界上只有想不到的，没有做不到的。信念是灯。

在这一时期，发现了解决问题的途径与方法，形成了解决问题的初步假设，找到了问题的答案或得出了结论。问题的明朗化可以是突发的、跳跃的，也可以是渐进的、连续的，可以是直觉的，也可以是逻辑的。但这一阶段获得的观念可能是正确的，也可能是错误的，这时产生的创意还有待进行验证。从心理状态上来看，这一阶段是高度兴奋的。豁然开朗的领悟，常常是突如其来的，有时创意人自己也感到惊愕。正如王国维先生那句：“众里寻他千百度，蓦然回首，那人却在，灯火阑珊处”。

【实例：一个青年发明家的诞生】

20世纪70年代初期，周林在上海上学。每年冬天，他和许多同学一样手脚长满了冻疮，痒痛难忍，四处求医用药，都治标不治本。冻疮的痛苦折磨着他，也引发他的思考：“难道世上就没有更好的办法对付冻疮吗？”带着这个问题，周林四处打听和查阅资料，结果都令人失望。在这种情况下，周林"独上高楼"，产生了求解冻疮治疗难题的"悬想"。

彻底治愈冻疮的新办法在哪里呢？周林进入"苦索"境界。他利用各种机会，收集民间偏方试验，分析打针、吃药、针灸方法，也无进展。在反复琢磨中，他逐渐感到再现前人的研究是没有出路的，只有走前人没有走过的路才有新的希望。但是，这条新路又在何方？几年过去了，周林仍举目茫茫。毕业后，他在工作岗位上仍念念不忘治疗冻疮的课题，苦苦寻找新的治疗方案。在那些日子里，他走路想，吃饭想，连做梦也都在思索。体重减轻了，面庞憔悴了，但顽强的周林对治疗冻疮的新方案"苦恋"不止。

终于有一天，周林步入"顿悟"境界，找到了攻克难关的新思路。那天，他在一台大型砂轮旁打磨铸件，沉重的铸件在砂轮的磨削下产生巨大的冲击振动。瞬间，一股强大的振荡冲击波从双手传遍全身，周林感到热血沸腾，此时，一个灿烂的创意火花在脑海突闪："谐振？谐振？发热？治冻疮？"这一顿悟，使周林中断了的思维变得通畅，他想到了用电谐振刺激人体血液循环的治冻疮原理。

从此以后，周林便潜心于从生物医学工程和现代频谱技术的结合方面进行研究，终于发明创造出一种治疗冻疮的仪器。这种仪器的核心部件是电热频谱管，它能产生特殊的谐振波。将长有冻疮的手脚放在管下，便开始治疗。实践证明，效果明显。1985 年 10 月，周林以其发明荣获首届世界青年发明家科技成果展览会金牌奖。

发明创造，各人有各人的经历，不可能是沿着同一条"思维运河"前进的。但从大量的发明创造案例分析当中，我们又发现这样一个规律：发明创造只是一种过程，它不可能一步登堂入室。因此，将发明创造全过程划分出若干阶段，认识各阶段的特点和应采取的对策，对渴望加入发明创造俱乐部的人来说，无疑是一种入门技法。

第三节　创意的验证

一、创意的升华与拓展

"创意"可谓一种"灵感"或"点子"。它的产生过程由王国维先生非常生动地表达出来。它的三句话形象地刻画了创意人在创意活动中呈现的行为和心态。但王国维先生只刻画了从开始思考问题到顿悟这一阶段，而未对顿悟之后即"灵感"产生以后的思维进行描述。作为一个完整创意过程来看,最后还有一个必不可少的阶段——对创意的验证过程。再好的创意,再妙的"灵感",如果不经过充分的验证,则无法去实施,"创意"只能成为"纸上谈兵"。因此创意的验证过程就是把灵感中产生的思维结果付诸实施,用新的技术方案去固化顿悟引发的创意思维成果。其实,创意方案在创意的产生过程中已基本完成。例如,对艺术家的创作来说,在思维豁然开朗后,就已构成了解决问题的端倪和作品的轮廓。但是,新观念是否切实可行,还有待于进一步验证和实践检验。

创意的验证过程也就是将创意变为实践的重要阶段,是从思想层面转向行动层面。这一过程实际就是一个完善和优化的充分验证阶段。在突然获得突破后,这种质的飞跃是瞬间的、稚嫩的。完善和充分论证阶段的工作就是及时把创意的思想火花记录下来,及时地追踪和充分论证新成果,使之得到升华和拓展。如果没有这个阶段,创意成果就不会真正诞生。创意过程也就不能最后完成,甚至使千辛万苦获得的突破因最终处理不善而夭折。论证工作一是理论上验证,确立创意方案;二是放到实践中去运用和检验,对创意方案实施反馈并改进方案。

火花就是创意时刻产生的想法和灵感。创意来自瞬间的火花,创意人应好好辨认并捕获它,将之书面化并进行提炼。对瞬时产生的火花书面化的方法:

1)随身携带笔和纸,尽可能带着它们到达你到达的地方。

2)如果在半夜醒来,记下你刚才梦见的想法。

3)保持一个运转的笔记便签。

4)阅读时做记录。

5)请一个人在你睡觉说梦话时唤醒你。

6)重复信息三次。

7)每天检讨这些笔记。

8)利用目标或言语来表示。

9)告诉其他人。

10)使用现代化的方法(例如 24 小时电话接听、手控口授留声机、工作场所或家里的个人电脑)。

对火花还要进行提炼。如果你没有完成这一步,你的创意火花就

星火燎原,需要用心去点燃。

可能因缺乏燃油而熄灭。将你最近创造性的思维火花收集好,并提炼它,你会判断并决定这些想法的命运,决定什么行什么不行。

【精华文摘链接】

运用JUDGE,判断您的创意火花

J: Justify its existence 证明它的实用性(积极面)

U: Undermine its development 破坏它的发展(消极面)

D: Delay your personal biases and attitudes 延迟你个人的偏见和态度(保持中立)

G: Generate the decision 做出决定(运用一套程序)

E: Execute your decision 实施你的决定(行动)

证明:证明它的存在(积极面)。列出你的想法所有好的方面。为什么它是好的? 它将创造什么样的好处?

破坏:破坏它的发展(消极面)。为什么你的想法不行? 列出所有的理由,扮演你自己的恶魔的鼓吹者。

延迟:延迟你的个人偏见和态度(保持中立),不要让自己太快地下结论,提醒自己别在这个时候做决定,不要太匆忙。

决定:做出决定(利用一套程序)。利用一套你曾经有效使用过的准备好的具体的一类决策工具,你可以引用一致同意、专家意见、权威规则、多数投票、少数控制或其他任何熟悉的方法,以及在处理过程中插入信息。有时甚至可以采用投掷硬币的办法来帮助你判断。

实施:实施你的决定(行动),去做! 观点停留在画板上是没有价值的。计划,期待你的目标,定出你的时间计划表,准备一个行动计划,并做一个妥善的计划以应付突发事件。

记住:JUDGE,去做,去实现梦想!

人总是活在希望之中。

二、理论上验证创意

为了使创意优化和切实可行,必须首先从理论上对创意进行评估论证,综合分析评价,比较创意的优劣,或通过评估修正完善创意,作为最后实施创意方案,确立创意方案。评价创意是一个要求更高、更艰难的工作,它直接关系着能否形成切实可行的"最佳"创意方案和社会活动的成效。因此创意评价必须精细、严谨、扎实、慎之又慎。理论上评价创意时应注意以下几个问题。

1. 什么是可行的创意方案

所谓"可行"的创意方案,包含三项意义:

首先,这个创意的确可行。每一个创意均受本身资源的限制,这些资源包括人力、财力、时间等。由于受限于资源,因此该创意是否"可行"就很重要了。一个伟大的创意若不可能实现,那么创意只能成为空想了。

许多创意人坚持"无中生有,天马行空"的创意原则,挖空心思,大胆突破,想出了一个很好的创意,然而常因此忽略了组织的有限资源,结果创意进行到一半,就发生后劲不足的现象,以至于功败垂成,非常可惜。所以,在选择确定创意时,"好"的创意固然重要,可是"可行"的创意更为重要。在务实的前提下,"可行的"创意往往比"最好的"创意还要好。另外,如果你的创意必须依赖其他条件的配合才能实施,或把创意交给别人去做不易成功,那就表示该创意的可行程度偏低。

其次,高层主管的信任与支持。由创意到实施是一个间接过程,创意是否顺利推行、执行到底,与主管的信任与支持程度有很大的关系。通常推行一个创意,需要投入的资金高达几万、几十万,甚至更多,而创意在推行之初,很可能看不出任何效果,这时如果高层主管的意志不够坚定,对创意的信心动摇,影响其对方案的支持与信任程度的话,该创意恐怕就难逃夭折的命运了。

凡事预则立,不预则废。

再有,其他部门的全力配合。要使创意能顺利,除了主管的全力支持之外,还需要其他部门的全力配合,创意必须留意其他部门的反应,创意即使思虑周密,详细分工,倘若得不到各方的参与、认同和支持,不但无法发挥团体作战的效果,而且会使方案受阻。创意的执行,不但要说服高级主管,而且必须获得其他部门的认同后,才能顺利开展。

确定创意的可行性是一个验证创意的重要方面。

2. 评价标准同一

为了保证每一方案评价的正确性,必须采用正确合理的同一评价标准,而不能用不同标准去评价解决同一问题的不同方案,否则会导致评价失败。

制定评价标准时应注意标准的科学性和合理性。一般应根据策划对象具体内容来确立科学合理性,并应充分注意标准的创新性、独特性、客观性、价值性和社会效益性,以及方案实施的可行性和简捷性,方案目标实现的最大可能性，风险最小，弊端最少，利益最大等标准条件。

3. 潜在问题的把握与防范

要充分考虑和防范环境条件的变化，可能给方案实施造成的潜在问题和方案实施后可能造成的风险问题。这些问题是必须事先尽可能预见到，并做好应变对策准备的。要做到不至于因没有潜在问题防范措施和风险防范措施而造成方案的实施夭折，以保证无论出现什么样的情况变动都能使方案实施到底。正所谓"任凭风浪起，稳坐钓鱼台"。如果不预先做好意外性事件的估计和防范，就可能一旦意外情况发生，就会陷入"措手不及"、"惊慌失措"的状况而影响创意方案的顺利实施。因而在评选时必须评价方案是否对潜在问题有充分估计和有较完善的应变对策。

智者千虑必有一失，愚者千虑必有一得。

4. 求证创意方案

对所评选的方案从正反两方面进行求证，看是否"最优"或是否最完善，有无疏漏；是否确定能反映客观实际，符合客观要求；是否能够顺利实施等。经过正反两方面求证的方案才是靠得住的。

5. 争取择优创意方案

方案经过论证评估后，就要从中选出一个较优的方案作为执行方案。评选方案也是一个较艰难的事。因为任何方案都不可能是十全十美的，总会有利弊，总会有风险，这往往会造成方案选择犹豫不决，优柔寡断，举棋不定，造成错误的选择或错过时机。因而选择方案时必须要有足够的胆识、气魄，果断行事，敢作敢为，而且还要能把握"最好"、"最优"的界限，不能求全责备。

有一句广告词曾这样说："没有最好，只有更好。"确实如此，世界上没有十全十美、完美无缺的事情。所谓的"好"、"优"都只能是相对的，没有绝对的"好"和"优"，再好的再满意的创意方案也是如此。无论方案制定得再怎样详尽、完善，都不可能绝对的完美无瑕、十全十美。美国前总统林肯说过："事情很少是全好的或全坏的，任何事物，特别是关于政府的政策，几乎都是好坏参半的，因此，对于它们之间谁占优势这一点，就必须不断地做出最好的判断。"美国的另一位前总统罗斯福在美国白宫也曾说过类似的话："如果自己所确信的事，有 75% 的正确性就是非常满意的了。而 75% 也是最大的限度，不可能再向上提高了。"这两位名人的话都阐述了"好"、"优"都只是相对的。"事事求全不可得。"因而方案选择时应注意正确权衡利弊，根据每一方案的利弊大小适度选择一个较为优化的方案。

要正确权衡利弊，还必须包括考虑机会利用的价值。如果能抓住机会，即使选择一个相对差一些的方案，执行效果也会比无机会或错过机会的"最优"方案的执行效果可能好得多，这就是方案执行的时间机会或时间价值，如果看不到这一点，患得患失，一味追求"最满意"就可能会坐失良机。"智者千虑必有一失，愚者千虑必有一得"，这一得一失往往就在于抓住机会的瞬间。可见，权衡方案利弊应充分注意"机会"因素。

6. 答辩与动态修正

创意在创意方案定下来以后，对创意的纲要已经形成，但是对每一个环节与细节来说，还需要进行更深入的分析评价，以期在动态修正中达到更好的效果。让别人进行评价，请专家审批各个环节的优劣，同时，也进行自我评价。

在这一程序中，应该注意以下几个事项：

(1)专家类型

邀请的专家，是根据创意的特点来安排的，如计划型、创造型、谈判型等。出于实际工作的需要，在选择专家时，既要有权威性专家，也要有能对创意可能提供有价值意见的一般专家；既要有本领域、本学科的专家，也要有交叉、边缘学科的专家，这样可以广开言路，集百家之长。

沟通是创意人必备的素质。

(2)群体规模与群体行为

参加创意的专家，在人数上的规模主要由创意任务的复杂程度和信息交流的难易程度决定的。人不是越少越好，也不是越多越好。小的群体，信息交流充分、可迅速得到创意的结果，但由于面过窄，不能保证对复杂问题落实的质量；成员增加，交流的信息量成几何级数增加，但工作时间长、开支大，如能克服信息交流的障碍，则能更加全面和更适应复杂问题的实际解决。

群体行为是指专家之间相互沟通、协调一致的状况。外在的群体行为分为面对面和背对背两种。面对面座谈会，可由专家当面阐述意见，有利于互相启发、集思广益，通过切磋迅速形成一致的意见，但可能产生不良心理影响；背对背即函询法，这种方法使专家互不见面，由专职工作小组将其意见进行整理归纳、反馈沟通，这样，群体内更加平等，没有拘束，但工作量过大。

(3)意见综合与修正

把众多专家的不同意见综合，多属于非结构性问题，但客观上又有实现程序化、规范化的需要。因此，如何归纳专家群体意见，不是靠简单的举手表决，而是要运用一定的科学方法，如利用数理统计原理的中位数法、算术平均值法、加权平均值法等。

(4)实施总结、落入实处

创意方案通过后，执行创意的人不一定是创意人，若在执行过程中“走样”，考虑再周全的创意方案也只能停留在头脑中，难以在实际中见成效。另外，创意设计时与执行时的客观环境、约束条件等都可能发生变化，因此创意的实施，应从构思到行动终结，不断检查与总结，逐步落入实处，从可操作性与收益风险的角度不断发现问题，进行改进与深入。

三、行动上修正创意

创意方案的实施就是执行方案，把创意方案内容具体化，落实到具体的社会活动中，并及时反馈方案实施信息，以便及时修正方案，这就是实施反馈。这包括以下内容。

1. 明确实施方案的具体时间和期限

实施方案首先就是要抓住最有利的时机，明确时间要求。这就是说方案的实施时间要紧凑，不能拖得过长，以避免因活动过于松散而出现散乱拖沓，导致疲劳生厌。因而必须根据行动内容确定合理紧凑的时间期限。

创意必须与时俱进。

2. 明确步骤

一般说来一个创意方案的实施是一个过程，不是一步到位的。它往往需要几个连续不断的步骤。这就应明确每一步骤的时间期限，步骤之间的相互联系和照应，步骤的重点和关键，先后秩序，每一步的应变措施等，以便做到创意活动的紧密联系性。“万事开头难”，走好了开头，开局好，往后就会顺理成章，一往直前，长驱直入，势不可挡，一举而胜。如开局失误，往往一开始就陷入失败境地。因而，开局至关重要。要力求开局顺利，以鼓舞士气，为成功奠定基础。并使开局和各个环节之间密切联系，环环紧扣，步步相随，寸步不偏，稳步实施方案，直到取得最后的成功。

3. 指导、监督和调控实施活动

要对方案的执行过程的各个方面和环节实施指导，并跟踪调查，监控实际活动过程，及时地收集和掌握执行活动中的各种信息，分析执行状况，并根据客观条件发生的情况和执行情况对方案进行补充、修正，使其适应新情况。这样才有可能保证方案实施目标的实现。否则，就难以使方案实施获得成功。对此，毛泽东同志曾做过精辟的论证。他说："当执行某一计划时，从开始执行起，到战局终结止，这是又一个认识情况的过程，即实行的过程。此时，第一个过程中的东西是否符合于实况，需要重新加以检查。如果计划和情况不符合，或者不完全符合，就必须依照新的认识，构成新的判断，定下新的决心，把已定计划加以改变，使之适合于新的情况。部分地改变的事差不多每一作战都是有的，全部地改变的事也是间或有的。"① 又说："由于实践中发现前所未料的情况，因而部分地改变思想、理论、计划、方案的事是常有的，全部地改变的事也是有的。即是说，原定的思想、理论、计划、方案，部分地或全部地不合于实际，部分错了或全部错了的事，都是有的。许多时候须反复失败过多次，才能纠正错误的认识，才能到达于和客观过程的规律性相符合，因而才能够变主观的东西为客观的东西，即在实践中得到预想的结果。"② 可见，根据客观情况的变化适时地修正、补充、完善创意方案，对于保证创意方案的最终实现是十分必要的。

创意的验证过程这一阶段，心理状态较为平静，但应周密、慎重，需要耐心，不可急于求成，以避免不必要的失误。思维机制是通过语言形成的逻辑思维的运用，是以符合常规的程序来检验经创新获得的新观念。

验证过程就是对提出的创意进行详细、具体的叙述并加以运用和验证，如果假设得以验证，则予以进一步完善；如果假设被证伪，则要全部或部分重复创意过程。

【本章小结】

创意不是无中生有的，而是一种对既存信息的重新组合。高质量

---

① 《毛泽东选集》，第 1 卷，人民出版社，1991 年第 2 版，第 180 页。

② 《毛泽东选集》，第 1 卷，人民出版社，1991 年第 2 版，第 294 页。

的信息储备是左右创意思路的根本，而且创意往往更容易在紧张之后的松弛状态下出现。创意过程被区分为若干阶段，每个阶段主要体现的内容和特点，反映创意的产生并不是“无米之炊”，而是创意人长期积累的爆发，而瞬间的灵感更需充分验证，才能使创意成功实现。让我们用鲁迅的名言结束本章：地上原本无路，走的人多了就产生了路。

【思考题】

1. 创意过程表现为哪几个主要阶段？各个阶段的主要内容和思维活动特点是什么？
2. 什么是问题？如何正确发现问题并提出问题？界定问题时应注意什么？创意目标确立的原则和步骤有哪些？
3. 如何理解创意产生的过程？酝酿阶段解决问题的要点有哪几点？酝酿阶段和顿悟阶段的思维和心理活动有何不同？
4. 对创意验证和完善时应该从哪些方面来进行，具体内容是什么？

地上原本无路，走的人多了就产生了路。
——鲁迅

★★★★★ 进修指导 ★★★★★

【参考文献】

1 杨德等．创造力开发实用教程．北京：宇航出版社，1992
2 宗月琴．启动创造力——助你立业和发展．广州：广东旅游出版社，2000
3 付路阳．企划案．北京：企业管理出版社，1999
4 覃礼刚．现代全能策划．北京：中国经济出版社，2001
5 Roy Gilbert. The Thinking Option. 北京：中央编译出版社，2000
6 屈云波．企划力．北京：企业管理出版社，1999

【相关网址链接】

创意网站 http://www.call999.net
IIC点子俱乐部 http://www.oideaclud.com

第4章

创意成果

只要能创造新的名称、价值和可能性，便足以顺利地创造出新的“事物”来。

——尼采

【创意成果——智慧之果】

有耕耘就会有收获，付出劳动才能有所得。创意作为人类的思维活动，是一种智力劳动，也必然会有所获得，这就是创意成果。

迄今为止，人类所拥有的一切文化产品，无论是精神的，还是物质的；无论是动态的，还是静态的，都是创意思维的外现和物化，都是创意之花结出的果实。古埃及的金字塔，古代中国的万里长城，古罗马的地下水道，无不凝结着人类丰富的想象力；李白浪漫的诗句，达·芬奇传神的妙笔，贝多芬优美的旋律，无不放射着灵感的光芒；还有今天的宇航飞机、磁悬浮列车，以及电脑互联网，更把人类几千年的幻想变成了现实。

创意是一棵神奇的大树，盛开着智慧的花朵，愿创意之树常青，智慧之花不谢。我们每天都在应用创意的成果，用它创造美好的人生、装点多彩的世界。

【学习指南】

本章学习目的

通过本章的学习，了解创意成果的基本特征、表现形态和应用领域等基本知识；掌握评估和预测创意效果的方法，以及创意成果商业化运作的途径。

本章内容提要

本章围绕创意成果展开讨论。首先，认为创意成果是一种创造性的思维产品，一种特殊的劳动产品，一种无形的意识产品，一切社会产品都是它的延伸和物化。其次，创意成果的应用范围是无限的，它渗透到现代社会经济生活、政治生活和文化生活之中的各个层面。创意成果的应用以创意的预测效果为依据。创意效果的预测就是对创意实施的可行性分析。它包括经济效益分析、社会效益分析和可操作性分析等三个方面的内容；创意成果的应用必须通过“物化”实现，而创意成果的物化是一个系统工程，要经过公开设想、制定实施方案、组织实施和考核验收等步骤，才能最终完成。

最后，本章从我国市场经济的实际出发，提出了创意要顺利实现物化并得到广泛应用，必须实现创意成果的商业化，可以通过有奖提案、风险投资、项目策划等途径实现其商业运作过程，以此推动创意活动的深入开展，加快创意成果的推广，实现其应有的使用价值与价值。

第一节 创意成果的概念

一、创意成果的涵义

创意成果是一种创造性的思维产品，即人们头脑里形成的崭新念头，通常被称为创意，它是创意人刻意追求的目标。人类发展的历史表明，人们从认识客观世界到改造客观世界的每一个阶段，都在依靠创意思维的作用生产着大量的思维产品，以此推动人类社会不断走向进步。然而，创意毕竟是一种思维活动，它的产品只能属于意识的范畴，而无法作为客观事物而存在。所以我们不能用存在的意义去把握它的涵义，只能用意识的涵义去理解它的存在。这样，我们对创意成果的理解就可以分为下述三个层次。

收获之路洒满汗水和心血。

1. 创意成果是人类大脑思维的产物

人们每天都在用脑子思考问题，都在进行脑力劳动。无论做什么事，大到国家的大政方针、社会发展，小到家庭的请客吃饭、日常开支，都会先考虑一下，用脑子想一想，看应该怎么办，直到想出一个比较合适的主意来。我们常说的“眉头一皱，计上心来”，讲得就是这样一个思维产品的生产过程。这里的“皱眉”就是指的思考问题，也就是创意的过程，而“计”就是指创意成果了。可见创意成果距离我们并不遥远，也不神秘。日常生活中我们想出来的点子、窍门、主意、办法、打算、建议、假设、意见、观点、结论等，都可以说是创意成果。只不过这些离我们生活过于靠近，我们太熟悉它们，司空见惯，所以容易忽视或轻视，并不把它们作为创意的成果来看。而对那些远离我们生活的，由专门人员谋划出来的政治的、军事的、企业发展中的所谓“良方妙计”，才把它们看作为创意成果。这是认识上的“盲区”，这与“远来的和尚会念经”的观念没有本质上的区别，是一种偏见。但不管怎么说，创意成果说到底是人们主观意识的产物，是用脑子想出来的，而非客观存在的事物。虽然它总是以人们的社会实践为基础，并通过客观外界的刺激，“触景生情”产生出来，但毕竟是大脑思维的结果，并且存于人们大脑之中的。猩猩即使坐在湖光水色之中，也不会有任何“灵感”，因为它不会创意思维。当然，这只是我们对创意成果最浅层次的认识。

创意成果无处不在。

习惯会使我们的双手伶俐而头脑笨拙。

2. 创意成果是富有创见的设想

从字面上理解，创意就是创造性的意见。一般有思维能力的人都能够思考问题，也都会对自己面临的大小事物提出一些看法或意见，但我们并不能把所有的意见或想法都称作创意成果。因为，所谓创造性的意见，一是指以各种思维方式对已有的知识重新安排，提出不同于原有经验和形象的新的假设或结论；二是指提出全新的见解，形成超过当代智力水平的划时代发现，提出现实世界暂时不存在或根本不存在的科学概念。也许这种意见由于和当时的常规科学理论格格不入而遭非议，但它毕竟是创意思维的花朵。而一般人的意见，或是对前人和外人的知识经验的借鉴，充其量是“英雄所见略同”，并非个人的创见，在他人是一种创意，而在自己则是一种模仿；或是对自己已往经验的重复，大不了是“光复旧物”的思想，并非观念上的创新。在此前是一种创意，而在此后则是一种效法。这些意见所反映的事物多是人们非常熟悉的，因而用不着多加考虑，只要运用人们传播在记忆中的知识就可以了，也就无所谓创造性的意见。所以，创意成果必须是人们脑子里所没有产生过的、惟独创意人所具有的见解。人家早已有的想法或自己曾产生过的念头，现在再提出来，这只能算作是重复劳动，而重复的脑力劳动是不能算作成果的。人们为什么会忽视或轻视日常生活中的创意成果，也有这个因素，它确实包含了太多的重复劳动。创意是金，贵在出新，抓住了一个“新”字，就牢牢掌握了创意成果的真谛。这是对创意成果较高层次的理解。

创意是金，贵在出新。

3. 创意成果是一切发明创造的胚芽

世界上一切属于人类自己的产品，都始于创造性的设想。大到一座摩天大楼的建筑，小到一支橡皮头铅笔的制作，都莫能例外。人们首先要有一个奇妙设想，然后根据这一设想努力实践，才能有所发明，有所创造。人们曾经幻想过翱翔蓝天，结果后来发明了飞机；人们也曾设想过遨游海底，结果后来造出了潜艇。就连神话小说里的分身变化术，现在也被“克隆”技术的发明所实现了。从创意学的角度讲，世界上只有想不到的，没有做不到的。一个奇妙的设想，不知要比它的实施难出多少倍。人类从旧石器时代进化到新石器时代用了几百万年，而其间的变化，仅仅就是把打制的石器变成了磨制的石器。磨一把石镰也许只要一个月时间，而想出磨制而不是打制石镰的念头，却花费了人类上百万年的时间。无怪乎连伟大的革命先行者孙中山先生也会发出“知难行易”的感叹。但创意成果并非发明创造本身，它只是形成于人脑中尚未成为社会产品的新奇想法，归根到底是主观虚拟的、想象中的事物。无论这一成果如何完善周密，它都只是一个准产品或半成品。因为任何创意都是一种假设，这种假设能否成为现实，还取决于人们其他创造性的劳动对它进行深加工。世界上一切发明创造都是从假设开始的，从这一意义上讲，创意成果是一切发明创造的胚芽。也可以这样说，世界上所有的人类文化，都是创意思维的终端产品。

创意成果是一切发明创造的胚芽。

辩证唯物论认为，世界的本质是物质的，除了物质以外，世界上什么都没有。有了人类以后，人们通过自己的劳动，创造了灿烂的文化，才使世界变得富有起来。人们的体力劳动创造的文化成果被称为物质产品，人们的脑力劳动创造的文化成果被称为精神产品。这些属于人类自己的劳动产品，在本质上都是发明创造，虽然它们在表现方式和社会作用上各不相同，却都始于一个源头，即人类的思维，都是从创意成果脱胎而来的。创意成果是人类文明的曙光，如果没有创意成果，人类就不会有任何发明创造，至今还可能处于野蛮状态。不要说电子计算机，恐怕连一把最简单的石斧也无法制造出来。人类就不能摆脱对自然界的依附，远离原始大森林一步。这就是我们对创意成果最高层次的理解。

二、创意成果的特征

创意成果是真正意义上的个人产品。

创意成果是一种特殊的劳动产品，我们既不能把它看成为物质产品，也无法把它归类于精神产品。因为它与这两种劳动产品都有密切的联系，同时又具有完全不同于这两种劳动产品的个性特征。虽然，从社会效果看，它属于物质产品或精神产品的半成品，但从劳动的意义讲，它又是一种具有独立地位的产成品。我们把它称作意识产品，以别于物质产品和精神产品。根据前文对创意成果涵义的理解，可以看出，意识产品有以下几个显著特征。

1. 个人性

一般的劳动成果，都是属于社会的，都是集体劳动和集体智慧的结晶。一个人即使有三头六臂，也无法完全靠个人的力量制作出一根绣花针来，更不用说都江堰、大运河那样浩大的工程了。物质产品的生产是如此，精神产品的生产也是如此。比如古典名著《三国演义》、《水浒传》这些精神产品，虽然署着罗贯中、施耐庵的个人姓名，但都是经过了十几代人的劳动、几百年的集体创作而完成的。人类现实的劳动成果称之为社会产品，是很有道理的。因为任何现成的劳动成果都可以说是社会的，必须通过人们共同劳动、分工协作才能最终完成，最后又为社会所享用。特别是在现代社会化大生产的条件下，离开了人们的联系与合作，任何劳动产品都不能被生产出来。

创意成果是真正意义上的个人产品，不具有社会性特征。因为，第一，它是人脑思维的产物，是靠创意人个人想出来的，无法通过集体劳动、分工协作完成。第二，它仅存于创意者个人的头脑中，还只是一种虚拟存在的事物，你不说出来，永远都属于你。第三，创意成果是最初级的和原创的单一产品，它没有或很少附加他人的劳动。既不像一般物质产品那样需要他人劳动成果作原料，也不像一般精神产品那样要凭借其他物质产品为载体，所以创意成果完全属于创意者个人所有。这种生产的个人性特征，使得创意成果像烂漫的山花一样，竞相吐放着丰富的色彩。

艺术家选择他的主题，那是他的赞美之模式。

盲人摸象（blind men trying to size up the elephant）：佛家语。象，比喻佛性；盲人，比喻一切众生。"盲人摸象"谓一切众生对于佛性无法全面认识，就像瞎子不能认识全象一样。语出自《涅磐经》三十二。后人用以胡乱猜想，以偏代全，不了解真相者为"盲人摸象"。

2. 意会性

一般的劳动成果，无论是物质的，还是精神的，都有各自的存在方式，我们都能通过眼、耳、鼻、舌、身等感官来感觉它们的存在。比如，工人加工的零件，科学家培育的物种，厨师烹制的饭菜，艺术家舞台上的表演，作家创作的文学作品等，这些劳动成果，有形象，有色彩，有声响，有气息，有动作，人们通过耳闻目睹就能感觉到它们的千姿百态。

而创意成果则是人脑制造的并且又深藏在人脑中的个人劳动产品，它是无形的，是在人脑中酝酿的产品，人们无法通过五官来感觉它，只能通过心领神会来理解它，想象它的存在。用"只可意会，不可言传"来表述它的存在是最恰当不过的。就像一个孕育于母腹之中的胎儿，你无法看到它的形体，只能想象它的模样。这就是创意成果存在的意会性。即是说，人们不能用感官去感觉它，只能用心去理解它。感觉到的东西比较直观、实在，人们很容易相信，即使是错误的感觉，也仍会令人坚信不疑。"盲人摸象"的故事就寓意了这个道理。"心之官则思"，用心去领会的东西因为不能直接面对现实，人们一方面可以自由发挥自己的想象力，任意描绘它。另一方面也不会完全相信它，对它的存在或作用会提出这样那样的疑问。创意成果的这一特征，正是它的魅力所在，它对人们充满了神奇的吸引力。它是世界万物的精灵，有了它，万物才有了生命。就像神话故事中的灵珠子，一经太乙真人用莲花藕节点化，它就成了三头六臂的哪吒一样。

3. 原创性

创意成果不是社会产品，但它总是附着于或凝结在社会产品之中的。或者说它要凭借社会产品来体现它的生命。一般地说，人们的劳动成果必须经过两个阶段才能完成，即创意阶段和制作阶段。创意成果总是首先形成。有了创意成果，人们才能开始从事制造产品的活动。不论物质产品的制造还是精神产品的制作，都无法越过创意成果直接生产出产品。诗人没有灵感就写不出诗来，作家没有构思出故事情节也无法写成小说，裁缝心中没有一个样式，拿着剪刀只管乱剪一气，最终也不会裁剪出一件像样的衣服。创意成果始终都是人类一切物质的和精神的劳动产品的前沿和原型。先有创意成果，然后有世界万物，这是一个铁定规律。人们要制造一件工具，首先要在心中构思出这个工具的样子，要创办企业，也要先在心中有个创业的设想，否则，一切都无从谈起。从这一点说，创意成果是一切文化之源。世界上原本什么都没有，正是因为有了创意，世界才变得如此富有。而在人类所创造的文化中，如果排除了对物质世界的利用，那么真正属于人类自己的产品，就只有创意成果了。这就是创意成果的原创性特征。老子《道德经》上有一段话："无生有，有生一，一生二，二生三，三生万物"。可以说是对创意成果与人类文化的关系恰如其分的注解了。

创意成果因其无形，才化为诸多有形之物。

三、创意成果的种类

创意成果是一种意识产品，本身是无形的，它的存在方式是只可意会，不可言传的。正因为它的无形，才无不可形，才能物化出丰富无比的社会产品。社会产品如恒河沙数，无法胜算，它们种类繁多，形状各一，但归纳起来，不过三种形态。即：静态、动态、心态。由于社会产品是创意成果的延伸和物化，有什么样的社会产品，就有什么样的创意，那么我们也可以把创意成果划分为三大种类。

1. 静态创意

静态创意是指对各种有形产品的制造形成的创意思维结果。因为它能物化为各种各样能够看得见、摸得着的实实在在的静物产品，所以称之为静态创意。比如一座桥梁的构思、一个电站的设想、一套组合家具或一辆新型汽车的设计，乃至一个企业的规划等。静态创意以提高生产力为目标，它的物化形式往往表现为一种新的先进生产手段，集中体现了科学技术上的发明创造，因此，它是最基本的创意类型，广大科技人员是这种创意的主体。

静态创意一般有两种方式：即革命性创意和革新性创意。革命性创意是指以物质世界为基础，对客观世界尚未有的事物，如新产品、新材料等所做出的设想。比如一项发明专利，就是对现实生活中尚未出现过的产品或方法所做出的构思或设计。革新性创意是指以客观世界的现有事物为基础，提出改进或完善的意见或方案。比如一项实用新型专利，就是对现有产品在形状、结构等方面提出的改进方案。我们社会的物质财富，绝大多数都是这种静态创意物化的结果，它极大地丰富了我们的物质文化生活，使人类不断从野蛮走向文明，从贫穷走向富裕。

2. 动态创意

动态创意是指对各种活动的开展形成的创意思维结果。由于它能物化为多彩多姿的与众不同、令人耳目一新的活动和动作，因此被称为动态创意，比如一台晚会的编排、一次促销活动的策划、一个开业典礼仪式的酝酿、一场战役的运筹等。动态创意以改善生产关系为目标，它的物化形式总是表现为各种能促进生产力发展的活动，集中体现了组织行为上的创新。党政机关的领导人、企事业单位的管理人员、军队里的参谋人员等，都是这种创意的主体。

> 简单明了的创意来自丰富经验的磨砺。

动态创意一般有集体活动创意和个人行为创意两种基本形式。集体活动创意主要指对一个社会组织所开展的各种活动进行的创新设想。如踏青、郊游、联谊会、展销会、庆功会、座谈会，甚至罢工、游行、示威、军事行动等。这些活动要达到预期目标，都需要创意。个人行为创意主要对一个人的社会活动所进行的形象设计 ，如语言、动作、风格、态度、表情、风度等。世界上的一切事物都处在不断的运动之中，没有运动就没有世界。而人则是运动的主体。但人的行为必须适应客观世界的变化，与时俱进，不能为所欲为，想干啥就干啥，想怎样干就怎样干。也不能无所作为，让客观世界牵着鼻子走。在客观世界面前，人应该有所为有所不为，动态创意就是人对客观世界有所为有所不为的生动体现。

3. 心态创意

心态创意是指对各种无法用形状、活动表现的产品的生产形成的创意思维结果。这些产品基本上属于精神文化产品。由于精神文化产品是无形的，必须借助一定的物质媒介为载体来表现，所以这种创意不能直接以物化的形式让人们感觉它，但它创造的产品却能进入人们的内心世界，给人心灵的震撼和心理的慰藉，因此称为心态创意。比如一首诗的意境、一部小说的情节、一篇学术论文的观点、一个政治口号的立意等。心态创意广泛应用于意识形态领域，终端产品多为能满足人们精神生活需要的文化产品，集中体现在思想上、艺术上的突破与创新。广大思想政治工作者和文学艺术工作者是其创意的主体。

心态创意一般可延伸为两大类型产品：一类是用于人们精神消费的各种文学艺术品，如诗歌、散文、小说、剧本、音乐等；一类是用于各种社会组织美化自己的形象宣传品，如一种观点、一个口号、一项政策、一个策略、一个思想等。美国在门罗总统执政时期为排挤欧洲列强在美洲的势力提出的"美洲是美洲人的美洲"的口号；20 世纪 30 年代，中国共产党在日本大举进攻中国之时，为团结一切可以团结的力量共同对敌，提出的"中国人不打中国人"的口号，都是心态创意的佳作。经济领域里，心态创意的杰作更是不乏其例，如美国企业界提出的"顾客就是上帝"；中国企业提出的"一握企业手，终生是朋友"，都堪称心态创意的精品。

第二节 创意成果的应用

一、创意成果的应用范围

创意成果的应用范围是无限的。人类这朵智慧之花无论开放在哪里，都会结出丰硕的果实。它渗透到现代社会的各个层面，被广泛地应用于人们的经济生活、政治生活和文化生活之中，不但丰富了人们的生活内容，也提高了人们的生活质量。

1. 创意在经济领域里的应用

经济领域是创意成果最深厚的土壤。由于经济活动是人类最基本的实践活动，人们首先要解决吃、穿、住、行等问题，然后才能从事其他活动。所以，人类有目的的创意总是首先从经济领域里开始的。原始社会的人们从狩猎活动中得到启发，产生了驯养念头，把捉到的小兽畜养起来，加以驯化，创造了畜牧经济；从采集活动中得到灵感，产生了种植创意，把植物的种子播进泥土，来年收获，发明了农业经济。经济活动丰富了人们的想象力，提高了人们征服自然界的能力。人们又根据自己的需要，创造出更为丰富的物质产品。创意使人类最终走出原始森林，进入了文明社会。

在买方市场中，创意能力不仅是企业生存的基本能力，而且是一种核心竞争力。

在商品经济高度发达的今天，人们的社会消费已经从起初的满足最基本的生活需要为主，转向了以满足选择性需要为主，市场已从卖方为主转向买方为主，消费者成了市场的主宰。这就迫使各类经济组织和生产厂家不得不以消费者需求为导向，为社会提供品种多样、形式新颖的产品，来满足买方的需要。否则，它们便无法在强手如林的市场竞争中占有一席之地。于是，创新就成了各类经济组织生存与发展的客观要求。创意成果便在经济领域里得到了普遍的应用。企业创新的进行、专利技术的实施、高科技产品的出现，以及产品推广活动的开展等，就是创意成果在经济领域里应用的生动体现。

经济领域应用创意成果的目的是为了提高经济组织的经济效益，最大限度地满足人民群众日益增长的物质文明生活的需要。人们都有追求新鲜事物的特性，陈旧的事物引发不了人们的消费兴趣，经济组织如果不能满足人们追求新奇的要求，就无法生存和发展。

经济组织对创意成果的应用，首先，体现在对新产品的开发上。包括产品的技术、工艺、材料、外观、结构、型号、性能、质量、色彩、包装等方面，要能开发出“人无我有，人有我新”的产品，这样才能满足消费者的需要，从而保证自身利益的实现。其次，体现在生产的组织管理与人力资源开发上，诸如工艺流程、工装设计、工具改进、设备管理、人员培训、考勤制度、奖惩制度、用人制度、资金管理等方面的良方妙计，以求充分调动一切积极因素，化解一切不利因素，争取以最小的投入获取最大的产出，尽可能地提高组织的生产能力，为社会提供日益丰富的物质财富。最后，还体现在产品的市场营销上，包括市场开发、引导消费、广告设计、销售政策、顾客关系、售后服务、经销代销制度、产品使用培训、导购等方面的新方法，以求稳定和争取更大的顾客群，使产品能够顺利实现其社会价值。

2. 创意在政治领域的应用

政治领域是社会的上层建筑，政治组织要通过各种政治活动对国家各方面事务实现领导、管理、保卫、服务等职能，而这些政治活动总是通过制定和实施一系列路线、方针、政策、法律、法规制度等方式实现的，对全国人民利害攸关，必须引起高度重视，非深思熟虑不可。正如毛泽东所说："政策和策略是党的生命，各级领导同志务必充分注意，万万不可粗心大意。"在政治民主化的条件下，政治组织要对人民负责，提高执政水平和领导水平，争取人民的支持和拥护，就需要集中全国人民的智慧，充分反映人民群众的意愿，每一项政策的出台，都可以说是来自人民群众的创造性意见和建议，是集中了无数创意的结果，所以，创意成果在政治领域里得到了更充分、更普遍的应用。

"三个代表"的重要思想，就是新世纪塑造中国共产党人新形象的伟大创意。

政治领域应用创意成果的目的是为了便于党和国家的政治法令在全国的推行，以满足人民群众行使民主权力的需要。社会在不断发展，人民群众的政治觉悟和民主要求也在不断提高，执政者如果没有创新精神，不能与时俱进地采取新的政治举措，将无法适应飞速发展的形势的需要。

政治组织对创意成果的应用，首先，体现在对党和政府形象的塑造上。党和政府的形象即其在人民心目中和国际社会上的声誉和地位，如民主、和平、廉洁、勤政、爱民、务实、高效、开放等，就是党和政府形象在不同时期的具体内容。塑造党和政府的形象是政治组织的奋斗目标，党和政府在不同的时期需要不同的形象，它要领导人民群众走向未来，就要始终以崭新的面貌出现在全国人民和世界人民面前，这才能充分展示党的事业和国家的前途兴旺发达，充满生机。塑造党和政府的形象是一项伟大的创造性的工程，凝聚着全党全国人民智慧的结晶。江泽民同志提出的"三个代表"的重要思想就是在新的世纪里塑造中国共产党人崭新形象的伟大创意。其次，体现在对人民群众的团结和教育上。对人民群众的团结教育，是政治组织的重要职能。广大思想政治教育工作者要完成教育培养社会主义"四有"新人的伟大任务，对人民进行集体主义、社会主义、爱国主义教育，进行理想、文化、道德、纪律教育，进行公民教育、民主和法制教育，必然要在教育内容、教育手段、教育方式和教育途径等方面进行创新，要创新，就要应用创意成果。再次，也体现在国家政策法令的制定上。党和国家的政策法令是要在人民群众中间贯彻执行的，要让人民群众自觉自愿地执行国家的政策法令，就要使这些政策合乎人民群众的意愿，让人民群众感到是在执行自己的主张。事实上，党和国家的每一项政策法令，都是从群众中来，到群众中去，集中起来，坚持下去的，都是人民群众意见的集中反映。比如抗日战争时期，中国共产党实行的"精兵简政"的政策，就是听取了开明绅士李鼎铭先生的意见后制定的；再如改革开放初期，我国实行的农村家庭承包责任制的政策，最先就是由安徽省凤阳县小岗村的几户农民开始的。事实证明，人民群众中有无限的创造力，他们是创意的真正主体，党和国家制定的每项政策法令，都是对群众的创意成果的应用。

百家争鸣(a hundred schools of thought contend)：春秋战国时代，社会处于大变革时期，产生了各种思想流派，如儒、法、道、墨等，他们著书讲学，互相论战，出现了学术上的繁荣景象，后世称为百家争鸣。

3. 创意在文化领域里的应用

文化领域主要指社会科学与文学艺术领域，属于社会的意识形态。一定的文化是一定社会的政治和经济在观念形态上的反映，并为一定社会的政治和经济服务的。文化领域负有向政治领域和经济领域提供精神动力和智慧支持的责任，而这些精神和智慧往往是以意识产品的方式出现的，所以，在文化领域里，创意成果可以不经过物化，就能直接应用。

文化领域是创意成果最广阔的舞台，也是创意产品的主要生产基地。在文化领域里，创意成果不仅是作为半成品出现的，也能以产成品的面目出现，学术上的一个观点，艺术上的一个灵感，都具有独立和完整的意义。同时，文化产品与创意成果有着天然的血缘关系，它们具有同质性。这不仅是由于它们都是思维劳动的产物，而且还在于它们都是排他的，不允许有第二件相同的产品出现，一个创意成果只能衍生出一件文化产品，这就使创意成果在文化领域里得到了最普通的应用。

文化领域应用创意成果的目的主要表现在两个方面。一个是为社会的政治、经济服务。社会科学工作者要把反映政治进步、经济发展的政治学、经济学、社会学、哲学、历史学、法学、军事学等学科的最新研究成果向政治领域、经济领域输送，为它们指明前进的方向；另一个是最大限度地满足人们的精神文化生活的需要。文学艺术工作者要创作出更多更好的使人民群众喜闻乐见的诸如诗歌、小说、散文、剧本、美术、音乐、摄影、曲艺、小品等文学艺术作品，丰富人们的文化生活。而社会科学的研究、文学艺术的创作活动就是对创意成果的应用过程，社会科学中的百家争鸣，文学艺术上的百花齐放，就是对创意成果应用的最完美的解释。

二、创意成果的应用效果

创意成果是可以利用的，但利用并不等于就一定有效用。创意仅仅是一种动机，是否成功还要看它在实践中的效果。我们是动机和效果的统一论者，不但重视创意的动机，更重视创意的效果。创意效果是指创意应用以后，在经济领域、政治领域和文化领域产生的影响和发挥的作用。产生正面影响的创意成果称为有效创意，具有利用价值。产生负面影响的无效创意，不具有利用价值。无论有效创意还是无效创意，只要应用到社会生产中，都会消耗大量的劳动和占用必要的劳动时间。如何才能避免应用无效创意，充分应用有效创意，这就需要我们用科学方法对创意的应用效果进行研究，加以解决。

学术上的百家争鸣，艺术上的百花齐放表明，文化领域是创意成果最广阔的舞台。

1. 创意效果的分类

为了更准确地把握和更充分地应用有效创意，我们必须对创意效果进行科学分类。根据不同的方法，创意效果可划分为如下几种类型：

第一，根据创意效果的应用价值划分，可分为社会效果、经济效果。社会效果是指创意成果应用后产生的社会价值；经济效果是指创意成果应用后给组织带来的经济效益。一般地讲，一个好的创意，既应有较高的社会价值，也应能产生良好的经济效益。不过，创意者需要注意分清主次。

第二，根据创意效果的时效划分，可分为长期效果、短期效果。长期效果是指创意成果应用后能在较长的时期内形成影响，一般对高科技产品的创意都具有这种效果。短期效果是指创意成果具有较强的时效性，只能在短期内发挥作用。一般短平快的项目，一经投入使用，便能立即见效，但由于技术含量低，没有发展后劲，很快便会失去优势地位。应用者要根据本单位的具体情况选择应用。

第三，根据创意效果的影响范围划分，又可分为全局效果和局部效果。全局效果是指创意成果应用后在较大的范围内形成的影响，比如在一个行业、一个国家、一个地区内产生了轰动效应。局部效果则是指这种创意仅仅在一个单位一定范围内有影响力。

第四，根据创意主体的期望值划分，也可分为主观效果和客观效果。主观效果是指创意人心中所希望达到的某种效应，一般都是良好的结果。客观效果是指创意成果应用后实际上产生的影响，一般总是与创意人或应用者的主观愿望有些差距。

第五，根据创意成果的物化过程划分，可分为预测效果和实施效果。预测效果是指利用科学手段，通过定性、定量分析的方法推测出来的应用效果，实施效果则是指创意成果经过物化后所能达到的水平。一般地说，预测效果与实施效果比较容易取得一致。

2. 创意效果的特征

创意成果是一种特殊的劳动产品，它的应用效果与其他劳动产品的应用效果是不同的，无论哪一类型的创意效果，都具有以下几种特征。

世异则事异。

第一，潜在性。一般劳动成果的应用效果是显而易见的，人们可以通过各种感觉器官的感受或以往的使用经验大体上能确定其用途和实效。比如一把提琴，一看便知可以演奏乐曲；一杯饮料，一看便知能够解渴。而创意成果因为是无形的、始发的，使用者既不能真实感觉到它的有用性，也没有以往使用的经验，因而很难对其应用效果做出较为明确的判断。

第二，间接性。一般劳动成果的使用效果是直接的，一经获得即可用于消费。人们缝制好一件棉衣，马上就可以穿上御寒；造好一艘汽艇马上就可以乘上在水上游玩。而创意成果是一种意识产品，通常表现为知识、信息和观念形态，存于创意者的头脑中或图纸资料中，人们无法直接利用它，只有把它物化后，其使用效果才能实现。例如一个新机床的发明设想，人们无法利用它加工工业零件，只有根据这一设想制造出新机床后才能实现其用途。

第三，时效性。一般劳动成果，没有明显的时效性，一经生产出来，只要不发生损坏便可长期使用，不会因为别人后来生产出了同样的一双鞋子，你的鞋子就不能穿了。创意成果的使用效果虽然不像实物产品那样会因磨损而逐渐失去效用，但却会因新的创意的出现而发生贬值，缩短其商业上的应用期限。随着现代社会的进步和创意职业化的发展，原有创意被新一代创意取代的周期日益缩短，从而使创意成果的应用效果发生的无形损耗的速度加快。你的创意如果不及时利用，很快就可能变得一钱不值，徒劳一场。

第四，预测性。一般劳动产品的使用效果是现实的，可以说是一个客观存在。创意成果的使用效果完全是想象和推测出来的，虽然它是在一定事实的基础上，采取科学的方法，运用比较可靠的数据，但它在实质上是思维产品，人们只能凭自己的主观愿望，估计、期望或预测其使用的结果，这种预测结果能否实现要取决于客观环境。所以，每个创意人都必须尊重客观规律，一切从实际出发，而不能一厢情愿地让客观世界服从自己的主观愿望。

第五，共享性。一般的劳动产品是不可共享的。一支钢笔，你用了他就用不成；一块面包，你吃去一半我就少吃一半。但创意成果却是可以共享的。一个想法，众多的人都可以采纳照样去做。大家共享一个创意，既不会使其应用价值的数量有所减少，也不会使其应用效果的质量有所降低，与一个人独享时完全一样。这种共享性使创意人可以将同一创意成果多次重复地提供给他人，而无须重复生产同样的创意。

3. 创意效果的预测

一个创意的效果如何，在它未被实施之前，是无法真正获知的。创意的实施是件举足轻重的事，带有很强的风险性，需要投入大量的人力、物力和财力。如果实施效果良好，所有的投入都会得到加倍补偿，但如果实施达不到预期效果，所有的投入就会白白浪费。由于创意的主观效果与客观效果总是存在着差距，不是所有的创意都能实施成功，也很难估计它在实施后会产生什么结果。又由于创意的预测效果与实施效果比较容易取得一致，所以，为了避免不必要的损失，争取更大的成功可能，在创意成果实施之前，必须对创意效果进行预测，以创意预测效果作为创意实施的依据，这是应用创意成果的普遍原则。

创意效果的预测就是对创意实施的可行性分析。它是在调查研究的基础上，通过运用科学的手段和方法，对创意成果应用后可能产生的结果作出的论证和估价。这是创意实施准备阶段最为关键和最重要的工作，它包括经济效益分析、社会效益分析和可操作性分析等三个方面的内容。

经济效益分析是对创意的经济效果进行的预测。经济效果是创意活动的根本目标，它集中反映了创意成果对应用单位的适用性，所以经济效益分析乃是创意效果预测的中心环节，其目的是对创意成果的应用前景做出科学的预测。它通过对创意成果的背景调查，在充分占有真实资料的基础上，首先，对创意实施的资金总量、能源消耗、劳动力投放、生产成本，以及投资回报进行核算；其次，对当前的市场容量、潜在的市场需求、未来市场的发展趋势、消费者的消费观念和购买能力做出正确估计；最后，还要对本单位原有产品的实际情况，同行业的同类产品的现有水平，以及创新产品的生命周期进行类比分析，从而给出应用创意成果的经济合理性的结论。经济效益分析以实现经济效益的最大化为准则，除了需要利用定性研究的手段以外，更多地是利用各种数据、指标进行定量分析。

社会效益分析是从国家和社会整体利益出发对创意的社会效果进行的论证工作。创意的社会效果是指创意实施后在社会上产生的影响。一个好的创意，不仅能给应用单位带来经济利益，同时也要对整个国家的经济、文化和社会发展具有进步意义，至少要做到不损害社会的整体利益。这是创意人必须履行的社会责任和义务。进行社会效益分析，一是要看创意实施是否符合国家的基本方针、政策、法律、法规；二是要看创意的实施是否能满足社会的经济发展、资源利用、环境保护、劳动就业等实际需要；三是要看创意的实施是否有利于社会风气的净化、道德观念的更新、社会时尚的改善、审美情趣的提高等，最终给出应用创意成果的社会进步性的结论。社会效益分析以实现社会环境的优化为准则，一般采取定性分析的方法，综合运用各种工具与手段。

经济效益分析、社会效益分析、可操作性分析，三大分析法是创意人的常用方法。

可操作性分析是从创意成果的物化角度对创意实施的物质条件进行的研究活动。创意的物化是创意效果预测的决定性因素。再好的创意，如果不能实现物化，就不具有可操作性，其效果就等于零，经济效益和社会效益都无从谈起。创意能否实现物化，是否可行，取决于创意成果的自身情况和应用单位的物质条件。进行可操作性分析，首先，要对创意的设想方案进行技术论证，包括实施规划、步骤、方法等内容；其次，要对创意项目的物化进行可能性研究，包括创意成果的应用原理、性能、特点、先进性、成熟性、稳定性、可再现性等内容；再次，还要对创意应用单位的实施能力做客观估价，如人员素质、资金保证、技术水平、消化能力、基础设施、配套服务等，最后，给出应用创意成果的技术可靠性的结论。可操作性分析需要运用各种技术手段进行综合分析。

叩之以小者则小鸣，叩之以大者则大鸣。
——《札记·学论》

创意效果预测的意义在于为创意的实施提供科学依据，为创意应用单位提供一个操作说明书。有了它，我们对创意的应用就会更加可靠，可以更加顺利地走完创意的物化过程。

三、创意成果的物化

创意只是思维的果实，要使它成为有用的东西，变成现实的生产力，就必须把它付诸实施，这就是创意成果的物化。事实上用“物化”这个词并不准确。因为创意成果的转化并非都表现为物质的形式，许多时候也直接表现为观念形态，不过目前我们很难找到更恰当的词汇来概括这一转化过程，只好借用“物化”这一技术术语了。创意成果物化是一个系统工程，它需要附加许多体力和脑力的创造性的劳动。这个工程的完成，大体要经历以下几个步骤。

创意成果的物化，是创意成果转化成现实生产力的决定性因素。

1. 公开设想

这是创意成果实现物化的第一步。创意人将自己的设想方案在一定范围公之于众，广泛征求意见，集思广益，群策群力，使之得以改进，更趋完善、成熟，更具可行性。一般可采取小范围的专家论证会，或较大范围的诸葛亮会的形式进行。需要指出的是，此时创意成果尚未付诸实施，应注意保密工作，防止消息扩散。

2. 制定实施方案

实施方案是创意物化工程的全景图，它是由创意应用单位根据创意成果的类型和本单位的实际情况而制定的。实施方案应包括下述内容：

(1)主体项目和附加项目；

(2)实施地点与范围；

(3)整个实施工作进度的日程表；

(4)实施领导小组的人员组成及分工，参加实施人员的组织与任务安排；

(5)实施的质量标准与任务要求；

(6)实施的方式与手段；

(7)实施工作的检查与汇报；

(8)信息反馈系统与补救措施；

(9)经费预算。

制定实施方案必须注意：一方面要确保所有人员都能清楚地了解实施工作的任务和目的，做到分工合理，责任明确；另一方面，也要充分估计到由于决策方面存在某些缺陷而可能带来的不良后果和因为实施过程的某些漏误而可能出现的各种不利情况，做到随机应变，防患未然，以保证整个实施工作顺利进行。

3. 组织实施

这是创意成果物化的决定性环节，至为关键，创意成败在此一举。

组织实施要选择实践经验丰富、动手能力强、有责任心的专业技术人员参加。参加实施的人员要熟悉每一个实施环节，吃透创意设想方案，按照实施方案要求的标准和进度进行实施。

实施不仅仅是一项照图加工的机械劳动，同时也是一种极富创造性的工作，在实施中，往往能激发出更好的创意，对原有的设想提出修改的要求，这是十分正常的现象，组织者应灵活掌握，不能拘泥于图纸，以免扼杀创造性。

4. 考核验收

实施完毕，要对实施结果进行验收。

首先，根据实施方案检查任务完成情况；其次，根据设想方案对创意物化的质量、性能等进行检验，看是否达到各项指标；最后，要对创意物化的成本进行核算，考核该创意项目是否最终实现了预期的经济目标。

一般地说，创意物化的结果若达到了预期的技术指标和经济指标，即属于考核合格，就可确定为是成功的创意。如果考核结果不合格，应分析失败原因，改进后进行第二次考核。如经多次考核仍不及格，还是无法达到预期的各项指标，就是失败的创意。

市场是创意成果的目的，走向市场是创意人永恒的梦。

第三节　创意成果的商品化

一、创意成果商品化的意义

在此之前，我们曾论述过创意成果的物化，认为它是创意成果转化为现实生产力的决定性因素。但物化的实现是有条件的，在市场经济条件下，创意成果要顺利实现物化，还需要经过一个中间环节，即商品化过程。如果创意成果不能成为商品，那就很难完成向生产力的转化。

因此，我们提出了创意成果商品化的概念。

创意成果的商品化是指创意成果转化为商品的过程。即创意成果的所有者按照一般商业条件，向创意成果的利用者提供所需要的创意成果并收取相应报酬的交易活动。这是一个全新的概念，也可以说是一个创意，至少目前还没有人这样明确地提出过。提出这一概念是非常必要的。它不仅反映了创意观念上的革命和创意理论上的创新，并且对于创意思维的发展和创意成果的应用也具有十分重要的意义。

1. 推动创意活动的开展

创意思维是一种特殊的脑力劳动。它的过程是难以表现的，既看不到劳动场面，又无法计算劳动消耗；它的成果多是附在其他社会产品之上的设想与念头，既不能申请专利，又无法获得产权。所以，长期以来，创意活动得不到应有的重视。创意人员呕心沥血的结果，往往会成为一场徒劳，不是被空谈一阵，束之高阁，便是被信手拿去，无偿使用。这种对创意劳动的不负责任的浪费和对创意成果的不合理的占有，严重地挫伤了人们的积极性，限制了人们创造力的发挥和创意活动的开展。创意成果的商品化，就是要使人们通过创意劳动所获得的各种想法也能像一般商品一样进入市场流通，实行等价交换和有偿使用。这不仅在观念上体现了对创意劳动的重视和尊重，从而避免对创意成果的任意浪费和无偿占有，也在实际上使人们的创意劳动得到了承认和回报，以此激发人们的创意热情，有力地推动群众性的创意活动的开展。

商品是天生的平等派。

——马克思

2. 促进创意成果的物化

创意成果是一种意识形态的产品，只有实现物化，与社会生产结合起来才有实际意义。物化是创意成果转化为现实生产力的必由之路。但创意成果是存于人脑之中的个人产品，创意人如果保守秘密，不愿公开设想，物化就是一句空话。创意人没有义务必须向社会公开自己的创意成果。用行政命令的手段，强迫创意人公开设想，在市场经济条件下显然是行不通的；用思想政治教育的方式，说服创意人无私奉献，既不符合社会主义的分配原则，也不合情理。公开设想必须出于自愿，巧取豪夺是无法奏效的。运用经济杠杆，使创意成果成为商品，以等价报酬换取创意人公开设想，不失为一个有效的途径。马克思说："商品是天生的平等派。"商品化最能体现公平、公正和按劳分配原则，人人都可以接受。创意成果商品化，一方面可以补偿创意人的劳动付出，促使他们自愿向社会公开自己的设想，尽快实现自己的劳动价值；另一方面也可以满足创意人希望回报的心理，促使他们改变只管创意，不管应用的做法，从社会需求和经济发展的客观实际出发思考问题，使其创意成果有更高的应用率和转化率，这就会大大地促进创意成果的物化进程。

3. 加快创意成果的推广

交换创意成果，创意成果会呈几何级数增长。

萧伯纳说过："你有一个苹果，我有一个苹果，两个进行交换，还是一人一个苹果。你有一个方法，我有一个方法，把它们进行交换，就都会有两个方法。"这段耐人寻味的话，是说物品的交流不会使社会财富有所增加，而智慧的交流却能使人类的智慧成倍增长。创意成果作为人类智慧的结晶，如果只是在局部实现物化，而不在社会上进行交流和推广，变成社会共同的财富，它发出的不过是斗室之光，根本无法照亮人类浩瀚的夜空。无数事实证明，创意给人类带来文明，而交流给创意插上双翼。创意的交流就是把局部的物化推广向全社会，让它在整个社会上得到广泛应用，以促使人类的共同进步。这对于我们今天的社会主义现代化建设是非常需要的。但在商品经济社会里，小到一个人、一个单位，大到一个民族、一个国家，都各有各的利益，如果创意成果处于自然状态，就只能满足本单位、本国家的需要，很难向社会推广。但如果使创意成果成为商品，它的生产就不是为了消费，仅仅满足创意者自己的需要，而且为了用于交换，主要是满足社会的需要了。那么，任何人为的藩篱都不能够阻挡创意成果向社会推广，甚至国界线也挡不住它前进的脚步。

以上论述表明，商品化是创意思维的发动机，是创意成果的催化剂，是创意传播的推进器，在社会主义市场经济条件下，创意成果的商品化势在必行。

二、创意成果商品化的条件

前面我们讨论了创意成果商品化的必要性，在观念上解决了创意成果要不要成为商品的问题。现在要说明的是，创意成果能不能成为商品的问题，即创意成果商品化的可能性。我们认为，创意成果的商品化，不但是必要的，也是可能的。这是因为，作为人类智力劳动产品的创意成果，同一般劳动产品一样，也是使用价值和价值的统一体，是可以用来交换的劳动产品，它具备了成为商品的种种条件。

1. 创意成果的使用价值

商品是用来满足社会需要的，它必须要对消费者有用，这就是商品的使用价值。使用价值是商品的自然属性。劳动产品如果不能适应社会需要，不具有使用价值，在市场上无人购买，就不能成为商品。创意成果是有使用价值的，它能满足社会各个领域里创新活动的需要。从创意成果的产生动机看，它的使用价值体现在每一个创意都是为着解决某一现实问题或满足某一方面的需要而开始的。如技术老化，需要更新，就会产生技术革新的设想；“跳槽”不断，调离频繁，需要稳定员工队伍，就会产生加强凝聚力的念头。从创意成果的应用效果看，它的使用价值则体现在一经使用，便会给应用单位带来发展的希望和可能。与一般商品所不同的是，创意成果的应用效果因为具有潜在性、预测性等特征，所以它的使用价值总是表现在人们对它的期望值上。但这丝毫不能影响它进入商品大军的行列。相反，正是这一特征给了人们更大的想象空间，使它更具有吸引力、诱惑力，更能刺激人们的购买心理。

创意成果不能简单地换算成简单劳动成果之和。

2. 创意成果的价值

价值是凝聚在商品中的一般人类劳动，它是商品的社会属性，是由抽象劳动创造的。由于抽象劳动是撇开各种具体形态的一般的无差别的人类劳动，因而在质上相同，在量上可以相互比较，所以成为商品交换的尺度。没有价值作为交换的尺度，商品生产者就成了彼此孤立的生产者，凝结在他们产品内的劳动就无法被社会承认。他们的劳动成果不过是产品，而不是商品。同理，创意如果没有价值，就无法用来交换，仅仅是个创意而已。只有当它具有价值，使交换成为可能时，才能作为商品向市场进军。

创意成果是劳动创造的，它的价值同样是一般人类劳动的凝结。尽管生产创意商品比生产一般商品需要耗费更多的脑力，劳动复杂程度较高，但各种复杂劳动却可以折合成多倍的简单劳动，与一般人类劳动并无质的区别，不过表现为更多的劳动量而已。因此，创意成果的价值实体和一般商品相同，不同的只是它的价值量要大于后者。价值量是凝结在商品中的人类劳动量，是由生产商品所耗费的劳动时间的多少决定的。根据马克思的劳动价值论，商品的价值量不取决于个别生产者所耗费的个别劳动时间，而取决于社会必要劳动时间。社会必要劳动时间是在现有的社会正常的生产条件下，在社会平均的劳动熟练程度和劳动强度下制造某种使用价值需要的劳动时间。在商品生产中，商品生产的劳动力有强有弱，他们的劳动有熟练与不熟练之分，他们的生产条件有优有劣，不同商品生产者在生产相同商品时所耗费的劳动时间势必会有较大差异。但是出现在同一市场上的相同商品，人们只承认它们有同样的价值量，而不论不同生产者生产时所耗费的劳动时间事实上都存在的差异。

用马克思的劳动价值论是无法解释创意商品的价值量的。因为创意商品和一般商品不同。一般商品通常是多家生产，不仅一个企业可以按既定的标准日复一日地重复生产，而且千百家企业也可以生产同一种商品。创意商品则大多是独家生产，同一种创意成果往往只有一家生产，且只生产一次，因而其生产条件不存在社会平均的客观基础。即使是几家研究单位或个人同时进行同一课题的创意，其成果的内容也很少会完全雷同。有时虽然可能出现内容相似的创意并存的情况，但它们的所有者各自采取的保密措施却使它们成为秘密交易的对象，不可能由市场来实现它们生产条件的平均化。由于创意商品的价值量不能由社会必要劳动时间来决定，而价值量又不能脱离生产商品所耗费的劳动量，因此，创意商品的价值量只能由生产它的创意人的个别劳动时间来决定。在一定区域内，同一创意供给的惟一性，又使得人们不得不接受这一个别劳动时间，从而用于该项创意的劳动耗费量就成为社会必要劳动时间。个别劳动时间等于社会必要劳动时间，可以说是创意商品区别于一般商品的最显著的价值特征。这一特征正是创意商品的个性所在。

创意成果是具有个性化的社会资源。

3. 创意成果的交换条件

创意成果能否转化为商品，关键取决于它能否用于交换。因为商品生产者生产的产品之所以被视为商品，就在于他们不是为了自己使用，而是为了交换。离开了交换目的、没有交换意义和无法进行交换的劳动产品都不能成为商品。创意成果是可以成为商品的，因它具有可进行交换的条件。

第一，创意成果具有独占性。创意成果是人类智慧的产物，但它并不掌握在所有的人手中，而是被创意人或持有方利用保密方法控制在个别人手里。这就使创意成果具有了独占的特点。创意成果的独占是进入交易的前提。谁要使用它，谁就必须付出费用，才能征得占有者的同意。不具独占性的创意，人所共知，大家都能掌握和使用，就没有交易的必要。

第二，创意成果具有有用性。创意是创意人耗费了大量脑力劳动创造出来的，创意成果一旦转化为生产力，就能够被广泛地应用于各个领域，可以为利用方创造高于创意本身的价值，产生良好的经济效益和社会效益，因此它是有用的。正因为它的有用性，创意使用方才愿出钱购买创意。没有用的创意，不能给使用者带来效益的创意，既没有人创造它，更不会有人购买它。

第三，创意成果具有可授性。任何创意都是能够用于交换的，因为它可以向人传授。虽然它是存于创意人或持有者脑中的设想、方法和主意，但并不依附个人的生理条件而存在，创意所有人可以通过口头的或文字的方式把它传授给使用方并用于生产中。传授就是创意用于交换的典型方式。

上述三点是创意成果作为商品进入流通领域的基本条件，离开了这些条件，无论什么创意，都无法成为商品进行交换。

三、创意成果商品化的途径

从理论上讲，创意成果商品化是必要的，也是可能的，它的实现必将推动各类创新活动的蓬勃发展，从而引起社会的变革和进步。但如何实现创意成果的商品化，却是一个难题。因为，第一，创意成果是无形的，无法像一般商品那样可以摆上货架供人选择；第二，创意效果是预测的，很难像一般商品那样可以根据它的质量优劣定出一个合理的价位；第三，创意成果并不是一个完整的产品，不能利用专利保护，很容易引起交易纠纷。创意商品的这些特殊性，决定了它不能直接转让和简单出售，要实现商品化，必须另辟途径。这里向读者介绍的就是创意成果商品化在我国通行的几条途径。

1. 有奖提案

有奖提案是以物质奖励的方式"购买"创意成果的活动，源自美国的柯达建议制度。这一制度用奖金代替了现金交易，既不带有商业意味，能充分体现员工的主人翁精神，又符合按劳分配原则，能有效保护员工的积极性和创造性。同时，由于排除了讨价还价的因素，不会引起利益纠纷和主顾矛盾。所以它可以说是目前实现创意成果商品化的最佳途径。其具体表现还有各种带有奖励色彩的征求意见、征询批评、征集点子、难题招标等形式。

有奖提案操作简单,方便易行。具体方法是,在一定范围内公开号召大家提出解决某一问题的合理化建议,规定所提建议一经采纳,立即发给一定数额的奖金。奖金的数额一般都是事先定好的。所有的建议都要经过有关部门的审议,做出评鉴,最后由专门委员会负责审核、批准。

有奖提案对创意成果使用方最为有利。因为只有一个"买方",却有众多的"卖方",使用方对创意成果具有较大的选择性。同时使用方牢牢掌握着对创意成果的审议权、批准权,获奖建议往往对使用方都是有效创意,不存在使用无效创意的问题。对使用方无用的创意则不能获奖,也就不用付给劳动报酬,不会造成浪费现象。

2. 风险投资

风险投资是一种"双赢"的商业机制,最早出现在美国,现已风靡世界。我国在20世纪90年代也引进了这种机制。它主要是由一些具有远见的大企业、大财团或大银行提供资金,投资对象为那些拥有高新技术但又无资金投入使其转为生产力的人。因为投资方承担着全部风险,因此被称为风险投资。

高科技领域最适宜引进风险投资这一"双赢"的商业机制。

风险投资是以共同目标利益为导向的互补式的商业合作和资源交换,多发生在高科技领域。创意成果的物化一个必不可少的条件就是资金,而高科技创意成果的物化需要的资金又特别巨大,非一般创意人所能为,风险投资机制的引入就使这一难题得到了解决。所以,风险投资可以说是高科技创意成果商品化的典型模式。它具有三大特点:一是投资目标主要为高精尖的创意成果;二是投资方和创意人是合作伙伴关系,以优势互补代替了商品买卖;三是具有高风险、高回报,对双方都充满了极大的吸引力。

由于风险投资要求投资方独担风险,所以作为投资方除了要把握机会敢担风险外,还须谨慎行事,在投资前要进行认真的风险分析。风险分析的内容一般包括风险辨识、风险估计和风险评估三大部分。风险辨识的任务是找出风险所在,识别引起风险的主要因素,并对风险后果做出定性结论;风险估计的目的是对发生风险的可能性、严重性做出定量估计，风险评价就是探明风险对于决策的影响，如风险成本与收益的关系等。

3. 项目策划

项目策划，它是指围绕一个崭新的创意并将其立项，对该项目如何运作和付诸实施所做的智力准备工作，包括明确的目标、全方位的策略规划、具体的行动方案等环节。项目策划就是为了实现创意的物化目标而进行的策划活动，它是创意成果商品化的最直接的途径。

创意商品因其意会性的特点，总给人一种"空口无凭"的感觉，出售起来非常困难，真正"买"创意的人是不多的。加之我国各企事业单位绝大部分缺乏研究与开发能力，对买来的创意成果难以消化吸收，这给创意的物化带来很大困难，导致大多数单位宁愿出高价购买可以直接实现物化的实施方案，而不愿用较少的钱直接购买创意成果。尽管真正有价值的是创意成果，而不是实施方案。由创意人提供创意策划，设计出包括一系列创意成果在内的行动方案，就会使这一矛盾迎刃而解。创意应用单位满足了实际需要，创意人也"卖出"了自己的劳动成果。

项目策划使创意方案更具实战性。

由于策划总是为创意的物化服务的，它使创意的实施更加方便可行，因此，创意策划带有较强的售后服务的色彩，通过创意策划可以对创意商品起到积极的推广作用。从这里给创意人一个启示：市场经济需要创意，更需要"操作"，创意人不但要重视创意成果和创意方法，而且也要重视创意的策划和实施。

【本章小结】

创意成果是一种创造性的思维产品。这种产品是具有创见性的设想，是一切发明创造的胚芽；创意成果也是一种特殊的劳动产品，具有个人性、意会性、原创性的显著特征，它是一切文化之源，是真正属于人类自己的产品；创意成果又是一种无形的意识产品，一切社会产品都是它的延伸和物化。

创意成果被广泛地应用于人们的经济生活、政治生活和文化生活之中；而创意成果的应用必须以创意的预测效果为依据。创意效果的预测就是对创意实施的可行性分析。它包括经济效益分析、社会效益分析和可操作性分析等三个方面的内容；创意成果的应用必须通过"物化"实现，创意成果的物化是一个系统工程，要经过公开设想、制定实施方案、组织实施和考核验收等步骤,才能最终完成。

创意要顺利实现物化并得到广泛应用,必须实行商业运作及创意成果的商业化,加快创意成果的推广。由于创意成果的特殊性,不能简单出售和直接转让,可以通过有奖提案、风险投资、项目策划等途径实现其商业运作过程。

【思考题】

1. 为什么说创意成果是一种意识产品?你是如何理解创意成果的意会性特征的?
2. 你认为创意效果应该怎样预测?你能否制定出一份具有可操作性的预测方案?
3. 如果你有一个精彩的创意,你将通过什么样的途径使它进入商业化运作轨道?

★★★★★ 进修指导 ★★★★★

【参考文献】

1 陈初友,王国英.TOP创意学经典教程.北京:北京出版社,1998
2 (美)兰加斯图·纳亚克等.创意成真.谭家瑜译.海口:海南出版社,1998
3 崔义中.实用技术贸易学.西安:西北大学出版社,1995

第二篇

方法训练

第5章 创意思维障碍

人的思维多取决于性格上的倾向，其言论多取决于被灌输的知识和主张，但其行为却多取决于他们长期养成的习惯。

——培根

【走出思维的误区】

如果问：由两个阿拉伯数字“1”所能排列成的最大的数是多少？谁都会立即回答说：是“11”。如果又问：由三个“1”所能排列成的最大的数是多少？大家也会迅速回答：是“111”。如果再问：由四个“1”所能排列成的最大的数是多少？这时很多人依然会很快就类推出答案说：是“1111”。这对吗？——你试过“11^{11}”吗？

在广阔的科学领域里，有很多经过深入研究最后获得了重大成果的现象，其实早就有不少人都遇到过。但为什么总是只有极个别的人才会去注意、重视和研究它，最后取得成果呢？其中的一个重要原因就是，一般人都在以固定的思维模式思考，而难以摆脱思维定势的束缚。

有很多看起来很难解决的问题，其实它们并不是真正难在不容易想出办法来，而是难在不容易突破思维上的障碍，甚至有的问题只要突破了思维定势，不用去多想，就能很快找到解决问题的办法。

突破创意思维障碍，很大程度上可以说是创新思考的第一步。

【学习指南】

本章学习目的

学习本章，了解创意思维障碍的形式、类型、特点、形成原因及发展特征，为跳出障碍指明方向。

本章内容提要

相信我们每个人都在思维，也都会思维。但我们也清楚地知道，我们每个人的思维只是一般意义上的思维，这与创意思维有着根本的区别。要知道，正是人们的一般性思维，在很大程度上阻碍着创意思维的发挥。本章就从形成创意思维的种种障碍分析入手，以案例为引子，通过案例阐明观点，启发思维。最后设计了几个思维训练题，既可以用来考察读者的创意能力，也是引导读者积极进行创意思维训练的引线。

在人们的日常生活、学习、工作中，经常要处理大量的常规问题，随着这些大量问题的一次次解决，人们形成特定的思维模式、方法和思路，并在大脑中留下烙印。久而久之，这种特定的思维过程就成为习惯固定下来，而且后来会诱导人们自觉或不自觉地沿袭先前的思维习惯思考下去，这种思维被称为习惯性思维。

习惯性思维具有积极性和消极性。应用习惯性思维有利于解决前人或自己已经解决过的问题，提高思考效率，节省精力，避免不必要的精力和智力浪费，这是习惯性思维的积极一面；但是人们经常会遇到新问题、新情况，这些新问题、新情况要求我们开拓新思路和新方法，而习惯性思维会阻碍人们去寻求新思路，使得新问题不能得到解决。从这个意义上讲，习惯性思维又有其消极的一面。我们把习惯性思维的这一消极面称为思维障碍。

战胜自我，最为艰难，也最为重要。

法国科学家贝尔纳说过："构成我们学习的最大的障碍是已知的东西，而不是未知的东西。"

第一节　创意思维障碍表现

构成我们学习的最大的障碍是已知的东西，而不是未知的东西。

——贝尔纳

思维障碍形同一张陈旧的"大网"，把人们紧紧地束缚在一个狭小的"空间"里，人们只有挣断它跳出去，才有可能开辟一个新的"天地"，那么如何去跨越思维障碍呢？

认识思维障碍的常见表现，自觉地意识到思维障碍的客观存在，是克服思维障碍的首要心理准备。

一、成见的束缚力量

思维形式上的成见，与我们平时所说的对人或事物的先入为主的成见是不同的。思维形式上成见的形成，需要经过长期对某事物的成功或失败经验的确定。思维的成见一旦形成，思维就会休克、麻木、毫无创新。具有这种思维症状的人，对一切事都习以为常，缺乏发现问题的潜在意识和能力，其思维基本上处于停滞状态，创新思维更谈不上。

【大象的故事】

美国有一位经营者叫保罗·麦亚，是一位成功动机协会的企业创始人。他曾讲过这样一个故事："大象能用鼻子轻松地将1吨重的行李抬起来，但我们在看马戏表演时却发现，这么巨大的动物，却安静地被人拴在一小木桩上。"

"因为它们自幼小无力时开始，就被沉重的铁链拴在无法动的铁桩上，当时不管用多大力气去拉，这铁桩对于幼象而言，总是太沉重的东西，当然动也动不了，后来，幼象长大，气力也增加，但只要身边有桩，它总是不敢妄动。"

这就是成见，即思维的休克和麻木。成长后的象，可以轻易将铁链拉断，但因幼时的经验一直存留至长大，它习惯地认为"绝对拉不断"，所以不再去拉扯。从人类来看也是如此——虽被赋予称为"头脑"（无限能力）的最强大的武器，但因"自以为是"弃而不用，于是徒然浪费"宝物"，实是人类的愚蠢——那么，你又如何呢？由此可知，不只是动物，人类也因未排除"固定观念"的偏差想法，只能以常识性、否定性的眼光来看事物，自以为是地认为"我没有那样的才能"，终于白白浪费了大好良机。

二、先入为主，以点代面

这是思维障碍的最常见的表现之一。人们对所遇到的问题进行思考、分析和判断时，通常认定在先，这就错误地将思路向认定的方向上去引导，从而不能客观地、正确地思考问题和解决问题。人们认识到问题的某一因素或侧面就急于下结论，完全未顾及问题的其他因素和可能，以偏概全或以一叶障目，不能进行创意思维，进而解决新问题。

见人所未见，
行人所未行，
成人所难成。

【推销员的故事】

太平洋的一个岛上，有一城市，一前一后来了两个分别属于两个国家、两个皮鞋厂的推销员。他们都在岛上逛了一圈，都对岛上的市场作了一番调查了解。第二天，这两个推销员各自给厂里发回了电报。先到的那个推销员发回的电文是："此岛无人穿鞋，皮鞋无销售市场，我于明天返回。"后到的那个推销员发回的电报是："此岛目前无人穿鞋，皮鞋销售前景很好，我将在此住一段时间。"第三天，先到的那个推销员便离岛回厂去了，而后到的那个推销员则留下来设计了一幅只有人物形象、没有文字说明的广告。广告上画了当地的一个壮汉，粗眉大眼、猿臂熊腰，肩上扛了一大串猎物，脚上穿了一双黝黑发亮的大皮鞋，显得十分威武。岛上的人看了这幅广告画，纷纷打听画上那个壮汉脚上穿的是什么东西，哪里能够买到。就这样，这位头脑灵活的推销员很快便在这个岛上开辟了皮鞋销售市场。

前一个推销员从一种“常情、常理”的角度看:“无人穿鞋便无人需要买鞋”,于是得出了“留岛无事可干”的结论。后一个推销员则从新的视角看:“无人穿鞋蕴藏着皮鞋销售的巨大潜在市场”,进而得出了“留岛大有作为”的结论。

三、沿用成功经验,形成思维定势

思维定势是指人们经历过思考某一问题并成功解决这一问题后,会再次继续沿用以往的成功思路和方法以及经验。这种思维定势对解决一般性问题是有效的,但对需要创造性解决的问题则是一大障碍。

【阿西莫夫的故事】

阿西莫夫是美籍俄国人,世界著名的科普作家。他曾经讲过这样一个关于自己的故事:阿西莫夫从小就很聪明,在年轻时多次参加“智商测试”,得分总在160分左右,属于“天赋极高”之列。有一次,他遇到一位汽车修理工,是他的老熟人。

修理工对阿说:“嗨,博士! 我来考考你的智力,出一道思考题,看你能不能正确回答。”

阿西莫夫点头同意,修理工便开始说思考题:“有一位聋哑人,想买几根钉子,就来到五金店,对售货员做了这样一个手势:左手指立在柜台上,右手握拳做出敲击的样子。售货员见状,先给他拿来一把锤子,聋哑人摇一摇头。于是售货员就明白了他想买的是钉子。”

“聋哑人买好钉子,刚走出商店,接着进来一位盲人。这位盲人想买一把剪刀,请问:盲人将会怎样做?”

阿西莫夫顺口答道:“盲人肯定会这样——”他伸出食指和中指,做出剪刀的形状。

听了阿西莫夫的回答,汽车修理工开心地笑起来,“哈哈,答错了吧! 盲人想买剪刀,只需要开口说:‘我买剪刀’就行了,他干嘛要做手势呀?”

阿西莫夫只得承认自己的回答很愚蠢。而那位修理工在考问他之前就认定他要答错,因为阿西莫夫“所受的教育太多了,不可能很聪明”。

思想家是善于把复杂问题简单概括的人。

反复思考同类问题时会在头脑中形成一种惯性轨道,这就是思维定势。再遇到同类的问题,或貌似同类的问题,思考力就不再参与思维活动,而把应是思维处理的任务交给记忆和注意力。思维活动会很自然地沿着已形成的惯性轨道向前滑行。

如果我们把问题搁置数天或数周后再回到问题上来,旧有的思路和联想会部分地被遗忘，或变得淡薄，我们就可能会以新的思路去重新考虑这个问题，并提出新的设想。突破固定了的陈旧思路的另一个有效办法是讨论，其重要作用在于通过每个人以不同的角度去看待问题，来帮助人们摆脱先前的那种思维定势。

四、常识、谚语、名言的效应

"黄鼠狼给鸡拜年没安好心"，这一谚语几乎家喻户晓，人人皆知。它告诉我们黄鼠狼会吃鸡的，是鸡的死对头，但很少有人亲自证实过这句话。上海华东师范大学生物系的一位老师通过两个科学实验查验了这条谚语的真实性。

首先，他利用20年的时间解剖了上千只黄鼠狼的胃，从黄鼠狼胃残余物中发现，黄鼠狼的主要食物是老鼠，而没有发现鸡肉、鸡骨或鸡毛等残余物。同时他多次把鸡和黄鼠狼关在一个笼子里，黄鼠狼不但不向鸡发起进攻，把鸡吃掉，它们反而会融洽地相处，互不干扰。只有黄鼠狼被挨饿好几天后再放进笼子，这时黄鼠狼就不客气了，毫不留情地把鸡咬死吃掉。

一般说来，广泛流传的谚语名言，或来自广大群众的经验总结，或来自哲人英才的真知灼见，它们都凝结着前人某方面的宝贵知识与智慧，对人们的认识和实践总是有着不同程度的启发作用和指导价值。也正因为此，它们才得以"广泛流传"。

但不能不注意到，由于客观世界的无限复杂奥妙，由于人的认识往往会滞后于客观事物的发展变化，同时也由于即使是超凡出众的伟人英杰，有时也难免言语失实，或言语偏颇。如果不通过自己的独立思考，生吞活剥地盲目接受与铭记谚语和名言，那就会在头脑中形成不利于创新思考的思维定势。谚语、名言不可不信，也不可全信，更不可迷信。思考有待创新的问题时，常常都要对头脑中联想到的有关谚语、名言加以审查，不可让它们束缚或误导了自己的创新思路。

方法是为解决问题而生，不能解决问题就会弃它。

五、抱定固有方法，思维方式僵化

在思考问题或解决问题的过程中总是不能根据不同的情况采取灵活多变的方法，而是死抱着固有的方法不放，甚至是明知这种方法无效，也不愿丢弃，对着问题"望洋兴叹"。一个人创意能力的强弱，最主要的就是看他是否具有思维的灵活性。

【趣例:其实很容易】

阿普顿是美国普林斯顿大学数学系的高才生,当时爱迪生带他一起工作。有一次,爱迪生让他测算梨形灯泡的容积,阿普顿拿出灯泡,测出它的直径高度,然后计算。但灯泡形状不规则,它像球状又不像球状,像柱体,又不完全是圆柱体,计算很复杂,即使是近似处理,也繁琐。他画了草图,在好几张白纸上写满了密密麻麻的数据和算式,也没算出来。

正忙于实验的爱迪生略一沉思,快步取来一大杯水,轻轻地往阿普顿刚才反复测算的灯泡里倒满水,然后把水倒进量筒,几秒钟就量出了水的体积,当然也就等于算出了玻璃灯泡的容积。

六、结论单一,思维绝对化

这种障碍表现为人们在思考和解决问题时,只停留和满足在一个答案上,故不再思考下去,寻求多种答案,并往往以为得到的答案是惟一正确的。这些现象在人们的学习生活、工作中到处可见。例如,很多人在学习过程中解题时,只满足于得到答案把题解出来,而很少人去用多种方法解同一道题。又如,对臭味怎么看?有思维障碍的人会把结论绝对化,认为臭味对人来说总是不好的。但是在某种情况下,臭味同样可以造福于人类。"乙硫醇"的臭味极其强烈,空气中只要有五千亿分之一,人们就可以闻出来,为了发挥它这"一技之长",人们将这种极微量的"乙硫醇"放入煤气中,用以通过气味来监视煤气管道是否漏气,防止发生意外事故。事实上,在创造发明过程中,真正富有创造性的成果是在多种答案和方法的比较中选择出来的。由此可见,思维结论单一化、绝对化是需要认真加以避免的。

遇事要有主见。

【趣例:真的死了吗】

一位叫萨加姆尔蒂的瑜伽师同意医生用仪器观察他的"活埋"表演,这位瑜伽师被埋在土坑里八昼夜,不进食也不进水,而在土坑里只放置 5 千克的水,水也不是用来饮用,而是为了湿润空气。在这八昼夜期间,一直通过心电图仪观察着,当土坑埋上土后两小时,心率开始加快,第一天晚上达到每分钟 250 次,第二天晚上,心电图突然变成直线,在场的医生都感到惊讶,当时医生分析可能出现三种情况:一是电路坏了;二是仪器坏了;三是瑜伽师死了。但是经过检验发现仪器和电路毫无问题，那么结论只有一个就是瑜伽师死了。医生决定停止实验，打开土坑进行紧急救助，但瑜伽师的助手不同意这样做，他认为瑜伽师还活着，只不过他的心脏暂时停止跳动。在第八天的预定实验即将结束时，心电图开始成为曲线，心脏开始恢复跳动，心率每分钟142次，打开土坑后瑜伽师慢慢醒过来，事实证明瑜伽师死了的结论是错的。但医生的逻辑推理也是似乎无懈可击的。这是因为符合逻辑的不一定是真的，真的不一定是对的。

其他的常见思维障碍：思考不深入，停留在事物的现象或表面；迷信书本和权威；害怕风险和失败的心理；人云亦云、随大流、遇事总希望与别人的见解一致，缺乏独到的见解的从众心理；影响思维灵活性、想象广泛性和判断客观性的固执己见等，都是常见的思维障碍表现。

【趣例：老磨工、儿子和驴】

拉·封登是法国17世纪著名的寓言诗人。他有首《磨工卖驴》的寓言诗，饶有风趣又发人深省。

一个老磨工和他15岁的儿子一起赶集卖驴子。为了使牲口显得壮而易出售，他们便抬着驴子走。路上笑骂声不绝于耳："可怜虫！傻瓜！粗胚！蠢材！"有人还大笑说："三个中最笨的笨驴，看来不是驴子自己！"磨工于是让儿子骑驴，自己徒步。

走不多远，一位老商人看见这情景，大声向孩子呵斥道："下来！下来！让老人步行成何体统！"于是他们换了一下位置。

后来三个妇女看见，又大骂老磨工虐待孩子。老人连忙叫儿子也骑上驴。

走不到30步又有旁观者为驴打抱不平。老磨工叫苦不迭，只好让驴子走在前面，爷俩跟在后面。

这时，又有人嘲讽说："放着好好的驴不骑，却步行，真傻！"这时，磨工终于大彻大悟：凡事要有主见，随人家怎么说，走自己的路。

第二节　创意思维障碍类型

也许在我们的头脑里，每个人都有许许多多的清规戒律："绝不许……"、"千万别……"等之类的事情。这些清规戒律都是社会教给你的，对于维护社会秩序是完全必要的。但是有时候，你不妨冲击它们一下，如果不便在行动上，至少在内心里冲击一下，体验体验"破坏者"的滋味，为以后的创新思维做出铺垫。

头脑中的思维定势有许多种，其中与创新思维有关联的、影响较为普遍的定势主要是下述几种：从众型、权威型、唯经验型、唯书本型、自我中心型等创意思维障碍。下面我们分别论述。

一、从众型创意思维障碍

从众就是跟从大众，随大流。“从众”几乎是每个人都具有的一种思维倾向。思维从众比较强烈的人，在认识事物、判定是非的时候，往往缺乏独立思考的创新观念，人云亦云，附和多数。有一句至今流传的名言：在罗马的时候，就随罗马人的做法（When in Rome，do as the Roman do）就是一个例证。说的是在罗马帝国时期，意大利米兰城有位神父叫奥古斯丁，他打算到罗马去，但是遇到这样一个宗教上的难题：米兰的基督徒在星期六举行安息日仪式，而罗马的基督徒却在星期天举行安息日仪式。奥古斯丁就这个问题请教安布洛斯主教：“我在罗马期间，应该以哪一天为安息日呢？”安布洛斯回答了上面的这句名言。

思维上的从众（follow the crowd）性给人以归属感，也使人懒惰。

思维上的“从众定势”，使得个人有一种归属感和安全感。能够消除孤单和恐惧等有害心理。另外，以众人之是非为是非，人云亦云随大流，也是一种比较保险的处世态度。

人类具有群居性，为了维持群居的稳定性，群居的个体就必须保持某种程度的稳定性，这种稳定性表现在实践行为、态度、思想价值等方面。本来，个人服从群体，少数服从多数的准则，是为了维持群体稳定的。这个准则随后会超出个人行动领域发展成为普遍的行为准则和个人思维准则，进而逐渐形成从众的创意思维障碍。我们不是常对自己说：“跟着大家走，没错！”

真理往往掌握在少数人手中。

我们习惯于“右撇子”为正常状态，因而常常把小孩子的“左撇子”硬性地纠正过来，这难道说不是“从众”的思维定势在作怪。殊不知，“左撇子”的小孩其经常使用左手反而开发了他的右脑，往往比一般的孩子更聪明。

二、权威型创意思维障碍

有人类群居的地方就有权威，权威是任何时代、任何社会都存在的现象。人们对权威普遍存在崇拜之情，这是可以理解的，然而这种尊崇常常演变为神化和迷信。

在思维领域，不少人习惯于引证权威的观点，不假思索地以权威的是非为是非。一旦发现与权威相违背的观点或理论，便想当然地认为其必错无疑，并大张伐挞。这就是创意思维的另一重大障碍——权威型障碍。

尊重权威，但不要崇拜权威，更不能盲目相信权威而丧失了自我。

【趣例：气味是"信"出来的】

美国某大学心理系曾做过这样一个心理学实验。

一天，上课前，教授向学生介绍了一位德国来宾，名叫冈斯·施米特的化学博士，是一个"世界闻名的化学家"，"这次是被特别邀请到美国来研究某些物质的物理化学特性的"。

课堂上，这位博士用德国人特有的语调向学生们解释说，他正在研究他所发现的几种物质的特性。这些物质的扩散速度极快。人们能够马上闻到它的气味。他说，由于同学们是研究感觉问题的，所以，他就同大家一起来做个实验。

他从皮包中拿出一个装有液体的玻璃瓶，对大家说："现在我就拔下瓶塞，这种物质马上就会从瓶中挥发出来。这种物质是完全无害的，只是有那么一点气味，就跟我们在厨房里闻到的那种气味差不多。这个瓶子里装的是样品，气味很强烈，大家很容易闻到。不过，我有个请求，你们谁闻到了这种气味，就请把手举起来。"

说完，这位化学家拿出秒表，上紧发条，并问大家有没有什么问题。停了一会，实验者拔出瓶塞。

没多久，学生们从第一排到最后一排依次举起了手。施米特博士对学生们的配合表示感谢，并带着满意的神情离开了教室。

后来，心理学教授自拆骗局。哪里有什么德国来宾，这位"施米特博士"不过是德语教研室的一位教师化妆的。而带有强烈气味的物质，原来是蒸馏水。

读书破万卷，做事若有神，但不要成了只会"纸上谈兵"(talk about stratagems only on paper)的赵括第二。

从某种意义上说，创意思维不过是一种以非习惯性的方式观察事物的能力而已。然而由于人们的思维受习惯、权威等定势的影响，而使许多富有创意的思想被扼杀在摇篮中。一旦我们走出思维定势的阴影，那么，人生创意的春天也就到来了。

三、书本型创意思维障碍

一般情况下，所受的正规教育越多，一个人的专业知识也就越丰富。但是，从创意思维的角度来说，他的思维受到束缚的可能性也就越大。

大数学家希尔伯特曾经很幽默地评价爱因斯坦的相对论，他说："我们这一代人一直在探讨关于时间和空间的问题，而爱因斯坦说出了其中最具独创性、最深刻的东西。你们可知道这里的原因吗？那就是因为，有关时间和空间的全部哲学和数学，爱因斯坦都没有学过。"

【趣例：学禅的奥妙】

有位年轻人想学禅，找到一位著名的禅师。禅师开导他很长时间，年轻人还是找不到入门的路径。于是，禅师端起茶壶，向年轻人面前的碗里倒茶。茶碗已经斟满，禅师却还在不停地倒。年轻人终于忍不住，提醒说："师父，别倒了！茶碗已经装不下了。"

禅师这才停手，慢悠悠地说："是啊，装不下了。你也是这样，要想学到禅的奥妙，就必须把头脑腾出空来，把充塞其中的幻象和杂念清除出去。"

听了此言，年轻人当下大悟。

海纳百川皆因海处低位。

从个人的读书经历来说，大约总要经过几个阶段才能悟出其中道理。书本使我们知识丰富、视野开阔、思维严谨。但在某些时候，为了接受或者为了激发创新，还需要我们把某些知识强行"忘掉"。就是说，努力摆脱已有知识的束缚。

四、经验型创意思维障碍

在我们的生活中，时时处处都在获取经验，加工经验，应用经验，甚至依靠经验。从幼年到成年，我们看到、听到、感受到、亲身体验到各种各样的事物和现象，它们都在我们的大脑中留下烙印并积淀成丰富的经验。

在一般情况下，经验是处理日常问题的好帮手，如果你具有某一方面的经验，那么你在应付这一方面的问题时会得心应手。特别是技术方面的问题，经验丰富的司机比新司机能更好地应付各种复杂路况；老会计比新会计能更熟练地处理复杂的账目。在很多场合中，经验常常就是一种创新。据说，哥伦布发现美洲大陆时，就是由于海员看到一群鹦鹉朝东南方向飞去，根据经验认为陆地一定就在东南方，于是跟随鹦鹉向前追去，终于发现了新大陆。但是，我们也要看到，经验又是相对稳定性的东西，它在某种程度上对创意思维会形成很大的障碍。如果我们对经验过分依赖，形成固定的思维模式，就会削弱大脑的想象力，引起创意思维能力降低，形成经验型创意思维障碍。

初生的牛犊没有见过老虎，它对老虎没有任何经验。当它看到老虎的时候，只是把老虎看作一个普通的“入侵者”，于是便本能地弓起腰、低下头奋力用角去顶。而老虎却凭着以往的经验认为“怎么回事？是牛吗？这么厉害！快跑！”于是溜之大吉。

创意思维要求我们必须拓展思路，海阔天空，束缚越少越好。从某种意义上讲，经验在大多数人的思维里就是一种框框，是一种指导我们“只能这样”“绝不那样”的行动守则。也许，少年儿童的“经验少”并不是一个缺点，而是一大优点，是“敢闯敢干”的代名词。

老牛怕老虎，但初生的牛犊就不会怕虎。

【趣例：我只带来两个大人】

有一对夫妻带着自己5岁的孩子进城租房，好不容易找到一家房东。房东遗憾地说：“啊，实在对不起，我们公寓不招有孩子的住户。”夫妻俩听了不知如何是好。

夫妻正要准备转身离去时，孩子忽然又去敲了房东的大门。

房东又出来了。孩子精神抖擞地对房东说：“老爷爷，我要租房。我没有孩子，我只带来两个大人，一个是我母亲，一个是我父亲。”

房东爷爷听了哈哈大笑，把房屋的钥匙高兴地交给了那个聪明的孩子。

孩子的大脑有着大量的空白，这种空白是一种知识劣势，但对创意思维而言，它却会变成优势，世界因此变得生动，思维因此变得活泼、无碍，一遇诱因可能就会突发奇想，写下令人击掌的创意思维篇章。

人贵有自知之明。

五、自我中心型创意思维障碍

“自以为是”这一短语是对自我中心型人士的比较贴切的概括。

在日常的思维活动中，人们自觉或不自觉地按照自己的观念、站在自己的立场、用自己的目光去思考别人乃至整个世界，由此产生了自我中心型的思维定势。

在这种思维定势的束缚下，个人的思考以自己为中心，听不进别人的意见和建议，总认为自己的思考没有任何问题，是完全正确的，甚至认为就是真理。岂知，所谓“真理”都是相对的，具有一定的时空性，在这一场合正确的观点，换一个场合也许就是错误的；现时没有问题的东西，随着时间的推移，过一段时间就不一定没问题了。

每个人都会犯错误，即使是傻瓜也会为自己的错误辩护。但能承认自己错误，多听取别人的意见和建议，对我们的进一步思维也许就起到了抛砖引玉的作用。

【趣例：阿丑使宪宗清醒】

明宪宗时，太监汪真由于得到宪宗皇帝的宠信，飞扬跋扈，不可一世，弄得朝政日益混乱，一般大臣都敢怒而不敢言。个别大臣有时犯颜直谏，莫不受到宪宗的严厉斥责。宫中有一个叫阿丑的专门为宪宗皇帝演戏解闷的小丑演员，此人聪明伶俐，巧于心计，他常常在演戏过程中劝谏宪宗。

有一次，阿丑装扮成一个酗酒者，在大醉之后胡言乱语，肆意谩骂。这时，一个小太监扮作行人路过此地，对醉汉说道："×××大人来了！"，醉汉听了置之不理。

行人又说："御驾到了！"，醉汉仍置若罔闻。

行人又再说道："汪太监来了！"，醉汉这时表现得十分惊恐慌张。

行人向醉汉问道："皇帝都不怕，难道还怕个太监？"

醉汉回答："休要多嘴！我只知道汪太监惹不得！"

宪宗皇帝在台下看到这里，不禁陷入了深思之中。

另类其实也是一种创意。

其他类型的思维定势：认真检查一下自己的头脑思维过程，你会发现除了上述各种思维定势以外，还有许多阻碍我们创新的其他因素，以下我们简要做一些分析。

对基础科学而言，解决问题的方法和答案常常是"标准"的。但这种"标准"却会给我们的创新思维形成障碍。其实在任何一门学科中，定理和公式之类的东西本来就是人创造出来的，因而是可以修改的。可是在学校里却不教给学生"定理和公式也是可以改变的"，而是讲"定理和公式是被肯定了的东西"，作为金科玉律强压给学生们，这就是当前教育的现状。如果在学校里一直受这种"惟一标准答案"的教育，那么长大毕业后进入工作单位时，当别人告诉他说："请你发明一种新的产品"、或者"请你开拓新的市场"，他将如何应付呢？这突然而来的"发挥创造力，搞创造性的东西"，在学校里根本没有人教过，他怎么会知道呢？当然就只能束手无策、面红耳赤地说不出话来了。

在我们以往的生活经历中，可能每个人都有过许多失败的经验。一次次的失败使我们对许多事物有了一种不成文的结论："这样做是不可能的!”等。传统社会是以“求稳”为特点的,在人们内心深处“不敢冒险、惧怕风险”,只想着老老实实地过那种千篇一律的平淡生活。于是“创新”之类的事就被抛到九霄云外去了。

人们之所以不敢冒险,主要是害怕冒险会带来失败的后果。而失败则会给我们带来损失和痛苦。在“恐惧失败”的思维枷锁下,你可以舒适地坐在家里,才思泉涌地对几个朋友高谈阔论。可是一旦要在5 000人参加的会议上当众做同样的讲话,你的思路就会一片空白。你拥有知识、欲望和潜力,但是表达不出,因为在你心里一直在想:“万一讲砸了怎么办!”好啦,以上讲了许多的思维定势,是否对您有些启发?那么接下来你自己应该怎么做呢?

【囚犯的故事】

有一位囚犯,在狱中呆了整整30年。某一天,有个声音对他说:“朋友,你为什么还呆在监狱里呢?是你自己把自己囚禁起来的,你就是自己的法官和陪审团。在服刑期间,你忧愁痛苦,无所作为。而牢门的钥匙一直在你的口袋里,你随时都可以打开牢门,自由自在地走出去!”还愣着干什么?快走出思维的监牢吧!

永远走不出去的是你思维深处的“心狱”。

第三节 突破创意思维障碍

一、解放创意思维

解放思维就是解放思维生产力,为创意思维搭建坚实的发展平台。

1. 不要被知识链缠住

人的思维定势有相当一部分是在学习前人的知识和经验时形成的。一切知识都是按逻辑链展开的,老师天天讲,自己天天练,脑子里早已被这些知识链缠得满满的了;其后,观察和思考问题,也就很习惯地用这种理性的东西去对照,这种习惯就是思维上的定势。如果不斩断这种逻辑链,就无法理解或产生新的东西。学了经典力学者再学相对论力学为什么颇感费解,就是原有的逻辑链被斩断了的缘故,这是对旧有思维定势的突破,所以,要想打破思维定势,就必须小心不要被已有的知识链缠住,学会忘却知识。

诺贝尔奖获得者是创造新知识的人。

知识丰富的人不一定善于进行创新,而不善于思考的人就一定不会创新。没有思考中的创新，就没有实践中的创新。曾经由教育部、团中央和中国科普研究所、中国政法大学共同组织的有关专家联合进行了历时三年的“中国青少年创造能力培养调查与对策研究”，向我们传递了一个不容乐观的事实：当今我国青少年普遍缺乏创新意识，学校、家庭、社会对他们创造力的培养也没有提供更好的舞台。我们想，这个事实对我们每个人都是一个警示信号。

作为公认的最权威的世界大奖——诺贝尔奖，代表了当代最先进的科学文化。据统计，百年来已有 30 个国家的 600 余位诺贝尔奖得主，其中物理、化学、生物或医学奖得主 460 位。黑头发黄皮肤的中国人仅有 6 位，少得可怜，而且 6 位都是外籍华人，没有一位是在中国本土工作的科学家。这与我们那些单纯可爱的学子们荣获那么多奥林匹克大奖，形成了不小的反差。

从某种意义上讲，知识未必就是力量。

千万不要泯灭了你的好奇心和观察力，敢于怀疑，敢于标新立异，大胆地去发现新知识，怀疑大权威，发表新观点，创造新事物。

2. 主动向规则挑战

迷信规则，是产生思维定势的重要原因之一。规则在一定的时空内应该遵守，因为它毕竟是前人正确的认识成果。但是，当它寿终正寝之时，就应大胆地舍弃。如果我们能勇敢地向尚未舍弃的概念、法则、规律、公式、定理、方案等大胆质疑并提出挑战，我们的思维定势就会一扫而光。

任何人都可以打破他自己的精神枷锁，成为自由思考的人。

英国心理学家和研究创造力的专家加里·菲茨吉认为，任何人都可以打破他们的精神枷锁，成为自由思考的人，能想出令人赞叹的好主意和解决问题的新方法。关键是要正确地认识自己、发挥自己，要认识到社会的法则，然后打破这些法则。他说，从某种意义上讲，这就是回归童年。那时候，你在玩游戏时，会不断制定出新规则。

《六大科学狂想》有这样一段话——这些科学狂想家们“都嘲笑过伽利略”。打破头脑中的各种框架、跳出常规思维对促进科学发展是很重要的，就如科学上每个伟大的新想法最初总被认为是很荒唐一样。

3. 善于寻求多种答案

思维定势的重要特点之一，就是它的确定性、单一性。这就排除了多样性。而事物的发展总是指向多样化、复杂化的方向。只有一种答案或者非错即对的思维方式，会严重桎梏你的思维空间。如果我们能主动地寻求各种答案，而不满足于一种结果，就可以帮助我们摆脱思维定势，从而达到全方位、多角度地审视问题，最终获取更多的解决问题的方案。

二、激活创意思维

激活思维就是充分释放思维潜能，让思维充满活力。

1. 不合逻辑的思考

逻辑思维对我们来讲，当然是必要的，其主要特征是遵从“无矛盾法则”，即凡事总得说出个道理来。然而创意思维的胚芽又总是植根于逻辑的中断处，这就要求我们，要想找到这种创意的胚芽，就必须要大胆地抛弃硬性的逻辑思维，而涉足于弹性较强的非逻辑思维的大海中去，说不定就会找到你所要找的珍宝，因而，有时我们应学会拒绝逻辑。

创意思维是逻辑与非逻辑的统一。

【江畸和黑田的故事】

20世纪50年代，世界各国都在研究制造晶体管的原料——锗，其中关键问题是要将锗提炼得很纯。日本新力公司的江畸博士和助手黑田百合子就此进行了探索，尽管黑田十分谨慎地操作，总不免会混进一些杂质，她一次次地测量其参数，却发现每天的结果都不相同，因此她非常苦恼。

一天，黑田忍不住了，说：“再这样下去，纯度恐怕永远也提高不了，既然杂质不易清除，还不如增加一些杂质试试看，不知道能搞出什么样的锗晶体来？”这当然是违反常规逻辑的，可是，江畸听了却茅塞顿开，如梦初醒，他立即照此设想进行了一连串的实验，结果当锗的纯度降到原来的一半时，一种极为优异的电晶体诞生了。此项发明一举轰动世界。江畸和黑田百合子因此获得诺贝尔奖。

2. 放纵模糊性思维

人脑的思维习惯是追求清晰、明白，模棱两可是经常被排斥的。但事实上，模糊性思维又是人类思维不可分割的一部分，正是清晰与模糊的对立统一，才推动了人类思维的发展。没有模糊，也就没有清晰，创意就是从模糊到清晰的过程。当你的思维处于模糊状况时，说不定就会出现一些自相矛盾的观念，而激发你的想象力去突破原有的狭窄思路，产生新的创意思维成果。

【李林塔尔的故事】

滑翔机的发明，可以说初步实现了人类的美好愿望，德国的李林塔尔对滑翔机的发明做出了突出贡献。

李林塔尔在儿童时代，就表现出强烈的求知欲，他的脑子里总有些“不切实际的”幻想。

在他的故乡，每年夏秋两季总有许多鹳。这些鹳从非洲飞来，冬季又飞回非洲。一次，李林塔尔和他的弟弟古斯塔夫一起看鹳，在蓝天白云间，飞翔着许多鹳，他们有的正振翅插入天空，古斯塔夫望着天空，好奇地问：“哥哥，鹳为什么会飞？”

“因为有翅膀呗。”李林塔尔不假思索地回答。

“那我们如果造一个翅膀装在身上，会不会飞呢？”古斯塔夫又问。

“我想一定可以的。”李林塔尔坚定地说。

“这是一件没有人做过的事，恐怕很难做到。”

“只要我们有决心，这是完全可能的。我们一定会像鹳一样飞翔！”

此后，飞向蓝天成了李林塔尔的奋斗目标。

长大成人后，李林塔尔成了一家机械厂的工程师。他和弟弟古斯塔夫具备了制造飞行器的条件。他们先是制造了一架有 3 对机翼的飞行器。它的机翼可以向下或向上移动。经过试飞，他们对飞行器的飞行性能不够满意。

此时，李林塔尔和古斯塔夫再次想到了鸟。“为什么鸟能飞呢？为什么鸟有了翅膀就会飞？鸟是怎样利用翅膀飞翔的？鸟的翅膀结构怎样？”这些问题萦绕在他们的脑海里。为了解答这些问题，他们饲养了善于飞翔的信天翁、鹳等。

经过几年的观察和思索，李林塔尔将他和弟弟的研究成果写成书，并于 1889 年出版。在这部题为《作为航空基础的鸟类飞行》一书的扉页上，李林塔尔写道：“鸟在飞行中的升力，鸟翼运动时所需要的动力，以及翅膀（可以认为是一种杠杆）——这些就是鸟的实质性特征。”

有了理论指导，李林塔尔的设计制作思路更明确了。为了便于做试飞实验，他在柏林郊区修筑了一个专门的斜坡。在 1896 年，他制造了 5 种单翼滑翔机和 2 种双翼滑翔机。

接着，李林塔尔投入到试飞试验中。一次又一次的滑翔，一次又一次地改进，李林塔尔使滑翔机的飞行距离达 75 米、150 米直到 300 米。

……

世界因复杂而难以被人清楚把握，而创意却在朦胧中诞生。

正是由于李林塔尔幼时的模糊的一个理想，在以后的人生中他没有放弃，而是不断坚信这一理想一定能够实现，才使他一步步向成功的目标迈进，也由此翻开了人类飞向蓝天的第一页。

3. 大胆假设和推测

大胆假设是克服思维定势的有效方法，尽管假设不一定会产生直接的创意成果，但它却可以展开想象力的翅膀，拓宽思维的空间。而假设最有效的方法，就是把现有的事物推向极端，引出新的矛盾或问题，这样一来思维定势就失去了它的任何作用。

假设推测法包括两个基本步骤：第一，假设某个问题，并以疑问句的形式表达出来。在这里要注意的是，假设的问题不论是任意选取的，还是有所限定的，所涉及的都应当是与事实相反的情况，是暂时不可能的或现实不存在的事物对象和状态；第二，从假设出发，设想或推测种种可以想象的结果。可想象的领域包括可能的，也包括不可能的；包括现实的，也包括未来的、虚幻的；包括切实可行的，也包括荒谬透顶的，这一切需要思维者的胆识与自信。

三、培育创意心理

创意的心理品质并非与生俱来，人人都有的。成功的创意人之所以能够成功，根本的原因在于他们在不断地培育自身的创意心理。

想都不敢想，做就更别提了。

1. 展开想象的翅膀

创意成果的产生，不仅需要合理的知识结构和良好的智能结构，还需要非智力因素，我们这里指的是个性特征。有位心理学家说过：创造力量是架在才能与个性之间的桥梁。一位科学家曾对我们这样鼓励说："凡是能自由想象并把互不相干的各种观点结合起来的人，就是勇敢的、最有创造性的实验者。"

美国著名教育心理学家托拉斯，经过长期的研究，提出了检验一个人创造力的 21 个指标——有好奇心；敢于向权威挑战；有新发现时精神异常兴奋；从不气馁；能发现问题和发现与问题相关的各种关系；精细地观察事物；能不断产生新的设想甚至在娱乐休闲时也能产生新的设想……

猜想和想象是人类发明之母。人类文明一开始，就有许许多多美好的想象，随着科学的发展，有许多想象被证实是正确的。猜测和想象在发明中立下了汗马功劳，许许多多的发明者展开想象的翅膀，摘下了发明之果：鲁班根据锯齿形状的草叶发明了锯；李林塔尔依照鸟飞行的形象制造了飞机和气球；看到虎、猫的运动和它们的脚部结构制造出钉子跑鞋；由人的心脏、动脉、静脉组成的血管系统开发出高效率的锅炉等，都是想像力的杰作。

2. 做"创意"的有心人

创意也是一种生活态度。你自己的自我意象是个什么样子，你的生活和学习可能就是一个什么样子。如果你认为自己很笨，那你肯定想不出好点子；如果在创意思维方面"自我感觉良好"，那么你的各种创意就会纷至沓来；如果你认为你是出色的，那么你就是出色的。你要想自己能飞得很高，你要想自己能做到最好。成功开始于一个人美好的愿望，取决于一个人的心理状态。最具创意、最具突破性的科学家，通常不一定是最具有天赋的科学家，而是那些为强烈的好奇心所驱使的科学家。

你的态度决定你的高度。

【贝克兰的故事】

电木是人们对酚醛塑料的俗称。它是由美国著名化学家贝克兰在 1909 年发明的，而这次发明的经历也真有些机缘巧合。

最初，贝克兰是想发明一种虫胶的代用品。经过无数次的实验，他在 1909 年合成了甲醛和苯酚的化合物。这种化合物为胶体状，有点像桃树和松树上的树脂。因此，贝克兰把它称为"酚醛树脂"。

几年来，为了合成酚醛树脂，贝克兰什么都顾不上，一心扑在工作上。实验室也多年没有彻底清理，老鼠也成了实验室的"常客"。贝克兰想，该治一治老鼠了。

于是，他从朋友家抱回了一只猫。没想到，这只猫由于长期"养尊处优"，变成了一只懒猫。它与老鼠"和平共处"。

世上无难事，只怕有心人。

猫解决不了问题，那就用捕鼠器试试，贝克兰从市场买来了一个捕鼠器。

一天晚上，贝克兰做完工作之后，在捕鼠器的夹子上安放了一块奶酪，然后，将捕鼠器放在老鼠经常光顾的试管架边上。新鲜的奶酪散发出诱人的香味，贝克兰就等着第二天收拾"战利品"了。可是出乎意料之外，第二天一早他走进实验室一看，捕鼠器上竟然没有夹住一只老鼠！更令人气愤的是，地上"躺"着几支试管，有一支试管还"躺"在奶酪上。

"这是怎么回事?"贝克兰十分生气，有一种"偷鸡不成反蚀米"的感觉。

"喵——"蹲在实验室一角的懒猫的叫声提醒了他。他明白了，这肯定是这只懒猫干的。

贝克兰真想狠揍懒猫一顿。但他想想，还是先收拾一下狼籍的地面吧。于是他俯身拾起捕鼠器，取出沾满酚醛树脂的奶酪。这时，贝克兰发现了一个有趣的现象：原本柔软的奶酪，居然变得十分坚硬，好像一块石头。

"这真是怪事"，贝克兰被这现象吸引住了。凭着科学家的敏锐和直觉，贝克兰认定这里有文章可做。他又去买了一块新鲜的奶酪，并把酚醛树脂倒在上面，结果发现奶酪变坚硬了。接着，它把酚醛树脂倒在别的一些松软的东西上，结果也同样使这些松软的东西变得非常的硬。

这些酚醛树脂与松软的混合物有什么性质呢？贝克兰经过反复试验，确认它耐碱、耐酸、耐腐蚀、不怕火、不导电，很容易成型……这是一种绝好的新型绝缘材料！

于是，这种首次由懒猫“合成”的电木，被广泛用于电器工业。当然，制作电木的原料之一也不再用奶酪，而是用其他物质作为填充料。

天道酬勤。上帝欣赏贝克兰的发明与研究精神，才派一只懒猫来助一臂之力。此话千万不要当真，因为，你也知道，贝克兰的发明并非上帝所赐，而是他那科学家的“敏锐与直觉”。要知道，这种“敏锐与直觉”并非一下子就能产生的，它是一个追求科学、不断创新的人所特有的品质。

同样在生活的战场上，并不一定是强壮或聪明的人取胜，但最终取胜的人，定是那些相信自己能胜的人。怀有一颗创意的渴望之心，相信自己拥有创意思维的潜力，并付诸行动、持之以恒的人，就一定会使自己的创意思维得到空前的发挥。这就是创意思维艺术之精妙所在。

【脑力训练】

魔鬼训练是短时间粉碎思维障碍的途径。

1. 奇特的学校（针对“知识型”创意思维障碍）

在 20 世纪 70 年代，有位美国教育学家在旧金山开办了一所性质奇特的学校，名为“逆向教育学院”。其中采取某些与传统教育相反的方法，借以“降低”（而不是提高）学历过高者的专业水平。据说，一名博士在这所学院里学习过后，会认为自己的水平只相当于一名硕士；而一名硕士经过学习之后，会感到自己的水平只相当于一名学士。这样就使得高学历者在找工作时比较容易些。

请分析一下自己的知识结构：有用的知识有多少，沿用的知识有多少，用不上的知识有多少。

2. 第十一次扔硬币（针对经验型创意思维障碍）

有个人连续扔了 10 次硬币，结果每次都是下面向上，一切情况照旧，他又扔了第十一次。

请问：这一次下面朝上的可能性是不是比开始的时候要小？

提示：你的思维是依靠经验判断，还是依据概率。

3. 为什么差别这么大？（针对先入为主的思维定势）

张小燕在一家公司任职，每天乘车上班。她家附近的一条公路的路边，既有公共汽车站，也有公共电车站。汽车和电车都是每隔 10 分钟开过一辆。电车总是跟在汽车的后面,两种车到达这个站的时间只差 1 分钟。张小燕一直都是碰上什么车就乘什么车,并不故意多乘哪一种车。可是当她每天统计买的车票时,都会感到奇怪:为什么每天乘汽车的次数都大大多于乘电车的次数?乘汽车的次数占了她每天乘车次数的绝大部分,乘电车的次数只占很小一部分。

请问:张小燕为什么会感到奇怪?是因为这件事本身有什么不正常?还是因她在思考这个问题时有什么样思维障碍?你能弄清是怎么回事吗?

提示:跳出问题叙述中的各种“诱惑”。

4. 通用公司的决策方式(针对从众型创意思维障碍)

在美国通用汽车公司的一次董事会议上,有位董事提出了一项决策方案,立即得到大多数董事的附和。有人说,这项决策能够大幅度提高利润;有人说,它还有助于打败我们的竞争对手;还有人说,应该组织力量,尽快付诸实施。但是,会议主持人则保持了冷静的头脑,他说:“我不赞同刚才那种团体思考方式,它把我们的头脑封闭在一个狭小的空间里,这会导致十分危险的结果。我建议把这项方案搁置一个月后再来表决,请各位董事各自独立地想一想。”一个月后,重新讨论那项方案,结果它被否决了。

请问:为什么大家都赞成这项决策方案?主持人让搁置一下的做法有什么好处?

提示:(1)显在因素:能大幅度提高利润,有助于打败竞争对手。(2)潜在因素:受议案提出者的影响,从众心理是否从利弊两方面认真考虑议案。(3)从个人利益角度考虑该议案,而不顾它对企业的长远危害。

【本章小结】

创意思维的最大障碍——思维定势,它是一把双刃剑,一方面,它有利于常规思考;另一方面,它不利于创意思维。有一位心理学家说过:“只会使用锤子的人,总是把一切问题都看成是钉子。”

1. 思考需要有所创新的问题时,对有关的传统观念或传统做法要做认真的审视。看看它对创新是否会起某种妨碍和束缚作用。

2. 要相信“知识就是力量”,但也要防止书本知识可能包含的缺陷、错误,或落后于客观现实的发现而妨碍创新思考。

3. 留意自己思考问题时沿用经验的思维习惯是很有必要的,因为任何经验都会有一定的时间、场合的局限性。

4. 琢磨名言无疑是防止我们形成为名言所困思维障碍的有效方法。

5. 警惕从众心理可能在头脑里形成的妨碍创意的思维定势。既要相信群众的智慧，谨慎地对待在所思考的问题上众人的有关心理与看法，又要勇于标新立异，敢于独树一帜。

6. 为了避免对那些本应积极加以探索的现象见怪不怪，漠然视之，以致错过做出重要发现、发明的时机。警惕和克服麻痹迟钝的思想情绪是十分必要的。

7. 人们常常会自觉或不自觉地对所思考问题的解答自设一些前提，包括做出限制或划定某个范围。这种不利于创新思考进行多方向、多途径探索的自设前提，须予以排除。

"创意、创新"就是要向"传统"宣战，而"传统"的束缚力量正是创意思维产生的最大障碍。认识思维的一般规律，探究创意思维障碍形成的原因，分析各种形式的创意思维障碍，突破种种障碍，最终迎来创意思维的春天。

【思考题】

1. 什么是创意思维障碍？创意思维障碍与一般的思维障碍在表现形式、形成原因及造成的危害上各有什么差别？
2. 对文中提到的"知识越多，人的创意思维就越阻塞"的话是如何理解的？
3. 请结合自己的思维习惯，分析我们日常的思维离创意思维有多大的距离，并思考如何使我们的思维更富有创新。
4. 你认为我国目前的教育模式，是有利于培养学生的创意思维，还是容易使学生形成创意思维障碍？应用你所学到的创意思维知识，结合我国教育现状，提出你对教育改革的意见和建议。

★★★★★ 进修指导 ★★★★★

【参考文献】

1 邵泽水．创新思维个案解读．济南：山东人民出版社，2002

2 梁良良．创新思维训练．北京：中央编译出版社，2001

3 张建军，韩武吾．创新的素质．合肥：中国科学技术大学出版社，2002

4　杨名声，刘奎林．创新与思维．北京：教育科学出版社，1999

5　陈泽河．挑战头脑奥林匹克．济南：山东人民出版社，2002

6　冯培，贺淑曼．创新素养与人才发展．北京：世界图书出版社，2001

7　素质教育与能力培养研究组．创新能力训练与测验．北京：中国人民大学出版社，2001

第 6 章 创意思维方法

你在做事时，如果只有一个主意，
这个主意是最危险的。

——查铁尔（法国学者）

【思维的"闪电"】

创意思维是思维"云层的闪电",它弯弯曲曲,像金色的龙蛇飞舞跳动,划破沉沉的太空;"闪电"之后的隆隆"雷声",那便是创意思维所生成的灵感向宇宙苍穹的宣告;"雷声"过后从天际倾泻的"大雨",则是创意思维闪电所带来的成果。

【学习指南】

本章学习目的

本章旨在激发学习者的创意思维潜能,力图使学习者了解和掌握个体创意思维方法和团体创意思维方法。

本章内容提要

本章从释放心理潜能、关注创意过程、追寻创意机遇三个方面,论述了激发创意思维潜能的方法,并着重介绍了成功创意的创意思维方法:个体创意思维方法和团体创意思维方法。个体创意思维方法包括展开思维创想,即灵感法、联想思考法和假想法;拓展思维视角,即朝四面八方想、倒过来想和换个角度想以及个体创意思维的具体方法,同质异化法、解析淘汰法和裱合显同法。团体创意思维方法中重点介绍典型方式——头脑风暴法,即美式奥斯本头脑风暴法、德式默写式头脑风暴法、日式 CBS 法和 NBS 法,以及头脑风暴法的改进方式:专家头脑风暴法、菲利普头脑风暴法、双人乒乓头脑风暴法和逆头脑风暴法。

第一节　激发创意思维潜能

在人的创意活动中，无论是感觉也好，启迪也好，联想也好，都只是一种表面的现象。然而针对许多令人称奇的理论或事实，人们提出：有没有一条激发潜能的有效途径？应当说有。

美妙的创意之花决不会平均地降落在每一个人头上。有人左右逢源、俯拾皆是，“夕阳芳草寻常物，解悟都为绝妙词”；有人则一生难逢，甚至创意灵感碰到了他的鼻尖也会视而不见、当即错过。造成这种差别的原因，固然与能否主动创造条件、自觉运用创意思维规律有关，但也与个人的内在素质、主观“灵性”、潜能结构有关。创意灵感之花决不会与“读死书、死读书、读书死”的书呆子有缘。它那不守常规的本性决定它只能与活生生的情趣、活跃的环境、活泼的潜能结伴。因此，谈激发创意的创意思维，就不能不谈激发创意潜能的问题。

学方法比学知识更重要。

头脑的思维革命，源于心灵深处的心理革命。

一、释放心理潜能

1. 解放心理压迫

我们无论做什么事，都要有个良好的感觉。感觉好，做事的心态就好；心态好，自感做事的把握性就越大。

让创意的感觉与众不同，得益于积极的创意心态。

创意课题在人的大脑中形成后，随之而来的是产生解决这个创意课题的心理需求、心理倾向和特定目的的心理活动。这些特殊的心理状态与长期的循轨定向思维造成的大脑皮层上的优势兴奋中心区结合起来，就会造成激发创意感觉的前提条件——诱发势态。

推动人类去从事活动的一切，都要通过人的头脑，甚至吃喝也是由于通过头脑感觉到饥渴引起的，并同样通过头脑感觉饱足而停止。外部世界对人影响表现在人的头脑中，反映在人的头脑中，成为感觉、思想、动机、意志。总之，成为“理想的意图”，并且通过这种势态变成“理想的力量”。这就是说，从外部世界的刺激到人的反应活动，要经过“理想的意图——理想的力量”这一中介过程。

人的各种欲求，包括要求解决创意课题的心理愿望，会使人产生一种紧张的心理，在不知不觉中造成一种特殊的心理状态。这种心理状态对人的身心影响是很大的，过度紧张甚至可能产生永久的机体损伤。

在一般情况下，这种心理状态可以使人念念不忘，坐立不安，催促人急于采取某种行为去满足要求。需求得不到满足，这个紧张状态会使人心神不安；得到了满足，紧张就会消除。

创意课题一旦成立，同样会产生解决这个课题的强烈要求和愿望，从而引起紧张心理，使人食无味、夜难眠，迅速开动思维机器进入创意思维的构思阶段。

机会不是靠四处抓回来的，完全是创意出来的。因此有人说："财富是创意出来的。"当然也可以理解成是压迫出来的。逼上梁山，没有后路，到了这时人只有拼命了。做什么事，都是这个道理。无论是企业家还是其他什么人，一概如此。在某种意义上，是为生路所迫，不拼命就没有生路。

2. 积极心理暗示

生活在现实世界中，每个人都会接受各种各样的信息，其中有"明示"和"暗示"。所谓"明示"就是直截了当的指示、命令，给人以毫无疑义的确定信息；而"暗示"则加入了主体在特定环境和气氛的个人体悟。

潜能是无穷无尽的，犹如冰山，露出海平面的仅仅是小小的一角。

暗示又可分积极的暗示即"正面的暗示"、消极的暗示即"负面的暗示"。学者们认为，暗示能通过显意识进入潜意识，到达意识的深层部分。从这个方面讲，潜意识乃是暗示的积累与沉淀。它深刻地、从根本上影响着、折射着、塑造着人的生命。暗示在深层潜意识中深沉地潜伏着，广大地弥漫着，持久地延续着，多方地沟通着。与显意识相比，潜意识平时处于压抑状态，暗示积淀的各种各样的图景处在被压抑、被封锁、被束缚、少自由、被控制状态。遇到偶然的机会，也会冒出来，在意识中出现，其表现形式即为灵感、直觉、想象等。

积极暗示能够开发头脑中的思维潜能，应该尽可能多地从周围环境和别人那里得到积极暗示，或者直截了当地对自已进行良性暗示，同时要拒绝那些压抑思维潜能的消极暗示。

在当今体育界，运动员比赛前都要进行这种自我暗示训练，都产生了很好的实际效果。这种方法在创意思维训练中的效果也是有目共睹的。

3. 培育快乐心情

"快乐"与"幸福"含义相同，在许多种语言中，二者都是使用同一个词来表示的。快乐在我们看来是有价值的东西，是人生追求的重要目标，甚至可以说是最重要的目标。中外历史有很多著名的伦理学家，都把“最大多数人的最大幸福(快乐)”当做全社会的追求目标，用来衡量各类事物是否有价值及其价值的大小。

既然人们都认为快乐是有价值的，那么，怎样才能得到快乐呢？初看起来，这个问题很简单。快乐是由许多不同的事物引起的，只要我们确认了那些作为快乐原因的事物，并且想方设法得到它们，我们不就能够在那些事物的刺激下获得快乐了吗？所谓“寻找快乐”，不过是寻找那些能够引起快乐的事物罢了！

所谓“能够引起快乐的事物”，不过就是“能够满足人的某种需求的事物”。人的需求得到满足，便在心理上产生了快乐。因此，只有当你需要钱时，得到钱对你才是快乐；只有当他想升官时，升官对他才是快乐；只有当某人想出名时，出名才能给他带来快乐——如此等等。

不容否认，生活在大致相同的文化背景中，人们的价值观念也大致相同。能够给你带来快乐的东西，往往也能够给我带来快乐。但是，“世界上并没有两片完全相同的叶子”，我们不应该忽视人与人之间、团体与团体之间、民族与民族之间，以及今天与昨天、此地与彼地，在价值观念方面的差异与变迁，这种差异与变迁也就是人的需求差异与变迁，由此引起对于“快乐”的不同理解——准确地说，是对引起快乐的事物的不同理解。

创意与快乐心情相约在生活中的每时每刻。

因为快乐与主体的需求有关，而需求可以通过外界事物来改变，也可以通过内心的调节来改变。所谓内心的调节，也就是思维视角的转变。

沿着这条思路再深究下去，即使我们真的遇到了倒霉事，真的遭到了损失，也同样能够用“转换视角”的方法，从倒霉事中找得出快乐的东西。有一个囚犯，当法庭宣布判处他 5 年徒刑的时候，他竟高兴地跳了起来，因为他一直以为要被判 8 年的。当针刺破你的手指的时候，你还能快乐得起来吗？照样能，只要你这样想：“嗨，幸好没刺到眼睛！”

而旧的思维定势能够诱导痛苦，许多科学实验都已经证明了这一点。

世上所发生的一切事情，都有可能给我们带来快乐。问题在于，我们必须把它解释成快乐，要改变我们自己的内心观念和价值系统。

【笑的艺术】

人们常说:笑一笑,十年少;愁一愁,白了头。这话虽然有点夸张却含义深刻,富于生活哲理。从医学和心理学的角度去分析,笑口常开对身心健康具有重要作用。

英国百科全书对"笑"从外部特征方面进行了生动的描述:"它属于脸红、眼睛湿润……"我国古代把"笑"解释为"喜而解颜启齿也",意思是彻底打破了平时人们脸上的那庄重、矜持的表情和所谓"笑不露齿"故作姿态。而民间老百姓说得更为简洁生动:"人逢喜事笑开怀",这种笑可谓声情并茂。

笑是一种"精神润滑剂",是快乐愉悦的表现,可以使紧张的心理顿时松弛,内分泌功能协调顺畅,对身心均有良好影响,因而具有强身健体之功效。笑是一种特殊的运动,生活中倘若没有笑声,人就会郁闷而生病。笑口常开,利己而悦人,益处非凡。

英国首相帕麦斯松年轻时做过小吏,由于工作过分紧张,精神失调,虽经长期药物治疗,仍无起色。后来,一位医生对他进行了一番仔细的检查后,开了一个奇特的药方:"一个小丑进城,胜过一打医生。"帕麦斯松从此以后经常抽空去看各种滑稽戏、马戏和喜剧,经常高兴地大笑,愉快的心境使他恢复了健康,又开始了新的工作。

微笑能改变人生,可并非人人都认识到微笑的价值。它可以创造人际关系的奇迹,同时也改变我们自己。伟大的戏剧作家莎士比亚说:"我宁愿让傻子逗我开心,也不要让精明人令我伤悲。"

二、关注创意过程

1. 明确创意目的

成功属于有准备的人。

任何人做任何事,都有他自己的目的。无论这个目的是大是小,总会按照自己的意图进行设计。毫无目的的行为是不存在的,也是没有任何意义的。确立一个创意计划,也就确定了人的意愿所要追求的目标系统。这个目标系统就有一种内在的巨大驱动力,对人的思维、意志等活动起着指导和推动作用。对此,马克思极其深刻地指出:劳动过程最终取得的结果,已经在劳动过程开始时,存在于劳动者的观念中,已经客观存在着了。他不仅引起自然物的某种形态变化,同时还在自然物中实现他的目的。他知道他的目的,并以这个目的当做法则,来规定他活动的样式和方法,并使他的意志从属于目的。追求真善美崇高目的的价值观可给人提供有力的动机,促使他们做出自我牺牲的行为,甚至献出生命。

2. 做好创意准备

成功是永远属于有准备的人。有准备对于每一个人来说是非常重要的，所谓准备，是具备技能或创意思维能力，能够在别人未想未行之前，先想先走一步。

由一定心理活动所形成的准备状态，影响乃至决定同类后继心理活动的趋势，这一规则对具有普遍的创意性课题有作用，同样会对以后的思维活动造成心理定势。这种心理定势，就是提出问题的过程和解决问题过程的前提，也是采取何种解决问题方式的一个制约因素。

从实践中积累经验，针对存在的实际问题采取相应的具体解决办法，抓住要害，有破有立。

信念的神奇力量会超乎自己的想象。

做一个出色的成功者，最重要的是要有自己的头脑和符合实际的创见。他从不轻易附和别人意见，这样就可以避免盲目性，减少不必要的困扰。

我们吸收知识的办法，主要靠听、观察和细致的思考。

安全感，是一个有自力更生的愿望和能力的人所必需获得的东西。它不是遵循常规去做所得到的，因为那种安全并不是真正的安全。真正的安全感是在人们经过曲折的考验和实现创新中才能获得。

3. 坚定成功信念

日常生活中会出现这样一些似乎是令人不可思议的现象：有些病人吃了他所尊敬的名医配给他们的“特效药”，其实只是一种没有多大疗效的“安慰剂”，居然也会在他们身上产生显著疗效。又如实验者把工作场所任意变动一下，宣称新的安排有利于工作，结果相信这种说法的工作者真的在工作场所变动后显著提高了工作效率。心理学家借用宗教术语，形象地把这种现象称之为“灵光”效应。“灵光”效应其实仅是一种心理暗示的结果，是由于人们受信念或信仰的支配，在不知不觉中提高了内心情绪和活动的特性而产生的效应。

【背景知识窗口】

罗森塔尔效应

心理学家罗森塔尔来到一所小学，从一至六年级各抽出三个班，进行预测未来发展的测验。测验后，他们把一份最有发展前途者名单悄悄地交给教师，并再三叮嘱，绝对不可泄露给任何学生。8 个月后，心理学家们重返这所小学，切切实实搞了次测验。结果表明，凡当初在那份名单上载有名字的学生，智力发展均超过了其他学生，而且性情活泼，个个充满了幸福感，与任课教师建立了良好的感情。看来心理学家们真是料事如神了，然而到这时他们直率地宣布：上次测验根本没有测到任何数据，那份名单只是随意地从学生点名簿上抽取一些名字，然后照抄下来的。由于教师们对心理学家的预测深信不疑，于是权威的预言唤起了教师对学生爱的萌芽。而学生最易受“我在教师心目中的地位如何”的心理支配，他们从教师的表情中受到鼓舞，从而比往常更勤奋地学习，取得了超过其他学生的成绩。这样就产生了积极的“罗森塔尔效应”。教师的信任与爱是鼓起学生智力、情感、个性顺利发展的风帆。以上列举的这些“灵光”心理效应，同样会伴随课题研究而出现。

人的心灵不是一张白纸，在课题研究进行之前，他就在以往直接或间接的成功经验的基础上形成了各种信念和信仰。这些信念和信仰作为一种独立的有倾向性的心理力量，在内心积极情绪的配合下，暗中制约着创意课题研究的方向，使它们更倾向于走以往成功经验所走的道路。而课题研究一旦纳入信念所依赖的道路，人们也往往感到驾轻就熟，信心十足。这种心理状态反过来，进一步提高工作效率和积极性。我们看到人的内心心理过程是一个复杂的能动的过程，伴随创意课题研究出现的这些特殊的心理状态能动地反作用于解题过程，就促使创意人进入日思夜想、孜孜以求的创意“境界”，即使为解题落得“衣带渐宽人憔悴”，也一往无前“终不悔”。

三、追寻创意机遇

1. 捕捉创意信息

信息与创意思维是有紧密联系的。信息为创意思维提供了实践的条件，创意思维填补了信息的捕捉功能。创意思维触发信息的发动机制，但不同于诱发势态的形成机制。因为人的大脑皮层的诱发势态由伴随创意课题研究出现的特殊心理状态和成千上万的优势兴奋中心区结合而成。解决创意课题的需求引起紧张心理，课题确定的目标能引起定向的心理策动，产生课题的准备活动引起心理定势，对以往成功经验的信念引起“灵光”效应。简言之，这些特殊的心理状态都是由明确的意识活动引起和发动的。至于造成大脑皮层上每一部位优势兴奋区的循轨思维，更是一种受大脑意识机构严密控制的自觉的管理活动。

与诱发势态形成机制的这种自觉性、随意性、确定性相反，创意思维触发信息的直接发动机制往往表现为非常见性、非随意性，表现为不确定的偶然性、随机性。

2. 抓住创意机遇

机遇是相对预测、预见而言的，它的基本特征就是非预测性、非意料性。正如拉普拉斯所说的，机遇是人对即将发生的事无知的表现。如果外界发生的事情，件件都是人们事先知晓的、预料的，那就无所谓机遇了。然而这点恰恰是受种种客观和主观条件限制的人不能做到的，即使是小说中夸大的那个"料事如神"的诸葛孔明也有失街亭之误。因此，在人预料之外的机遇永远是存在的，人不能预知机遇，但人可以及时抓住机遇、利用机遇、接受机遇所透露事物的各种信息。

机遇稍纵即逝，不要让机遇在不经意间悄然滑落。

机遇没有固定的发生模式，它的表现形式千差万别。可是就提供的信息所要解决的课题的关系来讲，我们可以将他们大致分为两大类。

一种是他们提供的信息、机会与科学家、企业家、商业家、艺术家事先追求的目标，与科学研究、艺术构思要解决的具体课题是异向的，没有直接关系。

无意识的创意感觉，是一种没有心理准备的机制。也就是说平时不注意培养、锻炼，全凭灵机一动，抓到了就是幸运，抓不到就是倒霉。有意与无意，就是机制上的差别。生活中的投桃报李，不是没有道理的。

"投我以桃，报之以李。"
——诗经·大雅·抑

另一类是他们提供的信息、机会与科学家、艺术家事先追求的目标，与科学研究、艺术构思要解决的具体课题，是同向的，能够直接为解题提供答案或线索。

第一类机遇由于与预定目标研究课题异向，所以他们提供的信息和机会并不直接为解题服务，而是提出意料之外新的研究课题，引出另外的新发现，即帮助创意人寻找他未找的东西；而第二类机遇由于与预定目标和研究课题同向、相关，所以他们提供的信息和机会能直接为创意服务，能为冲出循轨思维的旧思路指出新方向，产生意料之外的突破，帮助创意人找到他正在寻找的东西。因此，只有后一类偶然机遇才能作为创意感觉激发系统的一个有机部分。笼统地将机遇与创意感觉等同起来，是不科学的。但不管这两类机遇现象有多大的差别，他们向人类思维提供新信息的方式和机制则是一样的，即都是偶然的、意外的，而不是自觉可预知的。

3. 寻找创意摇篮

人的创意思维、创意行为、创意思路，到底是在什么情况下产生的？这是人们最为关心的事情。

人在何时最容易产生创意感觉呢？答案是在似睡非睡、似梦非梦中闪出念头时。

专家们对298人进行调查后惊奇发现，90%的人萌生创意的时间几乎相同。特别容易激发创意思维的时间是早晨、深夜、睡觉醒来和进入睡眠前后。此外，在工作或学习"最能想出好主意的时间"，绝大多数人都认为在上午10时～11时之间。

那么，人又在何种场所容易启发创意思维呢？另一项调查以821名实业家和职员为对象，结果表明，容易使人产生创意思维的三大场所依次为躺在床上、步行时和在车船上。由此可见人躺在床上或乘车船时处于迷迷糊糊的时候最易产生创意思维。另外，如果把场所按家中、工作单位和外部3个方面来分，家中为42%、工作单位为13%、外部为45%。显而易见，工作单位是最不容易产生创意思维的地方。

不断寻找新的创意家园。

对这种创意思维奇特的获得方式，不少科学家都做过生动的描述。例如意大利物理学家费米回忆说，一天，他和另一位物理学家一起舒坦地躺在寂静的草地上，用系有套索的玻璃丝捕捉壁虎。费米眼睛盯着地面，注意着壁虎的动向，同时，他任凭自己的思想去漫游。蓦地，从他的心灵深处闪现出他长久以来一直在寻找的一个因素：一种气体中没有两个原子能够用同样的速度运动。这就是量子物理学中著名的费米统计，在原子气体里，原子所能有的每一种量子状态中，只可能有一个原子。

创意感觉触发信息的直接发动机制与诱发势态的形成机制是如此的不同，表现形式是如此的对立，以至深深掩盖了他们之间密切的内在联系。一些研究者受这种表象的迷惑，把这两种发动机制截然对立起来，结果引出了创意感觉理论研究中的两个片面性。一种片面性受机械决定论的影响，把追求纯粹的必然性作为目标，把规律等同于纯粹的必然性，把偶然性只作为现象的同义词，作为进入规律大门的向导而被排除在规律之外。因而他们总是强调人的创意思维活动中自觉的、可控的、确定的一面，贬低或否认偶然机遇、潜意识活动等随机因素所具有的特殊的认识论意义。另一种片面性则用偶然性来否认必然性，用非自觉性来否认自觉性，认为创意是纯粹的偶然性范畴的一种表现，看不到触发信息的直接发动机制与大脑诱发势态的联系；与诱发势态自觉的、随意的、确定的形成机制的联系，殊不知这种联系，恰恰是造成奇妙的创意功能的奥秘所在。

由此可见，深入揭示这种内在的联系，正是从总体上全面把握创意思维、创意感觉的激发规律，从根本上防止和克服创意行为研究中常犯两种片面性的关键所在。

知识本身并没有告诉人怎样运用它，运用的智慧在书本之外。

——培根

第二节 个体创意思维方法

现代科学技术的进步，已经使人的创意思维活动发展到探索宇宙和生命奥秘的阶段，特别是新技术革命的浪潮，正冲击着全球每一个角落，每一个人都将接受这种挑战。因此你必须以你的聪明才智，来适应这种历史的发展；你必须掌握使你聪明起来的办法，使自己聪明的点子能如泉水般涌出。这样，面对时代的挑战，你才能毫不畏惧。可是怎样才能做到这一点呢？目前世界上的创意思维方法不下100种，这里为大家介绍几种常见、常用的创意思维方法。

一、展开思维创想

1. 灵感法

灵感：inspiration

灵感可以说是人类创意活动中最奇妙的精神现象。灵感本是一个宗教意义上的词汇，它源于古希腊语，由两个词复合而成。一个是神，一个是气息。古希腊人认为，神的灵气可以像空气一样随风飘动，并进入人的大脑成为智慧的源泉。柏拉图认为：这是神性的着魔，是人与神的沟通；德谟克利特认为："这是一种感情极度狂热或激动的特殊精神状态"。

其实，灵感是思维的迅速升华与高级浓缩，是过程的省略。灵感既是一种思维形式，又是大脑加工信息的一种高层次功能。这种功能只要不是白痴，从幼童至老人，人人都有，只是大多数人不能自觉开发捕捉并发展这种潜能，也不能使之物化，不使之派上用场。不勤奋采摘灵感之果，果实就会"烂掉"；只是不同人的灵感产生的层次和数量及价值不同，大小与强度不同而已。

可以说，任何人经过一番刻苦训练与开发，都可以在不同程度上开发出成果来，得到灵感思维的帮助而大大提高创意思维能力。

(1)追捕热线法

“热线”是指显意识孕育成熟了的并和潜意识相沟通的一种思路。大脑中的“热线”一旦闪现，一定要紧紧追捕，迅速将思维活动和心理活动同时推向高潮，并向纵深发展。郭沫若曾说过，有的诗人一旦诗兴到来，急忙跑到书桌旁，挥笔疾书，连将斜横着的纸摆正的时间都没有。又如鲁迅先生，当他写作兴致上来时，废寝忘食，别人喊他也不答应。古希腊大科学家阿基米德甚至在敌人的利剑逼到他眼前时，还依然坚持写他瞬间顿悟的数学公式。他对敌人大喊：“给我留些时间，让我解完这道题！”至死不肯断掉“热线”。“作诗火急追之捕，情景一失永难摹”，讲的就是这个道理。因此建议你平时随身带个本子，随时记下闪现的“灵感”，哪怕是当时看来微不足道的，可能后来会由此取得重大突破。

灵感是思维的升华与浓缩的结晶体。

(2)暗示右脑法

右脑是负责潜思维的。孕育灵感的潜意识主要居于右脑。保加利亚心理学家洛扎诺夫通过改革教学法的实验，得到用“暗示法”启示潜意识、调动大脑两半球不同功能的积极性，是一种有效的方法。因为当人的显意识活动停止，潜意识活动就更为活跃，这正是使用暗示法的最佳机会。具体地说，就是抑制左脑的显意识活动加强右脑的潜意识活动，比如训练左手、左脚的运动等。

(3)寻求诱因法

“诱因”就是指能够诱导灵感发生的有关信息。灵感的迸发几乎都必须通过某一偶然事件做“触媒”，刺激大脑，引起相关联想，然后才能闪现。荣获第一个诺贝尔奖金的物理学家伦琴，就是从高压真空管造成的荧光现象中发现X射线的。科学发现中的大量事实表明，当科学家思维活动达到高潮，问题仍百思不得其解时，诱发因素是最为宝贵的，它直接关系到研究的成功或失败。在科学研究和文艺创作中，人们积累了许多寻求诱发灵感因素的各种方法，如自由的想象、科学的幻想、发散式的联想、大胆的怀疑、多向的反思等。

(4)搁置问题法

如果问题总是悬而未决，那就需要把它搁置下来，去研究另外的问题，或者置换一种新的环境，过一段时间再回到这个问题上来，或不自觉地立刻使你回到原题目上来，突然悟出解决的办法。爱因斯坦的那个“奥林匹克科学院”，就是采用“搁置问题法”进行业余研究的；阿基米德百思不得其解之后，居然在沐浴时，涌现了他那著名的阿基米德定律。著名科学家杰克逊就一直劝说他的学生们，在一天工作完毕之后，坐在一把舒适的椅子上，任思想围绕白天有趣的事物去遐想，随手写下所产生的念头。当然一般搁置的办法就是去从事体育活动、文艺活动，也可以去散步、赏花、谈心、下棋、看戏……

人类失去联想，世界将会怎样？

(5)西托梦境法

在西托状态中做梦，常常会迸发出创意灵感。什么叫“西托”呢？一个人身心进入似睡似醒状态时，脑电图显示出一系列长长的西托波，即脑电波，它的频率为四至八周，科学家把这称之为“西托”。在科学研究、文艺创作和技术发明中，在梦中解决问题的事例是屡见不鲜的。笛卡儿在一个非常生动的梦中想象到数学与哲学相结合的一种方法，从而创立了一门新学科；牛顿经常在梦中解决问题；德国科学家罗威就是根据梦中的一个想法付诸实践而获得诺贝尔医学奖的。从产生灵感的机制来看，如果所思考的问题焦点不十分明确，或对问题的解决尚未产生一种紧迫感，使你到了一种吃不好、睡不着的程度，是不会出现西托式梦境的。

春花秋月何时了？
往事知多少？
小楼昨夜又东风，
故国不堪回首月明中！
雕栏玉砌应犹在，
只是朱颜改。
问君能有几多愁？
恰似一江春水向东流！
——五代·李煜

2. 联想思考法

联想是感性形象对思维过程渗透的一种运动形式，在这一思维过程中，它受到逻辑的制约，反过来又常常受到联想的支持，否则思维流程就会被堵塞。联想的能力在我国古典诗词中有着充分的表现。李煜《虞美人》中说“问君能有几多愁，恰似一江春水向东流”，这里就用“一江春水”来联想、形容愁的几多。曹子建的七步诗：“煮豆燃豆萁，豆在釜中泣，本是同根生，相煎何太急。”寥寥数语，把兄弟之间的残杀，刻画得如此形象逼真。其实，中国古典诗歌中最常见的那些修辞手法夸张、比喻等，都是联想思维的必然结果。

CH. 6

当然联想不是瞎想、乱想，要使想象的过程中有逻辑的必然性。被誉为科学幻想小说之父的著名作家凡尔纳，有着不同寻常的联想能力。

潜水艇、雷达、导弹、直升飞机等，是当时还没有出现过的事物，在他的科幻作品中早就出现了，而且现在都已成为事实。特别令人吃惊的是他曾预言，在美国的佛罗里达将设立火箭发射站，并发射飞往月球的火箭。果然在一个世纪后的今天，美国真的在佛罗里达发射了第一艘载人宇宙飞船。联想会将令人觉得意外的事物联系起来，从而产生奇特的设想。

【大风吹起来，木桶店就会赚钱】

如果大风吹起来，木桶店就会赚钱。这是怎么进行联想的呢？当大风吹起来的时候——沙石就会满天飞舞——以致瞎子增加——琵琶师父会增多——越来越多的人以猫的毛替代琵琶弦——因而猫会减少——结果老鼠相对地增加——老鼠会咬破木桶——所以做木桶的店就会赚钱。每一段的联想看来都很合理，而且获得的结论也颇有意外的趣味性。当然，这个例子只是一个笑话，可是，当你的脑子在创意活动中突然塞住而不畅通的话，这种联想，有时确能给你产生有效的解决方案的暗示。

假想会让未来离现实越来越近。

3. 假想法

在世界上还没有"克隆"技术的时候，西方许多科学家就已预言，"克隆"技术将在本世纪末实现。1997年，英国"克隆羊"的诞生证实了预言的正确性。美国著名的未来学家托夫勒的名著《第三次浪潮》和《大趋势》等，也给人们描绘了未来的远景图画。其实，不论是托夫勒还是预言"克隆"技术的科学家，他们都是运用了假想的思维方法，从而获得了创意成果。

假想法的价值，现在日益受到人们的重视。因为人们生活在客观世界中，一般都安于习惯性的思考，就像黑格尔所提出的"凡是现实的都是合理的"论点一样，人们在思考问题或解决问题的过程中，要使想的或做的去符合现实的一切，产生了对某种事物可做改善的想法时，往往会受到各种旧思想的约束，怯于去"实施"。因此，"假想法"正是一种可以冲破人们习惯性思考的好方法，它能使你摆脱守旧的思考习惯，开拓创新设想，寻找到解决问题的对策。

美国麻省理工学院教授T. 阿诺德，为了激发学生的创意性设想，就运用假想法对学生进行训练。他主要考虑的是要削弱学生所受的周围环境影响，把他们从习惯性思考中解放出来。他向学生提出：假如，你置身在一个星球上，这个星球与地球相比重力要强 11 倍，那里也有鸟一样的生物栖息……，阿诺德从各种角度来构筑另一个世界的形象，让学生把这些条件作为现实中存在的环境进行认识，从而进行研究与设计。如设计一辆在这星球上使用的汽车、一件生活用品、一种机械等。经过这样的训练，大多数毕业生，作为设计者都获得了成功，有的甚至还成为发明众多的实业家。

(1)假想希望法

这是一种以希望的手段提出假想的思考法。它不受原有事物的束缚，是一种积极、主动的思考方法。

【达·芬奇飞翔之想】

达·芬奇是 15 世纪意大利著名美术家、科学家、哲学家，他曾经设计过一种人力飞机——扑翼架，人趴在上面用手拨动前边的搭杆，用脚踏后边的一对顶板，手脚一齐用力，扑翼架上装有羽毛的扑翼就会像鸟的翅膀一样扑动起来，扑翼架连同趴在上面的人就会一起飞起来。尽管这个设计后来失败了，用现代科学技术衡量它，这种结构显然是不可能实现飞行的，但是他希望用人力来实现飞行的设想，经过人们几百年的努力，终于在今天实现了。现在的人力飞机不仅能飞起来，而且还能飞越英吉利海峡。达·芬奇就是从自己的“希望”出发，进行假想，这种方法就叫假想希望法。

又如，人们希望茶杯在冬天能保暖，在夏天能隔热，就发明了保温杯；人们希望有一种能在暗处书写的笔，就发明了内装一节五号电池，既可照明、又可书写的光笔。夜光表的产生、尼龙粘胶钮扣的产生、望远镜的产生……都是运用了此方法的结果。

(2)假想推测法

这是一种用推测的手段，进行假想的方法，有点类似于英语中的虚拟语态，它是思考一种不可能发生的事，如果真的发生了会怎么样的思维过程。运用这种方法，人们可以进行无限丰富的想象，从而提高创意思维的能力。例如，假设世界上没有老鼠，然后你尽量地设想一下，如果这个假设真的出现，那么现在世界会怎么样呢？当然这里需要逻辑推理来帮助和制约。可能的回答有下面这些：可以减少粮食损失；猫会减少；不会出现捕鼠器和老鼠药；卫生情况变好；没有鼠疫这个名词；动物界少了一种动物；衣服不会被老鼠咬坏；失去了用老鼠做的实验；晚上睡觉安宁许多;没有"老鼠过街"这个成语……

请你也试试这几个设想:假如世界上没有任何钱币;假如世界上没有太阳光;假如世界上的人长生不老;假如世界上没有电;假如世界上没有文字;假如人们都会飞;假如人类没有两性之分……

运用假想法一般可分两个步骤:其一是假想的构成;其二是在假想条件下,探索解决问题的对策。

第一步,假想的构成。虽然这一方法称为假想,但这种假想不能不着边际,而应当充分结合自己所需解决的问题来设计假想,特别是企业界与学校教育培训不同,要有目的性、针对性。如学校教育,可采用前述阿诺德教授所实施的"假如置身在另一个星球上"的设计。而企业界就需要有下列的种种假想:①将来,汽车控制的表盘会越来越多和越来越复杂,到那个时代,比现在更多的仪器将安装在控制板上,驾驶员仅仅依靠视觉会应接不暇,失去控制能力。②将来,随着电讯器材工业自动化的发展,电子零件就可能大幅度降低成本。

第二步,探索解决问题的对策。为了使假想得到实现就必须充分搜集有关假想实施的各种技术与工程情报,另外对假想实施存在的可能性充分拓展想象力,激发出尽可能多的设想来。例如,上述两个假想,可以找出相应的对策,就是:①到那个时代,要重新选择安装在控制板上的仪器;可考虑设计声音和振动等视觉以外的指示方法来代替。②从竞争上考虑,电子零件降低了成本,就要不失时机地使市场上现有的商品怎样电子化。

让思维旋转起来,不断扩大思维空间。

假想法在具体运用时,当然并不单纯地书写几条项目即可构成假想,也需要其他思考法来帮助构筑"假想"。

总之,这一方法能使人们透过司空见惯的现象,观察到新的内容,帮助别人越过现有限制条件的屏障造成的习惯意识,通过思维的自由驰骋,取得解决问题的新的设想、新的方法、新的答案。

二、拓展思维视角

1. 朝四面八方想

高质量、高水平的新方案,一般都不可能一想就马上想出来的。在创新思考过程的前期,必须先通过朝四面八方想,尽可能多地网罗进有关的重要信息,力求提出大量的各种各样的设想,然后才从中筛选和加工出高质量、高水平的新方案来。

我们这里说的朝四面八方想，也就是一般说的发散思维。发散思维是相对于集中思维来说的。这两种思维，也称为辐射思维与辐辏思维；横向思维与纵向思维；求异思维与求同思维；多向思维与单向思维；水平思维与垂直思维的。发散思维是以所思考问题的需要作为发散的基点，让思考活动像花园、菜地里的旋转喷头那样，朝多个方向作立体式的发散思考，力求产生大量新颖独特、富有价值的设想。

思考一个比较复杂的有待创新的课题，一般都需要经过前期的发散思维，后期进行集中思维这样两个阶段。也就是先要运用发散思维，提出大量的设想来，然后再运用集中思维，对提出来的这些设想进行审查筛选和提炼加工，最后得出一个可付诸实施的最佳方案。通过发散思维所得到的种种设想，它们量的多少与质的优劣，直接关系着整个创意思维与实践过程的质量高低与成败得失。

【奥运会是怎样度过危机的】

不知你听说过没有，每 4 年举行一次，已存在 100 年的世界上规模最大的体育盛会奥林匹克运动会，到第 23 届（1984 年）竟面临难以继续办下去的危机。这是为什么呢？难道世界上这么多国家，这么多城市都不愿意承办吗？当然不是。承办奥运会是一种莫大的荣誉，世界上乐意承办奥运会的国家和城市多得很。问题出在耗资巨大。1976 年加拿大的蒙特利尔市承办第 21 届奥运会，花费了 35 亿美元，亏损达 10 亿美元，至今蒙特利尔的市民还在交纳“奥运特别税”，据说要到 21 世纪才能全部还清债务。1980 年的莫斯科奥运会耗费更是惊人，人们估计苏联政府为此开支达 90 亿美元之多。数额如此庞大的支出，怎能不令人生畏呢？

第 23 届奥运会最后是在美国的洛杉矶市举行，由洛杉矶市奥委会主席彼得·尤伯罗斯主持，共有 140 个国家和地区的 7 000 多名运动员参加，观众达 570 多万人。这届奥运会不但没有负债，而且还盈利 2 亿美元，创造了震惊世界的奇迹。

后来，《美国华盛顿邮报》记者采访尤伯罗斯，问他是怎么获得成功的？尤伯罗斯回答说这要归功于 1975 年他在美国佛罗里达州听了英国专家德波诺博士关于创造性思考方法的演讲，学到了德波诺博士传授的水平思考法。

这里我们讲的“发散辐射”，也就是尤伯罗斯所说的水平思考法。

发散辐射思考，没有也不可能有什么统一的程序和步骤。限于篇幅，这里我们不打算提出关于如何进行“发散辐射”的一般性意见，而只简要介绍一下尤伯罗斯通过发散辐射思考，究竟想出了哪些办法使奥运会得以克服危机。这对我们具体地体会如何发散辐射思考会颇有启发。

我们把尤伯罗斯提出的创新做法分为“节流”与“开源”两个方面。“节流”方面主要有：

(1)这一届奥运会不像以往那样花费巨资去新建大批体育场馆，而是尽可能地利用洛杉矶市已有的体育场地。

(2)这一届奥运会不像以往那样花费巨资去新建供各国运动员下塌的豪华奥运村，而是利用了该市三所大学放假期间的学生宿舍。

(3)必须新建一个游泳池。尤伯罗斯以允许在指定场地营业和做广告为条件，说服了当地的“麦当劳”连锁快餐店，出资400万美元新建了一座豪华壮丽的游泳池。

(4)必须新建一个自行车赛场，尤伯罗斯以和上面相同的条件，将这一“任务”交给了当地的“7-11”商店。

在“开源”方面主要有：

(1)这届奥运会选择了50家“赞助”奥运会的厂商，这些厂商出资11 700万美元。

(2)尤伯罗斯招来了50家供应商，从杂货店到废物处理公司一应俱全。这些供应商每家至少须捐助400万美元。

(3)广播电台以往转播奥运会的体育新闻从来都不向奥委会交费。这一届奥运会以7 500万美元的高价，将广播转播权出售给了美洲、欧洲和澳洲一些国家的广播电台。

(4)以往奥运会的门票都是当场或提前几天发售，这届奥运会改为提前一年发售，这样就赚了一大笔利息。

(5)让美国的三大电视网争夺奥运会的独家播映权，原估计最多只能要15 000万美元。尤伯罗斯采取“只出价一次”的投标办法，结果有一家广播公司花了22 500万美元，才取得了独家转播权。

(6)这一届奥运会的标志“山鹰”，也被作为一种专利商品广泛出售。

(7)尤伯罗斯还想出了出售火炬传递接力权这一令人大为惊异和赞赏的办法。全程1万公里，火炬传递接力权以每公里3 000美元出售。

尤伯罗斯已被认为世界奥林匹克运动的一大功臣。有了他所创造的一系列“新经验”，此后承办奥运会的国家和城市就不那么害怕“亏本”负债了，积极申请承办奥运会的国家和城市也就越来越多。

人倒立时，看到的将是全新的景象。

2. 倒过来想

倒过来想，也就是一般所说的逆向思维和反向思维。这是一种重要的创新思考方法，它有着广泛的适用范围和显著的创新作用。可以这么看：无论你思考的是哪个方向的问题，按照常规思路去思考，大家都能，大家都会，因此也就早有很多人都那样想过了。如果你不满足于只是重复别人的思路，不满足于只是停留在别人已经达到的高度，而要有新的突破、新的创造，那就常常有必要在按照常规思路作了一定思考之后，再沿着非常规的思路去想想。其中最重要的是，在顺着想了以后，再倒过来想一想。

(1)作用颠倒

任何事物都能起各种各样的作用。就一个事物对另一个事物来说，既可以起正作用，也可以起反作用。就事物对人的利害关系来说，既有有利作用，也有不利作用。人通过采取一定的措施能够改变事物所起的作用，其中也包括能够通过使事物某方面的性质、特点发生改变，从而起到同原有作用正好相反的作用，比如使事物对人不利的作用变为对人有利的作用。基于这样的事理，所以，出于特定的需要，就某事物的某种作用倒过来想，有可能想出更好地利用该事物或与其相关事物的新设想、新主意来。

【小偷与防盗专家】

各地的警察局在抓到了盗窃汽车的惯偷以后，一般都是采取将他们囚禁起来的办法，不让他们的偷车技术再发挥作用。国外某地警察局，有一次抓到了一个专门偷汽车的大盗。据介绍，此人 18 岁开始偷汽车，一般的高级轿车，最多只需一分钟就能偷走。他偷过的汽车总价值在 5 亿元以上。他已因盗窃汽车坐过 11 年牢。对于这么一个人，警察局长觉得，让他的“高超”、“精湛”的偷车技术闲而不用，未免“可惜”。经过一番深思熟虑，这位警察局长想出了一个发挥其偷车特长的办法，聘请他担任该局的“汽车防盗技术指导”，并且成立了一个技术小组，专门研制汽车的防盗设备。果然，经过他的指导而研制出的汽车防盗设备，质量特别高，效能特别好。这位警察局长通过倒过来想，想出来的这个“用其所长”的办法，不仅对防止汽车被盗，维护社会治安起了重要作用，还卓有成效地使一个惯偷终于改造成了能将其“技术”服务于社会的守法公民和防盗专家。

CH. 6

(2)方式颠倒

事物都有自己的“起作用的方式”，它也是事物的一种基本属性。事物起作用的方式，同事物本身的性质、特点与作用有机的密切联系。人如果从某种需要出发，采取一定措施，使某一事物起作用的方式有所颠倒，那就可能会引起该事物的性质、特点或作用也相应的产生符合人的需要的某种改变。基于事物同其起作用的方式之间的这种客观存在的关系，所以，进行创新思考，也可以就事物起作用的方式倒过来想。

【"穿地"火箭】

火箭本来是以"往上发射"的方式起作用，原苏联工程师米海伊尔却倒过来想，终于在1968年设计、研制成功了"往下发射"的钻井火箭。后来他在此基础上与人合作，又研制出了钻冰层火箭、穿岩石火箭等。人们把这些向下发射的火箭简称为钻地火箭。这些钻地火箭的重量，只有起同样作用的钻地机械重量的1/17，能耗可减少2/3，效率能提高5～8倍。科技界把钻地火箭的发明称为引起了一场"穿地手段"的革命。

原来的破冰船起作用的方式都是由上向下压，后来科学家们倒过来想，研制出了潜水破冰船。这种破冰船将"由上向下压"改为"从下往上顶"，既提高了破冰效率，又减少了动力消耗。

(3)过程颠倒

过程颠倒作为一种倒过来想的创新思考方法是指，事物起作用的过程一旦方向有所颠倒，人们对它的认识和态度便会有所改变。所以，就事物起作用的过程从相反的方向思考，能从中引发新设想的萌生。

思路一变天地宽。

【动与静的艺术】

人在电影院里看电影，历来都是银幕上的画面动，人坐着不动。看地铁电影、隧道电影则刚好倒过来，画面不动，人动。这是怎么一回事？这是把画面画在地铁、隧道的墙壁上，同时像电影胶片那样，每个动作都画24幅。如列车以每小时70公里的速度运行，那就正好相当于一般电影的一秒钟换30幅画面，再配上壁画顶部的灯光和车厢里的音响设备，人坐在车厢里看壁画，也就如同坐在电影院里看电影一样了。乘客坐在列车里经过日本津轻海峡的隧道，能从窗外欣赏到引人入胜的隧道电影。据报道，现在，柏林、伦敦、巴黎等西方的许多大城市都已在积极筹建地铁电影。

在一些大百货公司里，为了让顾客登楼方便、省力，普遍都安装了电动楼梯。这种电动楼梯的设计思想，也就是将"走路"倒过来成为"路走"，让"路动"而"人不动"。

擦皮鞋，向来都是让皮鞋不动，人手里拿着鞋刷来回地擦。有人倒过来想，发明了一种电动擦鞋器：电源一接通，鞋刷就不停地转动，人脚上穿的或手里拿的皮鞋向鞋刷靠拢后，很快便能将皮鞋擦干净。

(4)位置颠倒

两个(以及多个)事物之间在空间上总是保持着一定的位置关系。或两两相对,或一前一后,或一上一下,或一左一右……从甲所处的位置看乙与甲的关系,从乙所处的位置看甲,以及看甲与乙的关系,得出的认识往往会不同。由于有这种不同,在创新思考过程中,将事物之间的位置关系倒过来思考,也有可能产生新的看法和设想。

【在锅盖里安装电炉丝】

日本有一位家庭主妇,煎鱼时对鱼老是会粘在锅上感到很恼火。煎好的鱼,常常东缺一块、西烂一片,令人见了大倒胃口。她经过仔细观察,发现这是由于锅底加热后,鱼油滴在热锅底上造成的。有一天,在煎鱼时突然产生了一个“倒过来想”的念头:能不能不在锅的下面加热,而在锅的上面加热呢?这一念头,使她先后尝试了好几种从上面烧火,把鱼放在火下面的做法,效果都不理想。最后她想到了“在锅盖里安装电炉丝”这么一个从上面加热的办法,终于制成了令人满意的“煎鱼不粘锅”。这种锅不仅能使鱼不致煎糊、煎烂,而且还能既不冒烟又省油。

(5)结果颠倒

英国物理学家戴维根据化学能可以转换为电能,倒过来想而最终发现了电能也可以转化为化学能;英国物理学家法拉第根据电能生磁,倒过来想而最终发现了磁也能生电;意大利物理学家伽利略曾应医生的请求设计温度计,但屡遭失败,有一次他在给学生上实验课时,由于注意到水的温度变化引起了水的体积的变化,这使他突然意识到,倒过来,由水的体积变化也能看出水的温度的变化。循着这一思路,他终于设计出了当时的温度计。

科学家们发现各种元素都有自己独特的光谱以后,他们根据不同元素有不同的光谱倒过来想:有某种光谱存在,也就必能断定必然有某种与之对应的元素存在。在这一思想指导下,科学家们不但发现了太阳上也有地球上所存在的氦等元素,并且还由此而提出了在科学技术研究中发挥巨大作用的光谱分析法。

结果颠倒作为一种倒过来想的创新思考方法是指,对具有因果关系的事物之间,从作为结果的事物乙出发,倒回去思考作为原因的事物甲,以及思考事物乙的发生发展过程,往往能获得新的认识和设想。

(6)观点颠倒

以事物的完整、对称为美,这是自古以来源远流长、代代相传的传统审美观。大到宏伟建筑,小到衣着服饰,人们总是力求使其完整、对称。女神维娜斯的雕像出土以后,人们对这个雕像缺了两条胳膊,普遍都感到莫大的遗憾。不少艺术家还曾多次为她做过重塑双臂的尝试,结果却总是不能令人满意。重新有了双臂的维娜斯,反倒不像断臂时那样,能让人对其失去的双臂浮想联翩,产生一种含蓄朦胧、余味无穷的美感。于是艺术家们纷纷从中悟出了一个"倒过来想"的观点:在一定条件下,事物的某种不完整、不对称的缺陷,也可能是一种美。

女神维娜斯的美就是一种"缺陷美"。

理论观点是人的主观意识的产物,但它们归根到底都是客观事物及其规律在人们头脑中的反映。既然思考客观事物可以倒过来想,思考思想观点自然也可以倒过来想。人们对许多理论观点通过倒过来思考而有所创新的事例表明,"观点颠倒"也是理论、知识创新的一种重要的思考方法。

3. 换个角度想

换个角度想,即对一个事物或问题力争从众多角度去观察和思考它,会获得更多的对事物的新认识,从而萌生和提出更多的解决问题的新办法。

(1)要素转换

任何事物都由若干要素构成。事物所包含的要素,特别是起决定作用的要素,它们的改变,必然会引起事物的存在和发展,并相应地发生变化。认识了一个事物包含的要素和这些要素在事物中所起的作用,那就有可能通过采取措施,改变其中的某个或某些要素,使事物发生人们所希望的某种变化。所以,"要素改变"也可以成为我们对事物和问题换个角度想的一种方法。

新角度,预示着新的视野、新的体验、新的路径……

【组合裙服】

上海市的一位女中学生发现,女同学夏天都喜欢穿裙子,而学校规定,上体育课不准穿。这样一来,到上课时,女生都得涌进卫生间去改穿运动裤。这要增添不少麻烦,有时忘了带运动裤,还会受到老师批评。她决心为女同学们解决这一难题。她当时正在上海市少年科技站创办的第一届少年创造发明学校学习。她结合老师讲的知识想到,最好设计出一种能变化的服装,让衣服可以随着某种要素的改变而改变:有了某种要素,它是一条裙子;对这一要素加以改变,它又是一条与上衣配套的裤子。

在母亲的支持和帮助下,她用一块棉布反复折叠、尝试,经过多次剪裁,终于缝制出一套组合裙服。它的下半段如同西式短裤,上半段放下后,就成了一条罩在短裤外的裙子。变换这一要素,把裙子朝上翻起,拉上裙子左右两边的两条拉链,并把两肩处的带子打成蝴蝶结,它就又变成了一件美观的上衣,正好与下半段显露的西式短裤配套。

(2)问题转换

在天文研究中,要直接考察一个天体演化的全过程是不可能的,天文学家们想出了从观察和分析天体的形态着手,以推知天体演化过程的办法。这种将研究"天体在时间长河中的变化",转变为研究"天体的形态变化",从思考方法的角度看,也属于把不可能办到的问题转换为可以办到的问题。

运用问题转换的方法,也可以将复杂困难的问题转换为简单容易的问题。人们所熟悉的曹冲称象是这方面的一个典型事例。要称大象的重量,这在曹冲那个时代是极其复杂和困难的,小小年纪的曹冲,竟想出了一个巧妙的主意:把大象牵到一条船上,在船边沿刻上装载船身下沉至装载大象时的水位线为止。这样也就可以从称出船中石头的总重量,得知大象的重量。

运用"问题转换"的方法,还可将自己生疏问题转换为自己熟悉的问题。

【花坛与钢筋混凝土】

19 世纪末,法国园艺家莫尼哀想设计制作一种牢固坚实的花坛。可是如何设计、制作花坛,这是他所生疏的。作为园艺家,他对植物十分熟悉。于是他将"花坛的构造"转换为"植物的根系"来思考:盘根错节的植物根系,是因为牢牢地和土壤结合在一起。如果使植物的根系转换为一根根铁丝,将土壤包裹根系转换为用水泥包裹铁丝。通过这样的转换思考和反复实际操作,不仅制成了牢固坚实的新型花坛,而且在建筑史上起着划时代革新作用的新建筑材料——"钢筋混凝土",便由莫尼哀这位建筑业的门外汉这样发明出来了。

问题转换作为一种换个角度想的创新思考方法是指可以在思考过程中,或把不可能办到的问题转换为可以办到的问题;或者把复杂困难的问题转换为简单容易的问题;或者把自己生疏的问题转换为自己熟悉的问题,从而找到解决问题的恰当可行或效率更高、效果更好的办法。

三、理顺思维头绪

1. 同质异化法

我们用的电子计时笔的诞生,就是一例。电子表作为表的功用的出现,主要是计时,而笔的主要作用是书写。这两者从表面看好像毫无关系,但实质上有一种潜在的联系。因为用笔书写时,往往会想到写了多少时间了,写到什么时候为止,或者是从什么时候开始写的,等等。因此制作者就把这两者的长处综合在一起,将电子表装在笔杆中,电子计时笔就诞生了。

又如"水泥肥料"的发明,也是如此。澳大利亚曾发生这样一件事:在收获季节里,有人发现一片甘蔗田的甘蔗产量竟提高了50%,这是怎么回事呢?回想起来,原来在甘蔗栽种前一个月,有一些水泥洒落在这块田里。经过科学家们的研究,发现正是水泥中的硅酸钙,使那片酸性土壤得到了改良,这才提高了甘蔗的产量。于是,可以用来改良酸性土壤的"水泥肥料"就发明出来了。

从上述几例中,可以看出一个共同的特点,就是它们都是对现有的各种发明,积极运用新的知识或从新的角度来加以观察、分析和处理,从而产生创意成果。这就叫做同质异化。

2. 解析淘汰法

解析淘汰法就是从复杂的事物现象中先理出一个头绪,进行推敲和分析,不行的话,否定这个线索,再另找一个继续推敲、分析,一直分析、解析淘汰到最后,就剩下我们要找的主要的东西,这样,我们就能把握住该事物的本质。解析淘汰法应用广泛,特别是在侦破工作中,通过假设构想,把零碎的材料连贯起来,在众多的现象之中,解析淘汰了一个个与侦破对象无关的材料,最后剩下了事物最本质的东西,从而使凶手招架不住,认罪伏法。

【没有嘴的"HelloCat"】

有一种在世界上畅销的最适合小孩的宠物——没有嘴的"HelloCat",一只系着红色蝴蝶结、拥有六根胡须的白色小猫,大约10年前就一直独占备受欢迎的玩偶宝座。它广受欢迎的秘密,就在于运用了解析淘汰法的缘故。制作这个玩偶的核心人员曾这么说过:"Cat(猫)是没有嘴巴的,你仔细看看它就知道,我们并没有为之画上嘴巴,这即是它能够成为永远受欢迎的秘密。"

从心理学的角度来说,一种被当作宠物的玩偶,要能够永远不被厌倦,最重要的一点是,它必须能够在任何情况下,都能使它的主人对它"移入感情",这是必要条件。而它的主人可能是二、三岁的儿童,也可能是中、小学生,更不可忽略的是,每个人都有喜怒哀乐的感情。然而宠物最重要的功能,就是无论在何种情况下,它都能在一旁默默地抚慰主人,否则就不够资格成为永久受欢迎的宠物。换句话说,它必须具有"全天候"的表情才行。而这个宠物表情的特点,就在于眼睛和嘴巴。也就是说,仅仅眼睛和嘴巴的表情,就可以使整个玩偶的表情改变。为达到这个目的,制作人就让 HelloCat 的眼睛不表现任何感情,然后加以"汰除"嘴的方法,便实现了后来它所具有的"全天候"型表情。在这当中,解析淘汰"嘴"这个表情即等于除去最有特征的表情。

千头万绪,其实理顺了,往往简简单单。

3. 辏合显同法

我国明朝时候,江苏北部曾经出现了可怕的蝗虫,飞蝗一到,整片整片的庄稼被吃掉,人们颗粒无收……徐光启看到人民的疾苦,想到国家的危亡,毅然决定去研究治蝗之策。他搜集了自战国以来2000多年有关蝗灾情况的资料。在这浩如烟海的材料中,他注意到蝗灾发生的时间,151次蝗灾中,发生在农历四月的19次,发生在五月的12次,六月的31次;七月的20次,八月的12次,其他月份总共只有9次。从而他确定了蝗灾发生的时间,大多在夏季炎热时期,以六月数量最多。另外他从史料中发现,蝗灾大多发生在"幽涿以南、长淮以北、青兖以西、梁宋以东诸郡之地(相当于现在的河北南部;山东西部;河南东部;安徽、江苏两省北部)."为什么多集中于这些地区呢?经过研究,他发现蝗灾与这些地区湖沼分布较多有关。他把自己的研究成果向百姓宣传,并且向皇帝呈递了《除蝗疏》。

徐光启在写《除蝗疏》的整个思维过程中,运用的思考方法就是我们讲的辏合显同法。这里的辏,原是指车轮辐集于毂上,后引申为聚集。辏合显同就是把所感知到的对象依据一定的标准聚合起来，显示出它们的共性和本质。从最基本的意义上讲，辏合显同是一种富有创造性的思维活动，因为它通过把原来是杂乱的零散的材料聚合在一起，再从中抽象出一种能显示他们本质的特征，而这种特征则是一种新的特征，一种经过了思维活动创意出来的成果。

在运用这种方法的时候开始往往是模糊不清的，因为在众多的材料中，要找出它们共同的特征，不是一蹴而就的。开始只能像醉眼中所看到的朦胧，至多是一个大致轮廓。但是随着思维活动深入，会意识到研究对象的一些十分突出的个性特征。徐光启就是通过了对材料的分析，发现在蝗灾发生的时间、地点上可能会有"共性"之处。于是在这个基础上，再把时间和地点分开进行研究，看看蝗灾发生的时间和地点各自又有些什么特征。徐光启在思维活动中，把"时间"和"地点"这两个目标捕捉住了，然后再单独对每一个特征进行有层次的统计，使这个特征的本质显示出来，也就是说，把蝗灾发生的时间上的本质特征和地点上的本质特征揭示出来。最后再进行综合考察，分析研究，从而得到创意成果——《除蝗疏》。

(1)审视法

这是辏合显同法的先行方法，即对研究的对象用审视的眼光去分析，为能显同打下基础。比如，马路上奔驰的车辆都有如下属性：颜色、外形、型号、用途。我们先用审视的眼光来分析这些车辆，在此基础上可以形成一个大致的看法，找到车辆的共同点：它们都有轮子，都有发动机……因此而确定汽车的"共性"。

(2)定义法

就是对研究对象的形态、运动过程、功能等等进行概括，找到事物的共性。因为对事物的整个定义的过程，也是一种辏合显同的过程。如我们现在各个出版社都出了一些丛书："五角丛书"、"新学科丛书"、"拿来丛书"等。那么什么叫丛书呢？"五角丛书"，是介绍文学、艺术、生活、体育、娱乐等方面属于文化领域知识的书；"新学科丛书"，是介绍随科学发展而新产生的学科知识的书；"拿来丛书"，是介绍国外各种思想、流派的书等。经过对各种丛书的概括，我们就可以对"丛书"下定义了，即对编印的各种有一定联系或属某一领域的单独著作的汇集冠以总名的书籍。这个下定义的过程，实际上是运用了辏合显同法的过程。

(3)剩余法

这是一种间接的镂合法。

【“镭”的发现】

居里夫人就是用剩余法来推知“镭”的特征的。她已经知道纯铀发出的放射线强度是和一定量的沥青铀矿所含的纯铀数量相一致的，但是她在实验中观察到，一定量的沥青铀矿所发出的放射线强度要比它所含的纯铀放出的放射线强度强得多。这样她就确定了世界上还有一种新的元素，它的本质特征是放射性，有比铀更强的放射线。从这个基点出发，她终于发现了镭。由此，我们可以看出剩余法的基本原理：如果已知我们所研究的某一现象是由另一个现象引起的，则可以把其中确认为有因果联系的部分减去，这时所余的部分亦必然具有因果关系，即后一现象的剩余部分，是前一现象剩余部分的原因，这种原因也常常是前一现象的本质特征之一。

第三节 团体创意思维方法

创意大都是群策群力的结果，即使个体的独立创意，也离不开学习与借鉴他人的创意，更无法离开他人创意的启发和撞击。本节重点介绍国外团体创意思维的典型方式——头脑风暴法及其改进方式。

一、头脑风暴法的典型方式

头脑风暴法是风靡全球的简单而实用的思维方法。该方法通过团体共同思维的方式，强调发挥团队精神，产生 1+1>2 的效果。它主要包括美式、德式和日式等三种典型方式。

1. 美式奥斯本头脑风暴法

头脑风暴法是美国 BBDO 广告公司负责人奥斯本（Alex. F. Osbom）于 1938 年首创的，英文“brain storming”，又称“脑力激荡法”、“BS 法”、“智力激励法”。它是指组织一批少则 5～10 人，多则 10～15 人的人员，召开一种特殊的会议，使与会人员围绕一个明确的会议议题，在 20～60 分钟的时间内，共同思索、互相启发和激励，填补彼此的知识和经验的空隙，从而引发创意设想的连锁共振反应，以激发出众多的创意火花。这种方法简易有效，因而运用十分广泛，是世界最著名的团体创意思维方式。

头脑风暴法的核心是联想思维的高度自由，精髓在于人与人之间的相互激励。

营造心理学家所称的“心理安全”和“心理自由”的环境。

奥斯本头脑风暴法的实施步骤：

(1)确定主题

动脑会议不是制定战略或决策，而是产生具体的创意。因此，会议议题应尽量明确、单一，议题越小越好。比如，设计一条广告口号、构筑一条企业理念、命名一种新的产品等，越是简单具体，越易于产生创意。会议主持者最好能提前两天将题目通知与会者，预先思考、准备。会议主持者是会议成功的关键，他必须幽默风趣，能够控制会议节奏与全局，并且善于为与会者营造一个轻松又充满竞争的氛围。在正式脑力激荡之前，可采用笑话分享、成人幼稚园、模拟动物游戏等方式，进行脑力热身运动。

(2)脑力激荡

思维的“核裂变反应”，使思维释放出惊天的能量。

这是整个头脑风暴法的核心，也是产生创意的实质阶段。在脑力激荡时，必须遵循四条基本原则：

1)自由畅想原则。要求与会者尽情敞开思维，排除一切障碍，无所顾忌地胡思乱想，异想天开，想法越新、越奇越好。

2)延迟批评原则。这是极其关键的一条原则，即动脑会议期间不允许提出任何怀疑和反驳意见，无论是心理还是语言上都不能批判否定自己，当然更不能批判否定别人。违反了延迟批评原则，自由畅想便失去了保证。即使要批评，批评也应该是分析性的或者是建设性的。

3)综合改善原则。鼓励在别人的构想上衍生新的构想。只有这样，才可能引发群体思维的链式反应，产生相互激励的效果。

头脑风暴过程中，谦虚不是美德。

4)谢绝礼仪原则。

(3)筛选评估

动脑会议上的设想虽然很多，但可能质量并不很好，有的想法平淡；有的具有雷同性；有的甚至荒诞离奇，不具有可行性。这时就需要进行筛选工作。比如，按科学性、实用性、可行性和经济效益等多个指标来综合评价，分门别类，去粗取精，最后选出一二个相对最优方案。

到此，绝妙的创意就基本完成了。如果创意还不太完善或者不太理想，可进行第二次智力激荡，直到满意为止，一般隔二三天再激荡一次效果较好。

头脑风暴法虽然具有时间短、见效快的优点，但也有很多的局限性。比如，创意受与会者知识、经验深度和广度、创意思维能力等方面的制约。一些喜欢沉思并颇具有创意力的人难以发挥优势。严禁批评的原则给构思的筛选和评估带来一定困难等等。尤其是，奥斯本的头脑风暴法源于美国，其特点适合美国人自由开放、个性外向、思维灵活等民族性格。因此，在此基础上，又产生了德式默写式头脑风暴法的团体创意思维方式。

2. 德式默写式头脑风暴法

这是德国人荷立肯，根据德意志民族善于逻辑思维和习惯于沉思静想的性格，对人多势众、大叫大嚷且热闹非凡的美式自由联想风格的头脑风暴法不太适应，因此加以改进推出的一种以“默写”代替“发言”的脑力激荡法。因规定每次会议由 6 人参加，以 5 分钟为时间单元，要求每人每次提出 3 个设想，故而又叫“635”法。即在第一个 5 分钟里，每人针对议题填写 3 个设想，然后把卡片传给右邻，在下一个 5 分钟里，每个人可以从别人所填的 3 个设想中得到启发，再填上 3 个设想。这样经过半个小时传递 6 次产生 108 个设想。

默写式头脑风暴法的实施规则与头脑风暴法大体相同，除此而外，还必须相应遵守下列原则和要点。

异曲同工之妙的赵惠三“集思广益法”。

1)问题难度适中原则。问题过于简单，相应的解决措施也很简单，无法讨论，更不必将简单问题复杂化；而问题过于复杂，使用这种方式就很难对问题进行定义，很难提出针对性的措施。

2)表格统一设计。表格包括 18 个分格，基本式样如下表。

创意主题(问题)：		
1a	1b	1c
2a	2b	2c
3a	3b	3c
4a	4b	4c
5a	5b	5c
6a	6b	6c
作业编号：	日期：	

3)实施过程中的要点。要求每个人根据提出的问题在表格最上面的一行里，写三个主意，表述应简练、生动，然后，表格依此轮转直至填

完表格。当表格绕回自己一方时，参与者要将以前的创意仔细阅读后，添加自己的新创意。如果延伸了前面的创意，可在表格处画一个小箭头，绝对不要留空白交给邻座。

"635"法可以避免许多人争相发言而使设想遗漏的弊病，对于有些不善言谈、怯于争言的与会者来说，默写是一种好办法。再者，因为有卡片并且卡片上的设想是分好类的书面材料了，所以不需设记录员，也省去整理记录、归纳分类之举。

3. 日式 CBS 法和 NBS 法

日本人在美式头脑风暴法和德式头脑风暴法的基础上，提出了兼有会议法和默写法长处的 CBS 法和 NBS 法。

(1)CBS 法

CBS 法可分为四个阶段：

1)准备阶段。明确会议主题，确定 3～8 人参加，每人发卡片 50 张，桌上另放卡片备用，会议时间大约一小时。

2)独奏阶段。会议最初 5 分钟，由与会者各自在卡片上填写设想，一卡一个设想。

3)共振阶段。与会者依次宣读设想(一人只宣读一张)，宣读时卡片放在桌子中央，使众人能看清楚，如此这般轮流发言。在别人发言时，边听边看，既激励了自己的思维，又开拓了思路。一旦有了新设想就立即填写新卡片，这样下来就能完成一大批写有设想的卡片。宣读后，其他人可提出质询，也可将启发后的新设想填入卡片。

4)商讨阶段。最后 20 分钟，让与会者相互交流和探讨各自提出的设想，从中再诱发新的设想。

"CBS"法兼有会议法和默写法的优点，参加者准备充分，会议进行时有说有看，有条不紊，既有沉思，也允许质询和提问，更有语言的激励作用，这都有利于相互启发。缺点是形成卡片数量大、设想多，可能有缺乏条理的毛病。

(2)NBS 法

它的前一阶段近似"CBS"法，只是在与会者全部发言结束后，集中所有卡片，按内容进行分类，横排在桌上，并在分类卡片上加上标题，然后再进行更有条理的讨论，直到选出可供实施的最佳设想。

"集思广益法"三段论：预写—畅谈—评价，融合了东西方文化的精华。

二、头脑风暴法的改进方式

在头脑风暴法典型方式的基础上，为了使该方法更具广泛应用性和实效性，人们对其做出许多积极的改进，主要有下列四种代表方式。

1. 专家头脑风暴法

如果参加头脑风暴法的所有人员都是有关方面的专家，头脑风暴法就演化成了专家头脑风暴法。专家头脑风暴法的专家小组人员主要由下列人员组成：①方法论学者——预测学领域的专家；②设想产生者——专门领域的专家；③分析者——专门领域的高级专家；④演绎者——具有较高逻辑思维能力的专家。另外，专家头脑风暴法的所有参加者都应当具备较高的发散思维能力和想象能力。

专家头脑风暴法拓展了思维的深度，提升了思维的品质。

(1)专家头脑风暴法区别于一般头脑风暴法的显著特点

第一，专家会议能够发挥专家团体的智能聚合效应，其总体创造力往往大于个体创造力的总和。

第二，专家之间的信息交流，有助于产生“思维激励”和“思维共振”，有助于在短期内产生较多的创新思维成果。

第三，专家会议的信息量大。专家会议思维往往更加全面系统、丰富多彩。专家会议提供的解题方法、方案往往更加全面、深入、具体。

但是专家头脑风暴法也有其局限性，以下几点较为常见：相互心理影响较大，会出现团体思维，一些人会产生从众心理或进行从众思维；容易产生暗示或接受暗示；碍于面子，有些人不愿意轻易改变已表达的观点。为了发挥优势特点和克服局限性，应采取一些增进专家头脑风暴法的对策及措施，提高思维效力。

专家也不能享受专家待遇，而触犯头脑风暴法的要领与原则。

(2)专家选择的基本原则

如果参加者相互认识，要从同一职位(职称或级别)的人员中选取。领导人员不宜参加，因为他们可能会给参加者形成某种压力。

如果参加者互不认识，可从不同职位的人员中选取。但不应宣布参加人员的职位，应对所有参加者同等看待。

(3)专家头脑风暴法的实施要点

第一，严格限制预测对象的范围，以便参加者把注意力集中于所涉及的问题。

第二，要认真对待和研究专家组提出的任何一种设想，而不管这种设想是否适当,是否可行,不能对别人的意见提出怀疑。

第三,鼓励参加者对已提出的设想进行补充、改进和综合。

第四,创造宽松的思维环境和自由发表见解的气氛,以便解除或减低参加者的思想顾虑和心理压力,使参加者把注意力高度集中于所讨论、所思考的问题。

第五,发言力求简洁,避免详细论述。因为拖长发言时间会妨碍创意思维活动的进行。

第六,不允许参加者宣读事先准备好的发言稿。

(4)专家头脑风暴法对会议主持人的特殊要求

首先,在会议开始时,为了打破僵局,甚至需要采取强制询问的方式;其次,他们应能不断激发参加者的思维和灵感;再次,应能适时提出有待参加者回答的问题;最后,在参加者被激励起来之后,新设想不断涌现之时,主持人只需要适当引导即可。

(5)专家头脑风暴法系统处理会议设想的程序

专家头脑风暴法要求把会议提出的设想全部记录下来,不放过任何一个设想。然后由分析小组对会议产生的设想进行系统化处理,以备用。系统化处理通常按如下程序进行:

第一,将会议提出的所有设想编制名称一览表,并且对设想进行分组,并编制一览表。

第二,用通用术语说明每一设想的要点。

第三,找出重复的和互为补充的设想,并对其进行综合。

第四,提出对设想进行评价的准则。

2. 菲利普小组头脑风暴法

菲利普 66 法,由蒂尔大学校长菲利普提出,它将出席者分成 6 人小组,在短短 6 分钟时间内讨论,因此而得名。菲利普 66 法常以下列方式进行:

1)主持人将全体参加人员分成 6 人一组。

2)各组选出讨论的组长与记录者。

3)制定各组主题。一般而言,各组主题相同。如果主题较为复杂,可将主题分成几个项目,各组分别讨论主题的不同部分。

4)各组围绕主题,讨论 6 分钟,各小组在讨论基础上,选出最好的设想。

5)各组推荐的提案发言人按顺序向全体会议报告。

6)会议接受这个报告,给予下一个讨论主题。

这种划分小组的方式既可以让参加者充分表达意见,增加产生创意的机会,而且能使全体会议在小组之间存有激烈的对抗意识,从而提升会议的效果。因为,每个人都想提出比他人、他组更好、更加有力的创意。

3. 双人乒乓头脑风暴法

该法就像打乒乓球一样,只能在两个人之间进行,双方你来我往,每个人都和自己的伙伴一起来寻找创意。它具体遵循下列规则:

1)问题的提出要和伙伴一起来商量;

2)两个人一起修改问题和完善问题;

3)一定要遵循从一般到特殊的程序,根据提出的问题采取行为方式;

4)两个伙伴备有记录纸或者有内容交流的卡片,为详细填写做好准备;

5)当A讲述观点时,B做记录;而B发言时,应尽可能地带来新的观点或者发展伙伴的观点;当B讲述时,A则反之,直至双方彼此再没有新的观点出现。

头脑风暴法加入批评的"作料",会产生"怪味",还是别有"风味"呢?

在实施进程中,两个伙伴必须在时间的压力下,通过相互合作以达到问题的解决。讨论中,一个伙伴要控制另一个伙伴提出建议的必需时间。同时,空出一段时间让他重复伙伴的观点以产生新的观点;如果目前情况下他没有主意,也可以重复以前准备好的建议。该法不需专门主持人,也无需太多的控制和准备时间,双方信息沟通容易完成。该法能使头脑风暴法进一步地得到广泛应用,为解决具体问题提供了简易可行的团体思考方式。

4. 逆头脑风暴法

这种方法,不但不禁止批评,而且重视批评,对已有的设想大做文章。通过批评,促使设想完善。除了禁止批评之外,头脑风暴法的基本原则在逆头脑风暴法中均可运用。

【本章小结】

1. 人脑的潜能是无穷无尽的，创意思维正是人脑潜能激发的结果，我们必须解放心理的压迫，对自己进行积极暗示，培育快乐心情，做好创意准备。

2. 成功创意是留给有心人的，我们必须坚定成功信念，明确创意目的，捕捉创意信息，追寻创意摇篮，紧抓创意机遇。

3. 个体在进行创意活动时，大胆利用灵感（直觉与梦）、联想和假想，充分展开创想的翅膀。

4. 当思维出现僵持时，不妨以问题为主线，试着朝四面八方想，倒过来想，换个角度想，进行发散思维和逆向思维等反而会起到“山重水复疑无路，柳暗花明又一村”的效果。

5. 对众多的头绪进行同质异化、解析淘汰或榛合显同，在创意活动中也常常会是个体创造性的解决问题。

6. 美国奥斯本首创美式头脑风暴法，又称“脑力激荡法”；德式默写式头脑风暴法以“默写”代替美式的会议“发言”；日式头脑风暴法则兼顾美式会议“发言”和德式“默写”的优点。他们都是世界著名的典型团体创意思维方法。

7. 专家头脑风暴法、菲利普小组头脑风暴法、双人乒乓头脑风暴法及逆 BS 法是典型头脑风暴法的改进方式，他们更利于团体集思广益进行创意活动。

【思考题】

1. 如何激发创意思维潜能？你认为创意人怎样才能保持良好的创意心理环境？
2. 个体创意思维方法有哪些？怎样才能创意性地解决问题？根据个人特点，设计一个解决问题的方案，该方案能够体现创意性。
3. 团体创意思维方法包括哪些内容？说说当需要多人的智慧共同进行决策时，你会采取哪种有效的创意思维方法，为什么？

★★★★★ 进修指导 ★★★★★

【参考文献】

1 何名申．创新思维修练．北京:民主与建设出版社,2002

2 梁良良．创新思维训练．北京:中央编译出版社,2001

3 袁劲松．思维拓张．青岛:青岛出版社,2002

4 范彦江．创造性思维的策略．长沙:湖南人民出版社,2002

5 刘保孚．策划实务全书．北京:经济日报出版社,1995

【相关网址链接】

http://prod1.e1.com.hk/education1/main01.html

http://www.zt110.com/fulao/download/htm/iq/fssw/

http://www.tkes.tn.edu.tw/open/mi/so4a01-1.htm

http://contest.ks.edu.tw/～river/teach/teach2.htm

第7章

创意思维训练

野鸭或许能被人驯服，但是，一旦被驯服，野鸭就失去了它的野性，再也无法海阔天空地自由飞翔了。

——基尔凯廓尔

【思维是这样炼成的】

“寂然凝虑，思接千载；悄然动容，视通万里。”

——刘勰《文心雕龙·神思》

“横看成岭侧成峰，远近高低各不同。不识庐山真面目，只缘身在此山中。”

——苏轼《题西林壁》

令人拍案叫绝的创意，妙思泉涌般的创意，是否意味着创意人具备什么特殊的才能和素质。其实不然，人的创意并非天生，而是经由后天的努力，尤其是专门的训练开发出来的。科学合理的训练方案，旨在激活创意人的思维状态，提高创意人的思维素质，让学习者的创意思维奔腾起来。

【学习指南】

本章学习目的

创意人在从事创意思维实践活动过程中，通过既系统全面而又重点突出的训练方案，真正掌握创意思维方法这一有力的思维武器。

本章内容提要

发散求异与视角转换能力是创意思维能力的显著标志，联想力与想象力拓展创意思维的无限空间，为此我们提出以发散思维训练与广角思维训练为核心，以联想与想象训练为平台，辅助右脑训练与突破性思维训练的多元一体化的复合型训练模式。

第 7 章 创意思维训练

创意活动没有什么捷径可走，创意能力的提高是知识和技能两个方面同时积累与发展的结果。普通的实践和经验其实也是对思维的一种训练，但是这种训练通常是不自觉的，而且带有极大的盲目性和偶然性。在某些场合和某些时候，实践和经验能够起到开发头脑的作用，但是在更多的场合和时候，实践和经验又会成为一种包袱，成为束缚创意的枷锁。于是人们便希望寻找一种合适的训练模式，既能够开发创意能力，又不会形成新的束缚，这正是本章研究的创意思维训练所要解决的问题。

创意思维的训练将拓展你的思维空间，提升你的思维能力和品质，最为紧要的是，帮助你实现头脑的革命，以新的思维方式和心态投入创意的新天地。

第一节　创意思维训练简介

一、创意思维训练的可能性与意义

1. 创意思维训练的内涵

所谓创意思维训练，就是采用一定的方案，对思维能力、思维方法、思维知识和思维态度等进行系统训练，从而使人的创意思维水平得到提高的过程。

创意思维训练重在给创意人提供“充电”、“洗脑”和“助产”的服务。

从人降生到这个世界上时开始，便有许多东西需要学习、理解和掌握。可是，是不是每一样东西都是可以教授的呢？比如说绘画，其中的线条、比例、色彩、透视等技术性的内容是能够教的，学生只要画得和老师教的一模一样，就算是学会了。但是，绘画中的创作能教吗？老师创作了一幅画，学生可以学得惟妙惟肖，但是却并没有学会创作。学习创意思维主要靠自己的独立思索，多想多练，形成一种习惯性的行为。

如果只是记住几条创意规则，而没有改进自己的思维习惯，那就等于什么都没有学到。创意观念本来就存在于每个人的头脑中，由于挖掘时不得要领，所以就需要思维训练来“助产”了，只有通过思维的训练，才能逐步提高创意思维水平。

2. 创意思维训练的可能性

创意思维是可以训练的。因为智力的物质基础是大脑，大脑的特点决定了人的聪明程度，当然可直接影响智力，因为智力是以大脑生理为前提的。只要大脑是正常的，后天的教育和环境所起的作用，比先天的影响大得多。

第一，从已有的研究成果来看，思维是可以训练的。思维的生理基础是大脑，大脑神经元的数目可达 1 000 多亿，而实际使用的却不到10%，余下的神经元都未被开发利用。研究发现，生理上的变化可引起思维的变化。人类的思维能力随着社会的发展不断提高，这正是长期学习和训练的结果。环境和教育，可以使思维的发展加速或延缓。

第二，创意思维训练具有悠久的传统。思维训练从古时就有了，只是从 20 世纪以来，很多国家才做了大量的研究和实践探索，认识到了思维训练对提高民族素质的重要作用。在西方，最早采用系统的方法进行思维训练的人，也许可以追溯到古希腊时代的苏格拉底。目前国外的思维训练主要有两种：一种是依据心理学和社会学的原理展开的；还有一种是依据生理学和脑医学的原理展开的。二者各有自己的长处和短处。在借鉴和引进国外的思维训练方法的时候，有三个方面的问题值得我们注意：

其一，国外的思维训练方法种类繁多，良莠不齐，所以我们在学习和借鉴的时候，必须仔细分辨其中的非科学成分。国外有很多打着“最新科学”招牌的江湖骗子，其目的不过是为了赚钱而已。如曾经轰动一时的所谓“科学训练”，后来被证明是一场骗局，其头脑训练也是无效的，甚至是有害的。

其二，必须充分考虑我们国家的现实情况，有针对性地引入国外的思维训练方法。民族不同、文化不同，思维方式当然不可能完全相同，因而所采用的思维训练方法也不应该完全相同，而应该有针对性。

创意思维训练是“授之于渔”，而不是“授之于鱼”。

其三，思维训练不是教你“创意”，而是教你“如何去创意”。因为“创意”本身是无法教的，勉强教出来的只能算“模仿”，真正的创意是与众不同的。一个具体的思维运动，总是表现为向着某个目标前进的运动，这个运动虽然会因思维主体的不同而千差万别，但是仍然遵循着一般的规律，符合理性认识有关要求。如，各国学者为了探寻创意思维的内在逻辑，提出过“三阶段”、“四阶段”、“五阶段”，以至“七阶段”等模式，尽管不同的学者看法不一，但思维的过程有着自身的规律可循是毫无疑问的。

3. 创意思维训练的意义

创意思维具有灵活性，它不受固定格式的约束，也不受任何时间、空间的限制，因而可以渗入任何思维过程之中。面对复杂的现实事物，它总是在关键时刻，帮助断路的思维重新接通，促成思维质的飞跃。但创意思维成果并不是单纯的大脑自生之物，而是继承以往科学成果和总结现实经验的产物。因此，人们在进行创意思维以前，必须接受来自两方面的教育，进行两方面的学习：

一是接受人类文化遗产的教育，继承科学的文化遗产，同时发现其问题和不足，从而形成新的思想，引出新的概念，构建新的理论体系。

二是接受社会实践的教育，通过社会实践掌握了第一手材料之后，人们就会使用比较、分类、分析、综合的方法，从感性的经验材料中，抽象、概括出一般性的结论来。在此基础上，运用情感、意象、形象、直觉、灵感以及经验、联想、想象、猜测、美感等，承前启后，推陈出新，形成新的创意。

当前，人类正处于向知识经济过渡的时期。为迎接知识经济给人们带来的挑战，提倡和鼓励创意，培养人的创意能力，正在成为时代的潮流。创意思维是创意的基本条件。在许多需要创意的领域，诸如，科学研究、科学决策、产品设计、广告策划中，情感、意象、形象、直觉、灵感以及经验、联想、想象、猜测、美感等创意素质直接制约着创意的水平。因此，创意思维的培养和训练是至关重要的。

创意思维训练是一项系统工程。

二、创意思维训练方案的设计思路

创意思维的方法训练，主要从以下几个方面来设计。

1)创意思维广度的训练。重点放在扩展思路方面，开展打破思维框框的思维训练。

2)创意思维深度的训练。着重从事物的属性内涵来进行深入地开拓创新思考，培养我们从本质上认识事物的综合能力。

3)创意思维速度的训练。训练思维的流畅性与快速性，如要求在一定时间内，注重发散性思维的数量等。

4)创意思维力度的训练。重点强化思维的新颖独特，打破常规，出人意料，即要求有高质量的新思维。

5)创意思维高度的训练。在开展创意思维的训练时，如果我们能注意在技术上力图从各种新技术、高技术的角度来考虑，则自然更利于拿出高水平的创新方案。这方面的关键，还在于要有“要么不创意，要创意则必须一流”的自信和气度。为此，训练中应从心理上善于把自己设想成创意能手或专家，培养良好的自我感觉，鼓起提高创新水平的勇气，自然就能站得高，看得远。

6)创意思维空间度的训练。思维结构的空间化设计与开拓，要自觉从多种变化因素出发，全方位地开展立体思维训练，以取得全面而系统的成效。

三、创意思维训练方案的构成体系

国外很多学者普遍认为，发散思维是创意思维的核心。一个人创意思维能力的高低，主要表现在他的发散思维能力的强弱上。因此，提升一个人的创意思维能力的关键，就在于提高他的发散思维能力。

美国创造心理学家吉尔福特认为，与创意思维最密切有关的能力有两类："发散性加工能力和转化能力，""凡有发散性加工与转换的地方，都表明发生了创造性思维。"因此，本书训练方案将发散求异和视角转换作为创意思维的两种主要方法加以重点训练。

创意思维训练方案由两个部分构成：

第一部分，为创意思维基本素质训练，内容由右脑训练、想象思维训练和联想思维训练组成。

第二部分，为创意思维核心能力训练，内容由突破习惯性思维训练、发散思维训练、广角思维(逆向思维—多向思维)训练组成。

创意思维训练的核心是发散思维与广角思维能力训练。

概括起来，本书的训练方案为：以发散思维能力与广角思维能力训练为核心，以联想思维与想象思维素质训练为平台，辅助右脑训练与突破习惯性思维训练的多元一体化的复合型训练模式。

第二节　创意思维基本素质训练

"万丈高楼平地起"，联想力和想象力是创意思维能力的基本能力。联想力和想象力训练是创意思维训练的起点。我们从右脑训练、联想训练和想象训练着手，加强思维基本功的训练，不断提高创意思维素质。

一、右脑训练

人的大脑分为左、右半脑，两部分各有不同的功能，中间由神经纤维相连，保证左右两半脑在功能上的一致性。左脑的主要功能是计算，担任着语言、计算、逻辑等思想方面的任务，是意识的大脑，有固定的职责分工，能越过现在，计划和预测未来，支配右半身的神经和感觉，并且是理解语言的中枢，所以左脑主要完成语言的、逻辑的、分析的、代数的思考认识和行为，它进行有条不紊的条理化思维，即逻辑思维；而右脑的功能是模拟，注重形象形成，主要负责可视的、综合的、几何的、绘图的思考认识和行为，也就是负责鉴赏绘画、观赏自然风光、欣赏音乐，从整体上接受事实，承担直感、预测的责任，凭直觉观察，掌管着人们感情方面的事情。左、右脑虽然各司其职、各显其巧，但又互通情报、互相补充，共同发挥着人脑卓越的才能。

但是长期以来，人类的右脑却没有得到很好的开发，处于弱势状态；使用的机会较少，处于较大的自然状态，因此，它的潜力更大些。右脑的开发有着更大的迫切性，一方面在于它承担着创意思维的功能；另一方面，如果其处于相对落后状态，定会影响创意思维功能的发挥。

开发右脑这片神奇的"处女地"。培育艺术素养，是打开右脑的金钥匙。

造成右脑开发落后状态主要有以下一些人类学和文化学的原因。

首先，人类中的绝大多数人使用右手，左、右大脑半球的功能是交叉的，右脑主管左侧身体，左脑主管右侧身体。就是说，右手是左脑主管的，左手是右脑主管的。我们每天用右手做很多很多的事情，而左手即右脑得到的锻炼机会相对少些，它就相对落后。

其次，人类的语言区对多数人来说，定位在左脑，右脑没有语言区，虽然它对语调、节奏、语言的感情色彩也有一定作用，但是毕竟处于次要的地位，语言对右脑的推动作用较少。

最后，人们的文化传统或者文化无意识也造成了对右脑开发的不利影响。

研究发现，生理上的变化可引起思维的变化。研究大脑的生理机制表明，右脑能重新组织已有的知识经验，提出新的方案或程序，创造出新的思维成果，这就是创意思维。因此，训练作为创意思维生理基础的右脑，挖掘右脑的巨大潜力，对于创意思维的形成和提高具有极大的作用。

二、联想思维素质训练

日本创造学家高桥浩说：联想是打开沉睡在头脑深处记忆的最简便和最适宜的钥匙。通过联想，可以发现无生命物体的象征意义，可以寻到抽象概念的具体体现，从而使信息具有更强的刺激性和冲击性。

联想是一个人看到一事物的表象或动作想到另一事物的表象、语言或动作的心理过程。联想是开发创意能力的翅膀,可以使人的认识大大超越时间、空间等具体条件的限制,极大地丰富人们的精神世界,成为一种推动人类社会不断进步的精神动力。平时积累知识越多,经验越丰富的人,他的联想能力就越强,联想的范围也就越广。丰富的知识储备使人容易从一事物联想到另一事物,容易在相似、递进、对比和相关的事物间展开联想,但这种联想常常摆脱不了逻辑和理性的束缚。在现有知识和经验的基础上训练活跃的联想能力,会产生许多意想不到的创意设想。

创意思维的产生往往经历了"逻辑—非逻辑—逻辑"的辩证发展过程,其中的"非逻辑"阶段需要展开不符合逻辑推理的独特联想。

充分发挥联想的巨大魔力。

联想思维的训练:

首先,可用直接类推法。如有意识让自己突发奇想,把自己转换为所要比较的观念或事物中,想象自己是所要解决问题中的一个自然因素,这个自然因素可以是人也可以是动物、植物,然后运用知识的迁移展开联想。比如问自己:"假如我是一台汽车发动机,在被发动时或者在电能耗尽后我会有何感觉?"这种非逻辑的类推强调移情介入,要求个人暂时失去一部分自我,而且"失去自我后产生的观念与正常情况差异越大,联想的非逻辑性就越强,从而越富有创意性"。因为自己的原认知能力获得了发展,对自己的思维过程可以调控,故这种离奇性一般不会导致偏激。

其次,强迫冲突法也能有效地训练联想思维。比如,把两个截然相反的概念联系在一块儿,想象可能产生的古怪内涵,如温和的杀手、友好的敌人、冰冷的火焰、无情的爱……两个词相互冲突性越大,越能激发新颖想法的产生。可见强迫冲突法不失为是闲暇时间开发创意能力的一种有效手段。

当然我们进行联想训练时,也可以先确定对象,再运用联想能力,把这些对象组合起来,说明它们之间的联系。例如讲讲人和蚊子的关系,大多数同学都会想到人可以灭蚊,蚊会叮人这类普通答案。如果进一步要求突破思维局限、开阔思路,就会想到人和蚊子都会传染疾病,都喜欢生活在海滩和湖边,人和蚊子一起坐着汽车旅行等富有创意的答案。

【专项训练题目】

1. 空间接近联想

练习(1) 设想自己正在地球轨道上飞行的太空舱里，突然飞船失去了控制，瞬间你可能会涌现出哪些可怕的联想？请按空间接近联想展开……

练习(2) 假设你正在发明一种技术装置，要求它在不破坏人脑生理结构的情况下，可以观察到人脑内部的工作情况。从空间联想的要求看，你在构思这项发明时，会产生哪些联想？

练习(3) 假设你已踏上驶往家乡的列车，望着窗外那熟悉的山野，你可能会联想到哪些事物？请按空间接近联想展开……

2. 时间接近联想

练习(1) 此时，你正在自然博物馆里。当一具巨大的恐龙化石出现在你面前时，从时间接近联想的角度看，你可能会产生何种联想？

练习(2) 深秋，一阵凉风过后，满树金黄的银杏叶纷纷落下，此情此景会引发你何种联想？请按时间接近联想展开。

练习(3) 当电视画面呈现出池塘绿柳的场景之时，伴音中又不时地响起刺耳的蝉鸣声。按时间接近联想的要求看，可能你会联想到什么？

3. 外形相似联想

练习(1) 公园里，你正在树荫下散步，突然数条缠绕在一起的紫藤出现在你的面前，由紫藤的稀奇古怪的形态，你会联想到哪些事物？

练习(2) 盛夏，一阵雷声过后，大雨倾盆而降，看到这密密麻麻的雨点随风飘落的情景，你可能联想到哪些外形相似的事物？

练习(3) 当电视画面上出现英国警察的头盔时，一般由其外形可能会引起哪些联想？请按外形相似联想展开。

4. 意义相似联想

练习(1) 当你用钥匙打开急于想进的房间时，一定会为这小小钥匙的神奇作用所惊讶，甚至可能会引起对许多意义类似事物的联想，这类事物有哪些呢？

练习(2) 当你看到自来水管因破裂而水流如注时，你可能会联想到哪些在意义上相近的事物？

练习(3) 在电视画面的卫星云图中，经常可以看到西太平洋海面上会出现巨大的台风气旋，这种越旋越大势不可挡的态势可能会勾起你对哪些类似事物的联想？

5. 对立对比联想

练习(1) 设想自己走进了无边的沙漠，骄阳似火，又饥又渴。此时，你可能会联想到哪些与其相对立的事物？

练习(2) 当你看到高速公路上风驰电掣般的汽车时，从对立对比的角度看，你可能会联想到哪些与其截然相反的事物？

练习(3) 如果你发现用强制方法不能让孩子听你的话时，聪明的父母应该用怎样的方法去教育孩子？请用对立对比联想试一试。

6. 差异对比联想

练习(1) 春节期间，当你从北国冰城哈尔滨飞抵广州时，看到田野是一片葱绿，你会产生何种差异对比联想？

练习(2) 假设你已过惯了轻松自在的独身生活，突然有人劝你还是成家为好。对此你会产生哪些差异对比联想？

练习(3) 当你因公共汽车太拥挤而未能正点上班时，在心烦意乱之中，你可能会产生哪些差异对比联想？

7. 因果联想

练习(1) 当你突然听到某航班发生了空难事故时，在通常情况下，你可能会产生哪些因果联想？

练习(2) 如果你家中的小孩突然变得郁郁寡欢，在通常情况下，你会产生何种因果联想？

练习(3) 如果从现在起自来水开始定量供应了。而你事前却一无所知，在这种情况下，你会产生何种因果联想？

8. 辐射型联想

即给定一个事物(包括字、词、概念、观念、实物等)，尽可能联想出与该事物有联系的众多其他事物。

例1 在5分钟内试写出有“中”字的各种词组。

答案如下：中国、中华人民共和国、中央、中心、中产阶级、中间、中层干部、中共中央、正中、射中、打中等。

例2 由“月亮”你联想到什么？

答案如下：太阳、星星、有圆有缺、银白色、嫦娥奔月、小白兔、吴刚的传说、环形山、无空气生物、重量为地球的1/6、“阿波罗”登月计划、“月是故乡明”的诗句、月蚀、电影《海上升明月》、歌曲《十五的月亮》等。

9. 直线型联想

即由给定的一事物为起点联想出另一事物，再以第二事物为对象进行联想，联想出第三个事物，如此以至无穷。这样的系列联想是单一线条，所以称之为直线型联想。

例1 木→桌子→写字桌→书→字→写→读→说→唱歌→《十五的月亮》→月亮→银白色→金属→铜→导线→电→发电机→水库→鱼→肉→猪→马→汽车→

飞机→天空→白云→雨→雷电→闪光→照相→……

例 2 冬瓜→绿色→田野→大地→人→眼睛→看→电视→故事→文学→诗→李白→杜甫→唐朝→唐三彩→陶瓷→……

10. 强制型联想

强制联想是给定两个看似不相及的事物，利用联想把它们联系起来，从中看出它们之间的联系形式。

例 1 请用联想思维将月亮和香烟联系起来。

月亮→太阳→白天→上班→疲劳→休息→香烟。

或者：月亮→银白色→有光泽→金属→铜→锡→锡纸→香烟。

例 2 请用联想思维找出热水瓶和树之间的联系。

热水瓶→木塞→树木→树。

或者：热水瓶→水→船→木头→树。

因为联想链的两头已固定，就如同几何学上的有限线段，所以称之为线段型联想。又由于联想链的两端是强制固定，强制要通过联想找出它们之间的联系，所以称之为强制联想。

强制联想一般是通过多步自由联想完成联想链，而多步自由联想实际是上述各类联想相继连续出现而较少只有一种形式出现。多步自由联想可以把本来毫不相干的两件事物通过联想链联系起来，以开阔人的思路，进入创意思维的新天地。

例 3 请把“晚霞”与“五星红旗”这两件事物通过多步自由联想联系起来。要求至少经过5步，并记下花费的时间。

答案：

晚霞 —(相似联想)→ 地震先兆 —(接近联想)→ 房屋倒塌 —(相似联想)→

亚运村大厦 —(因果联想)→ 中国首次奥运会 —(因果联想)→ 五星红旗缓缓升起。

(合计花费5分钟)

练习(1) 鸟——书；

练习(2) 铁——月饼；

练习(3) 战争——火星；

练习(4) 钢笔——太阳。

三、想象思维素质训练

刘勰在《文心雕龙·神思》言道：“寂然凝虑，思接千载；悄然动容，视通万里。”意思是说，思路一经打开，视野开阔无限，时间无法限制，空间不能阻隔，千载能接，万里能通。这就是想象的威力。

在创意思维的过程中，少不了想象这种思维因素。想象是一种驰骋于宇宙的自由的思维活动。

从其性质来看，想象的自由存在着不同的层次，大致可分为直觉想象、形象想象、抽象想象等三种基本形式。

直觉想象是受实物、经验诱发的一种下意识的意象，其想象的目的是要把人的各种行为(喜、怒、哀、乐)与经验范围内的事物联系起来，并对生活中的某些现象发生的原因做出说明或解释。原始人类的想象，大多属于这种情形。他们反映周围世界，采用摹写、幻化两种手段：通过摹写以把握事物的外部特征、功用及该事物与他事物之间的关系；通过幻化，把自己的生命、力量、情感、意志和智慧赋予被反映的对象。如他们通过幻想，经常赋予非人的事物以人的品质、气质和人的性格。结果，在原始人的心目中，各种事物似乎都有善良与丑恶、勇敢与怯懦、刚强与软弱、温顺与暴躁、聪明与愚笨、敏捷与迟钝的区别。当然，这样的直觉想象，往往会导致现实关系的颠倒。在现代人中，直觉思维已经是建立在现代生活经验或事物的直接感知的基础上，它是原始直觉想象发展而成的高级形式，虽然这种直觉想象也有荒唐的时候，但更多的时候则是进行科学创意的重要形式。

想象是一种驰骋于宇宙的自由的思维活动。

形象想象，是直觉想象的深化和发展，是直觉想象的质的飞跃。形象想象仍具有直觉想象的某些痕迹，但已不完全是凭直觉来进行想象，而是凭借形象的观念、形象的典型来进行的想象。因而，这种想象形成的新的形象典型，往往会以凝聚的形式，最深刻地反映着一类事物的本质，它来自现实并高于现实。

抽象想象，是形象想象发展的新成果，它从对事物内在本质的了解出发，将事物的内在规定性进行组合，形成一个整体，并以某种近似实物的图形或网络呈现在人们眼前。如，关于原子结构的研究，就出现过多种想象的模型：1898 年汤姆逊提出的“西瓜”模型；1903 年勒纳提出的“配偶”模型；1909 年卢瑟福提出的“太阳系”模型等。这种想象的模型，既形象又深刻，往往揭示或反映着事物内在本质。“太阳系”模型至今还是描述原子结构的理想图形，只是这种想象以抽象为主、形象为辅就是了，其前提是对事物内部结构的本质认识。

不论是直觉想象，还是形象想象，从想象发端和结果来看，它们都要受某种逻辑关系的约束。比如，人们由鱼生活在水里而想到人也可以像鱼一样游于大海；人们从鸟在天空中自由飞翔而想到人也可以飞上天空等。然而，想象一经发生，它就很快成熟起来并独立行事，因而总想摆脱逻辑思维的限制。在想象中，人们可以从现在回溯人类的远古时代，又可以从远古时代而想到遥远的未来，可以在想象中飞离地球，进入银河系中的任何一个星球，又可以从一个星球转移到另一个星球，甚至想象还可以使人进入某种完全梦幻般的意境。如果我们把想象比作一个演员，那么整个宇宙都是“想象”这个演员的舞台，在这里，它可以纵横驰骋，并像奇妙的魔术师那样变化莫测，在这里，逻辑对它又变得毫无约束力了。想象是提出问题和解决问题的形象化，又是思维中的各种因素辩证联系的真实写照。

想象可以使人进入某种完全梦幻般的意境。

本来，具有丰富知识经验的人更易于产生新颖的想象和独到的见解。但在目前的高等学校中，课程名目繁多，必修课的比例远远大于选修课，很多学生被动地疲于应付来自四面八方的学科考试，加之学分制改革不彻底，他们仍被禁锢在“分分分，学生的命根”之中。于是很多学生在有形与无形中，把探索真理的学习变成了对分数的片面追求，缺少思维自由发挥和想象的空间，对许多学科知识的掌握反倒禁锢了大学生的思维。那么，大学生怎样才能把掌握的多学科知识变成利于创意的优势呢？想象思维正是依赖对知识的整合加工，使智力活动驰骋于整个认识空间，是一种横向复合性思维。大学生把所学的各科知识加工成一个高效结构化的编码系统，使脑子里有一个多层次、多子系统的知识网络，并不断把学到的新知识点纳入已形成的信息编码系统中，从而进行丰富的想象，就能取得意想不到的创意成果。

【专项训练题目】

1. 图形想象

(1)图形意义想象

即给出一个图形，尽可能想象出图形形象所表示的东西和意义。

例：尽可能多地写出什么东西与  图形相像。

蚊香；弹簧；旋涡；盘着的大蛇；指纹；妇女头上盘起来的发髻；葱油饼上的细纹；卷尺；码头上的卷着的缆绳；盘山公路；唱片上的纹路；小提琴手柄上雕刻的螺旋花纹；卷起来的纸筒截面；草帽顶上的细纹；对数螺线……

练习(1)　尽可能多地写出什么东西与图形相像。

练习(2)　尽可能多地写出什么东西与图形相像。

练习(3)　尽可能多地写出什么东西与 S 图形相像。

(2)图形组合想象

即给出几个图形,要求利用这些图形尽可能做出不同的组合,并说出组合出来的图形所表示的事物和意义。

练习(1)　给出两个三角形和两个圆形,请做出不同的组合,并说出组合图形的意义。

练习(2)　给出两个长方形和两个三角形,请组合出各种不同图形,并说出图形的名称和意义。

2. 制作想象

给出一些材料,要求自己设计、自己制作,制作出有意义的东西。或者,要求制作什么东西,请自己选材、设计、制作。

例如,给你一些零碎布片,请自己设计、制作出有意义的东西。你可以利用零碎布片缝制布娃娃、动物等玩具,可以利用零碎布片粘贴出一幅图画等。

练习:找一些废旧铜线、木屑等试着制作出有意义的作品。

3. 假想性推测

"假想性推测"是通过猜测一件在一般情况下不可能发生的事情的后果,而达到自由想象的目的。它的出题模式是"假如……将会……"是兼有"关系发散"和"因果发散"中由因及果的训练因素。

例:假如世界上没有老鼠,将会怎么样?可以减少粮食损失;光靠捕鼠生活的猫可能会饿死;不需要捕鼠器和老鼠药;卫生情况会变好;不会发生鼠疫;动物界里要少了一种动物;不认识童话中出现的老鼠;衣服不会被老鼠咬伤;人们晚间睡觉就会安宁些……

假想性推测应注意:

1)假设某一问题,应与事实相反,暂时不可能或现实不存在的事物、对象、姿态;

2)从假设出发,设想或推测出各种可以想象的结果,包括可能与不可能;现实与未来、虚构;切实与荒诞;有用与无用;

3)从中发现并找到有益、合理与可行的观念。

练习(1)　假如所有的人无论怎样都不会死,将会怎么样?

练习(2)　假如真有"宇宙人"(别的星球上的人)到地球上来,将会怎么样?

练习(3) 假如恐龙现在还活着,将会怎么样?

练习(4) 如果机器人比人类聪明,那会怎么样?

练习(5) 假如地球的大气突然消失,将会怎么样?

练习(6) 假如人有 7 个手指将会怎么样?

第三节 创意思维核心能力训练

一、突破习惯性思维训练

习惯性思维是指对于一个问题,只从单一方向、单一角度、僵化地、习惯性地进行思维。这种思维方式刚好与发散思维的流畅性、变通性和独特性相抵触,不利于创造力的发挥,应该加以克服。各种发散思维方法都是突破、摆脱习惯性思维的单一性、僵化性和习惯性的训练方法。首先,我们分析一下习惯性思维的类型及其表现形式;然后,实施针对性的有效训练。

习惯成自然,顺其自然在这里却成为我们自己制造的思维枷锁。

1. 关系固定化

世界上的任何事物都是普遍联系的,发生着各种各样联系,而且联系形式是网络化的形式,而不是单一线条的形式。也就是说,一事物总是与多种事物发生关系,联系在一起,而不是只与单一事物发生关系,联系在一起。但是,由于日常生活工作经验常使人们习惯地把一事物与另一事物的关系固定下来,久而久之,思维时常认为这一事物只与那一事物有关系、有联系,而忽略这一事物与其他事物的关系和联系,影响、阻碍问题的解决。

问题一:一天晚上,我叔叔正在读一本有趣的书时,阿姨把电灯关了。尽管屋子里漆黑一团,他却继续在读书。他是如何做到这一点的呢?

解决问题的关键在于:在暗处他仍在读书,“读书”必须“用眼睛看”吗?

2. 性质固定化

事物的性质是多种多样的,但由于日常接触到的某种事物常常只表现出某种性质,而其他性质不常表现。久而久之,在人们的头脑中形成了一个深刻的印象,一提到这种事物,马上想到该事物的这种性质,固执地认为这种事物只有这种性质,而不是进一步发散,想想是否还有其他的性质，影响和阻碍问题的解决。

问题二：查理宣称，在某一天的某一时刻，他将创造一个伟大的奇迹：他将在哈得逊河面上行走20分钟而不会沉入水里，一大群人聚在一起想亲眼目睹这一情景。果然，查理像他说的那样，在河面上行走了20分钟。他是怎么做到的呢？

解决问题的关键在于：水一定是液态的吗？如果是冬天，水面结冰呢？

3. 孤立、片面、静态化

任何事物的存在、发生、发展变化过程总是与环境紧密联系在一起，是发展变化的。但是，我们在思考一个问题时，有时常常把问题孤立起来，不同其他事物联系起来，或者使之处于静止的状态，不用发展的观点来思考问题，从而使问题难以解决，即使解答出来了也是错误的。

问题三：老黄的儿子住在20层。老黄每次去看他儿子时，总是先从一楼乘电梯到16层楼，然后再爬楼梯到20层楼。老黄为什么这样做？

解决问题的关键在于：考虑一下问题可能的情境，有1～20层的按钮，他想按20层的按钮，他够得着吗？

总之，突破习惯性思维的关键就是抛弃思维框架，粉碎思维定势，审时度势，随机应变并善于灵活运用不同的思维方法解决问题。

【专项训练题目】

突破习惯性思维有效的简易训练方法——“脑筋急转弯”练习

(1)玻璃瓶里装着桔子水，瓶口塞着软木塞。既不准打碎瓶子，弄碎软木塞，又不准拔出软木塞，怎样才能喝到瓶里的桔子水？

(2)某人的衬衣钮扣掉进了已经倒入咖啡的杯子里，他连忙从咖啡里拾起钮扣，不但手不湿，连钮扣也是干的，这是怎么回事？

(3)卡车司机的哥哥叫李强，可是李强并没有弟弟，这是怎么回事？

(4)某人昨天碰到一场雨，他正好未戴帽子，也未撑伞，头上什么也未遮盖，结果衣服全部淋湿，但却没有一根头发是湿的，这是怎么回事？

(5)某列车驶进一隧道，奇怪的是，该列车既没有发生事故，也没有出现其他故障，却从某一点开始不能再开进去了。为什么？

(6)某人能告诉你比赛前任何足球比赛的比分结果，他是如何知道的？

(7)如果你口袋里的火柴盒中剩下一根火柴，夜里你走进房间，房间里有蜡烛、煤油灯及煤气灶，那么，你先点燃什么？

(8)广场上有一匹马，马头朝东站立着，后来又向左转了276度。请问，这时它的尾巴指向哪个方向？

(9)某人长得胖,但他的一位朋友恰恰相反,长得骨瘦如柴,而且胃也有毛病。他常看见他的朋友去眼科医院,这是为什么?

(10)两个女孩一同来到一所学校报到。她俩长得一模一样,出生年、月、日与父母的名字也完全相同。然而,当教师问他们"你们是双胞胎吗?"她们却异口同声回答说:"不是!"她俩到底是什么关系?

二、发散思维能力训练

发散思维,从一个基本点出发,思维就同旋转喷头一样,朝向四面八方作立体式的放射思考,力求提出大量富有价值而又新颖独特的设想;发散思维,要充分运用想象力,调动起积淀在大脑中的知识、经验、信息和观念,并加以重新排列组合,从而产生更多更新的设想和方案;发散思维有利于人的思维的广阔性和开放性,也有利于思维在空间与时间上的拓展性和延伸性。

发散思维能力训练旨在形成一种开放的立体化的思维方式。

发散思维指一种不依常规、寻求变异、从多方面寻求答案的思维方式。宽广的知识面可以使人们见多识广,思路宽且灵活。因此,人们要注意培养广泛的兴趣;要尽可能地从各个方面去吸取信息和知识;重视各种环境下的实践。发散思维是根据已有的知识结构,围绕某一个问题,重组已有的信息,沿着不同的方向进行多层次、多角度的探究,从而产生新的信息,获得解决问题的多种方案的思维活动。这种思维往往使创意发明产生"一树结多果"的奇特效应。

1. 发散思维的训练方向

发散思维的流畅性、变通性和独特性三个特征为培养和训练发散思维能力指明了方向和目标。

(1)从流畅性入手,培养发散思维的速度和数量

流畅性训练以期达到被训练者对给定的刺激产生众多而且迅速的反应。思维的流畅性会受到语言、思维定势等因素的影响,尤其是语言流畅性的影响。人们常会遇到这样的情况:大脑中的创意如行云流水般迭出,转换性极快,却苦于找不到准确恰当的语言来表达。因此,提高思维的流畅性,就必须提高被训练者语言的流畅性,而语言流畅性的训练,主要有8种方式:

1)纵横填字谜法;

2)想出种种可供选择的同义词;

3)想出一段故事的多种结尾；

4)给出一段故事的多种标题(这是一种具有抽象概括性的发散性思维活动)；

5)用多个定语修饰某个或某些名词；

6)用多个副词修饰某个动词；

7)想出尽可能多的带有给定前缀或后缀的词(英文可用此法)；

8)用给定的字组成尽可能多的词,或用给定的词组成尽可能多的句子。

(2)从变通性入手,培养思维的变化及多方向思维的灵活性

变通性训练使被训练者的思考方式变化多端,能触类旁通,它是发散思维训练的关键。

变通性训练是发散思维能力训练的关键。

按照吉尔福特的观点,思维的灵活性涉及多方面的因素,其中主要有以下几点:

1)适应性。即对正在变化的条件的适应。

2)摆脱惯性。表现为思维方向的变化,从不同角度看问题,重新定义或界说问题,尝试对问题做出多种解释。

3)重新解释信息。即根据信息予以修正或通过重新定义改变语词或概念的意义。

4)自发性。指在做不同事情时自发地改变心理定势。

5)转化。指用一种事物替换另一种事物,用一个模型替换另一个模型,从一个层次转换到另一个层次,从一个门类的用途或功能转换到另一个门类的用途或功能。门类的转换,显然改变了事物的意义,是对已知属性的重新利用,或对新属性的发现。转换能力是非常重要的创意思维能力。转换的数目越多,速度越快,其转换能力就越强。当思维出现障碍时,思维的灵活性将帮助我们调整视角,重新聚焦。

(3)在变通性的基础上,培养思维的独创性

独创性训练使被训练者的思维能突破惯性,而做到与众不同。

【专项训练题目】

练习(1)　有多少种方法可将A与B两点连接起来。

练习(2)　有一装满水的杯子,不许倾斜杯子或打破杯子,如何设法全部取出杯中的水。

练习(3) 在3分钟里，尽可能多地说出砖的各种用途。

2. 发散思维的训练形式

应创设积极思考的情境，有意识地鼓励求异意识；要探求知识的新思路、新发现；在考虑问题时不受固定程序所限，不局限于常规常法，而是从多角度、多方面去设想、思考等。在当前的教学中，有人尝试采用以下几种形式训练发散思维的能力。

(1)发散性提问

这种提问追求的目标不是单一的答案，而是尽可能多、尽可能新的独创的想法、解法、见解、思路和可能性。如，“对某问题的解决思路你想到了哪些可能性？还有什么不同想法？你想知道什么？”“在这个图形中，你能找到或发现哪些性质？”

(2)延迟评价

也就是要激发积极思维，使被训练者能在有限的时间内提出尽可能多的设想，不一定对每一种想法都必须在即刻做出评价，也并非所有问题都要进行讨论，可根据教学的要求和内容，做出适当的处理，有的可以当场讨论解决，有的可以留在以后讨论解决，有的可以仅要求有兴趣、有能力的学生进行研究或讨论。

(3)集体讨论

结合训练的整体内容安排，可将对象分成2人小组、4人小组或全体大组进行讨论。这样的讨论，由于没有教师的介入，学生会畅所欲言、集思广益，从而引发他们创意思维的产生。

3. 发散思维训练的核心——发散点训练

一般从材料、功能、结构、形态、组合、方法、因果、关系等八个方面扩散开，进行多端、灵活、新颖的发散训练，以提高发散训练的能力。

(1)物品用途发散

以某物品作为发散点，设想出它的多种用途。例如，在5分钟内尽可能多地说出曲别针的各种用途：别东西、做装饰物、穿松紧带、当针用、对电子表、通烟袋锅、弯成各种图形、当刀子刻东西、做钥匙环用、当牙签、做扣子、做耳勺用、做导线、启动日光灯……物品用途发散训练的题目形式是，“在一定时间内说出某物品的各种用途。”

物品用途发散的思维方式有两种：

1)根据物品的特征进行发散，想出可能的用途。例如，回形针是铁制的，是导体，由此我们想到它可用做导线，做启动日光灯用等。

2)进行强制性的思维发散，即随便想出一个事物，把该事物和作为发散点的物品强制地联系在一起，寻找作为发散点物品的新用途。如想到扣子，把回形针当扣子用。后一种方式对于发现某种材料的新用途能起巨大的作用，取得辉煌的成果。特别是，一种新材料发明后，可以应用物品用途发散的第二种方式寻找可应用的领域，一定会得到靠其他方法得不到的新奇构思。

(2)功能发散

功能发散是从某事物的功能出发，构想出获得该功能的各种可能性。如对“怎样才能达到照明的目的?”这一问题，有人做出如下构想：点油灯、开电灯、点蜡烛、划火柴、烧纸片、用手电筒、点火把、燃篝火、用镜子反射太阳光等。从发散性思维的角度出发，没有废物或废料。因为借助功能发散(有时要加上视角转换)，可以废物利用，变废为宝。一位商人说：他可以利用猪身上的一切，除了猪的叫声。进一步说，猪的叫声也可以利用，比如进行科学研究或制成“猪音乐”，用于对猪的管理。

(3)结构发散

结构发散是以某事物的结构为发散点，设想出利用该结构的各种可能性。比如，要求画出包含该结构⌓的事物现象？如：电灯、篮子、初升的太阳、帽子、酒杯、雨伞、乌龟、碗等。经常进行这种思考，可以增加我们头脑中的形象储备，锻炼想象力。

(4)形态发散

形态发散是以事物的形态(如颜色、形状、音响、味道、明暗等)为发散点，设想出利用某种形态的各种可能性。例如：你能设想出利用红色可做什么或办什么事吗？这是一种形态发散思考，如：利用红颜色可做信号灯、红墨水、红围巾、红灯笼、红粉笔、红喜报等。

(5)组合发散

组合发散是以某一事物为发散点，尽可能多地设想出与另一事物联结成具有新价值的新事物的各种可能性。组合发散是一种强制性思维的发散方法，即你想到什么就与发散点的事物组合在一起。组合思考是一种非常重要的创意思维方法，组合思考不仅数量要多，更重要的是要组合的新奇与合理。经常进行组合发散思考，肯定会提高我们的创意能力。

例如，尽可能多地说出手电筒可以同哪些东西组合在一起。想到了手表、钟、鞋子、笔、衣服、书、桌子、帽子、汽车、教室。与手电筒一组合就有了带手电筒的手表、带手电筒的钟、带手电筒的鞋子、带手电筒的笔、衣服、书、桌子、帽子、汽车、教室等。从中可以发现一些很好的创意。如带手电筒的表，其形式有夜光表和带灯的电子表；带手电筒的笔，这种笔对夜间或暗处写字很有用处；带手电筒的书对住集体宿舍的"夜猫子"真是福音，自己随意怎样熬夜都行，也不影响别人的休息。

组合发散与前面提到的材料用途发散有类似之处，但也有区别。组合发散是把组合的两事物结合起来，而材料用途发散是用新材料代替旧材料制造想到的东西。

(6)方法发散

方法发散是以人们解决问题或制造物品的某种方法为发散点，设想出利用该方法的各种可能性。

例如：你能尽可能多地写出或说出用"吹"的方法可以办哪些事情或解决哪些问题吗？

这是一种方法发散思考。该题中的方法可用来吹气球、吹肥皂泡、吹灭蜡烛、吹去眼中的灰、吹口哨、吹笛子、吹喇叭等。方法的发散，是人们的创意能力中的一项重要素质。平时，人们要多掌握一些前人解决问题过程中积累下来的优秀思维方法和技术，并能把这些方法辐射出去，用到崭新的领域或新的事物上去，大大地提高我们的创意能力。

(7)因果发散

因果发散是以某个事物发展的结果为发散点，推测造成该结果的各种原因，或者由原因推测可能产生的各种结果。比如，在交际失败之后，推测造成交际失败的各种原因；在制定一项计划时，推测该计划可能会导致哪些结果，就是常用的因果发散。因果发散包括原因发散和后果发散两种：

1)原因发散是以某事物发展的结果为发散点，推测造成此结果的各种可能的原因。例如，尽可能多地说出玻璃杯破碎的各种可能原因。答案如下：落地摔碎、被汽车轧碎、开水冲进杯子时炸碎、杯子结冰胀碎、被火烧裂碎、被子弹击碎等。

2)后果发散是以某事物的起因为扩散点,推测可能发生的各种结果。例如,尽可能多地说出拉上开关后可能发生的各种结果。答案有:灯不亮、灯亮、灯亮了马上灭掉、灯泡冒出白烟、灯泡爆炸、保险丝断、电线起火等。

人们在进行科学研究时,经常会碰到认识事物的因果关系问题。因此,进行因果发散思考训练,有助于培养我们的科研素质,去发现事物、认识事物的内在规律。

(8)关系发散

关系发散是从某一对象出发,尽可能多的设想它与其他对象之间的关系。比如,每个人都可以从自我出发,想出自己与其他社会成员之间的关系,除了日常的一些基本关系之外,每个人还可能是听者(相对于讲演者)、观者(相对于哑剧表演者)、读者(相对于图书管理员和书商)、选民(在选举活动中)……确定事物之间可能的关系发散有两种形式:

1)从某一事物出发,尽可能设想出与其他事物的各种关系。例如,"你是谁?"尽可能说出你与社会各方面和各种人物之间的关系。

2)给出两事物,请说出这两事物之间可能的各种关系。例如,父亲和女儿之间可能有什么样的关系?答案有:父女关系、医生和病人关系、师生关系、同事关系、上下级关系、原告和被告关系、游戏的伙伴关系、谋害者和被害人关系、病人和护士关系、营业员和顾客关系等。

思维导图是一幅最为美丽、精致的思维艺术品。

【精华文摘链接:发散性思维的训练工具——思维导图】

英国人托尼·巴赞发明了一种训练发散思维的工具——思维导图(英文 The Mind Map,可译为脑图)。托尼·巴赞指出:"思维导图很适合创造性思维,因为它利用了所有一般认为与创造力相关联的一些技巧,特别是想象力、思想联想和弹性。"思维导图是"完整的创造性思维过程的外部表现"。

1. 思维导图的制作过程包括 5 个步骤

(1)速射思维导图喷发(在一张白纸中央快速地、一气呵成地画出一张近似的中央图)。

(2)一次重构和修正(包括合并、归类、建立层次、找到新联想)。

(3)沉思(以利突破)。

(4)二次重构和修正(考虑前 3 步得到的信息,制作一张全面的思维导图)。

(5)最后阶段(寻找答案、决定和办法以及进行元素合并,以达到新突破)。

2. 思维导图的4个基本特征

(1)注意的焦点清晰地集中在中央图形上。

(2)主题的主干作为分支从中央图形向四周放射。

(3)分支由一个关键的图形或者写在产生联想的线条上面的关键词构成,比较不重要的话题也以分支形式表现出来,附在较高层次的分支上。

(4)各分支形成一个连接的节点结构。

3. 思维导图的构造和运用要遵循的规则

(1)突出重点。

(2)使用联想。

(3)清晰明白。

(4)形成个人风格。

4. 增强思维导图效果的准备工作

(1)做好精神准备。

(2)准备好材料。

(3)准备好工作间或者环境。

5. 思维导图的评估标准

澳大利亚克丁科技大学管理学院院长克里斯汀·荷根女士给出了一套评估学生用思维导图解决问题能力高低的标准①。

评分标准:

(1)内容:	
广度(所涉及理论/概念的范围)	5分
深度(详细情况)	5分
(2)所涉及的自我观点	4分
(3)运用到的思维导图技巧:	
色彩	2分
符号	2分
箭头	2分
总分	20分

思维导图重视色彩是基于如下假设或猜想:人脑有向美的自然倾向,美丽的导图有助于激活网状系统。因此,思维导图越美丽,一个人能创造和记住的东西就越多。

① 托尼·巴赞著,《思维导图》,作家出版社,1998版,第230页。

三、广角思维能力训练

“横看成岭侧成峰，远近高低各不同。不识庐山真面目，只缘身在此山中。”（苏轼《题西林壁》）前两句提出横看、侧视、近视、远眺、俯视和仰望6视角；后两句不仅提出了内审、外察两种视角，而且还暗含了域内观和域外观两种视角。用28个字表达了10种视角，诗人以神来之笔，写意了一幅视角天地。

1. 广角思维及其培养

(1)广角思维的内涵

创意思维就是一种多视角的开放的广角思维。它鼓励思考者从多种不同角度研究同一问题、观察同一现象和思考同一对象。广角思维的关键在于视角转换，而其实质是异向思维。

广角思维是创意人胆略、智慧和机智的完美表现。

广角思维，就是在创造思维过程中为排除障碍、顺利实现创意而改变原来的思维方式，从多角度、多渠道采取进一步富有创意性的变通方式实现创意目标的思维方法。在进行广角思维时，不能“先入为主”，不能带任何偏见或死板地运用某一种思维方法。

广角思维是创意人具有胆略和智慧的表现，是一种机智的表现，是一种优秀的思维品质。爱迪生说：“一个机智灵活的人不仅能够最大限度地利用他所知道的一切事物，而且能够巧妙地利用许多他所不了解的事物。通过熟练圆滑的技巧，他可以机敏地掩饰自己的无知，并比一个企图展示自己博学的人更能赢得人们的尊敬。”

【趣例：三次妙用总统】

有一个外国出版商是这样巧妙地请总统做售书广告的：第一次，他寄给总统一本书，并征求对书的评价。总统无暇顾及，回了一句：“这书不错。”出版商立即做出广告：“现有总统喜爱的书出售，欲购从速。”于是书被抢购一空。第二次，他又寄给总统一本书，总统很不耐烦，回信说：“对不起，这书实在糟透了。”出版商立即广告说：“有令总统讨厌的书出售。”人们出于好奇，又争着购书。第三次，他还是寄给总统一本书，总统不高兴，也不答复，出版商的广告说：“现有总统难下结论的书出售。”这批书居然又被卖空。这个出版商妙用广角思维获得了成功。

(2)广角思维的培养

广角思维，闪烁着智慧的火花，能给人启迪，引人思索。那么，怎样才能具备广角思维这种优秀的创意思维品质呢？

1）要排除对权威的迷信，促进思维的科学化。迷信权威会阻碍科学的进步，并束缚人们的头脑。只有摆脱这种迷信，思维才能多渠道变通，创意思维才有可能产生和发展。

2）要排除对古人的迷信，促进思维的现代化。要有青出于蓝而胜于蓝的精神。既不复古，也不割断历史，立足于学习古人高明的地方，积极创新，使对问题的思考现代化。

3）要排除对国外的迷信，促进思维的民族化。国外的确有很多先进的地方值得我们学习，但是绝不能一味地崇洋媚外。中华民族是善于思考、极具聪明才智的伟大民族，要相信自己民族的思维潜能。

4）要排除对书本的迷信，促进思维的客观化。书是人类智慧的结晶，是科学文化的宝库，但是，书本上的东西并不一定都是真理，“尽信书不如无书”，要博览群书，经过分析比较，才可以得到较为全面、正确的知识。不迷信书本，就是要向社会学习、向实际学习，就是对问题的思考力求实际化。

广角思维训练要调动一切思维因素，通过材料、功能、结构、形态、组合、方法、因果、关系等方面为展开点，可进行具有集中性的多变、灵活、新颖的信息结合处理方式，培养创意思维能力。

异向思维往往能使复杂的问题迎刃而解，而萌生“柳暗花明又一村”的奇特感觉。

2. 广角思维训练的关键——视角转换

视角转换可以帮助我们从不同方面和不同层次，以不同方式和方法审视和考察同一对象、现象或运动，达到确定的精细的认识；视角转换可以打破思维定势，防止思维固化，从而导致新的发现，获取新的思路。

视角转换的实质就是异向思维，异向思维改变了思维方向，改变了思维角度。通过异向思维，复杂的问题往往迎刃而解。思考时只有转换角度，才会“柳暗花明又一村”。

（1）横向思维—纵向思维

“横向思维”的英文为“lateral thinking”，又译“旁通思维”；“纵向思维”的英文为“vertical thinking”，又译“直达思维”。也可以简单地把横向思维称作“—”型思维；纵向思维称作“|”型思维，二者合二为一即所谓“T”型思维。

1）横向思维。它是一种广度思维方法。是从与某一事物相互关联的其他事物中分析比较，寻找突破口。也就是说，突破本身的局限，从另一个新的角度来对某一事物进行重新思考，它是一种可以冲破传统观念和常规束缚的思维方式。横向思维的突破和超越，易产生杰出的创意灵感。以挖洞来比方，横向思维就是一种试着在别处挖洞的思维方法。

2)纵向思维。它是一种深度思维方法。是根据事物本身的发展过程来进行深入的分析和研究。它是按照一定的思考路线，在一定范围内，向上或向下进行垂直思考，是一种探索前因后果，把握来龙去脉的传统思维方式。纵向思维能历史地、全面地看待问题，有利于加强思考的深刻性和系统性，但不利于产生杰出的创意。再以挖洞来比方，纵向思维就是一种深挖同一个洞的思维方法。

德勃诺(Edward de Bono)在《横向思维》一书中对横向思维与纵向思维进行了区分(见表 7-1)。

学会换位思考，站在不同的立场、位置和角度重新审视问题。

表 7-1 纵向思维与横向思维的比较

纵向思维	横向思维
1)逻辑思维	1)非逻辑思维
2)选择性的(做选择，与发展过程无关)	2)生成性的(打破旧观念，激发新观念的生成)
3)注重正确性	3)注重丰富性
4)寻找最佳方法	4)为生成而生成
5)方向—目标明确	5)方向—目标不明确
6)思维方法确定	6)思维方法不确定
7)分析性的	7)启发性的
8)按部就班，每一步都必须有充分的根据	8)可以跳跃，不一定有充分的根据
9)使用否定来堵死某些途径	9)没有否定
10)思维集中于一点，排除一切不相干的东西	10)欢迎突然闯入的东西
11)遵循最有希望的途径	11)探索最无希望的途径
12)思维过程是一个有限过程	12)思维过程是一个无限过程
……	……

(2)顺向思维—逆向思维

1)顺向思维。思维按照传统的程序从上到下,从小到大,从左到右,从前到后,从低到高等常规的序列方向进行思考的方法。顺向思维的常规性容易导致习惯性思维即思维定势,从而影响到思维的创新。

2)逆向思维。是一种反常规、反传统、反顺向的思考方法,思维从原有视角相反方向思考问题,常能跳出思维定势的框框,取得创新的思维成果。

(3)女性思维—男性思维

1)美国妇女问题专家研究了女性思维与男性思维方式的差异,这一比较研究其目的是要解释女人在感觉、思考、接触和观察事物方面的特点。

女性思维或女性视角以家庭为主,对程序感兴趣,对细节更耐心,更能处理重复性工作而不厌烦,更渴望学习,对生疏的、不懂的东西不隐瞒,更愿意请教和接受指导。女性思维是双数型的,双数意味着合作、合伙、关系、平衡。女人更多地用直觉,更能理解整体。女人运用语言是为了建立关系和增加亲密感。

男性思维的特点是,通过等级制度工作,需要知道答案,识别角色,一心一意,抵制变化,以交易为目标,线性思维。大多数男性看重等级制度,受行为驱使。男性思维是单数型的,单数意味着独立、直接、以自我为中心。男人运用语言是为了保持独立,维护他在群体中的地位。

逆向思维是创意思维训练的核心之核心。

2)美国管理心理学家吉特·霍夫斯泰特(Geert Hofstede)在民族文化维度的理论中,提出女性度—男性度的概念①,表明女性价值观与男性价值观存在着如下差异:

女性价值观——强调生活品质,重视人与人之间的关系并对他人幸福敏感和关心,为了生活而工作。

男性价值观——强调生活数量,重视金钱、成就和物质主义,以自我为中心,自信而独立,为工作而生活。

3. 广角思维训练的核心——逆向思维

逆向思维是突破思维定势,不采用人们通常思考问题的思路,而从相反的方向去组合信息,进行反向推理的超常思维活动。这种思维能

① 俞文钊著,《管理心理学》,东北财经大学出版社,2000 年版,第 74 页。

给人以茅塞顿开、耳目一新之感。逆向思维不仅具有发散性，同时还具有选择性和跳跃性，它并不是按部就班地想问题，而是“反其道而行之”，是创意思维方法中的核心方法。

逆向思维具有以下几个特点：

1)背逆性。与常规的看法、习惯定势相反，体现出对已有理论、规律或已被确认的事实的背逆，即换个方向看问题。

2)新颖性。因为它改变了思维方向，把思维引向一个新领域，自然会碰上许多与常规不同的新问题，提出一些与常规事实或观点相反的假设和看法，这就极大地调动了思维者的思维能力，拓宽了思维空间，必然是景色一新。

3)逻辑性与非逻辑性的统一。这里的逻辑性指的是人们的习惯思维方式；逆向思维倒着来，自然是反逻辑的、反习惯的，但是它又是按照新的逻辑程序建立的。这种逆向思维的逻辑进程按照反设—重组—建立—验证—确立的过程而存在，使问题在新的思考中得到解答。

4)创意性强。这是前三个特点的必然结果。

彻底地颠覆，往往带来彻底地改变。

人们常说“推推不成，拉拉看。”在思维过程中，遇到无法从正面解决的问题时，掌握“把顺序调换一下试试看”的方法，掉转方向，从对立的、完全相反的角度去提出问题、思考问题、解决问题，往往能取得意想不到的收获。逆向思维是创意思维活跃的人的有力武器。这种方法常常能出奇制胜，做出突破性的发明创造。可以说，逆向思维方法是激发创意思维的有效方法之一。因为人们的思路一般是根据背景知识或传统观念来确定的，而任何时代的背景知识和传统观念只是人类认识事物的一个暂时阶段，它不可能完全正确地反映事物的本质和客观规律，人的认识必须在不断扬弃背景知识和传统观念过程中，才能更加深刻全面地把握事物的本质。当你面对一个新问题沿着某一固定方向思考而百思不得其解的时候，如果此刻能够灵活地调整一下思维方向，摆脱传统观念的束缚，从不同的角度展开思路，甚至把事情整个反过来设想一下，那么就有可能茅塞顿开，恍然大悟。它的前提是必须胆子大起来。敢于怀疑亘古不变的事，要降低对权威的认可程度。

【本章小结】

无数的研究和事例表明，如果没有良好的创意思维素质做基础，就不可能取得丰硕的创意成果。而以发散思维和广角思维为核心的创意思维能力则是产生创意成果的关键。创意思维训练的目标就是把这些思维要素打造成创意的思维合金。作为学习者，应制定出适合个体的训练方案。只要你坚持不懈地努力与实践，你就会最终拥有这一珍贵的创意思维合金。

【思考题】

1. 为什么创意思维能力的核心是发散思维能力？其根本特征是什么？
2. 根据个人特点，设计一套自我创意思维能力的开发方案。
3. 拟定一个题目，运用广角思维方法，提出一个全方位的解决问题方案。

★★★★★ 进修指导 ★★★★★

【参考文献】

1 素质教育与能力培养研究组．创新能力训练与测验．北京：中国人民大学出版社，2001

2 付秋芳，修巧燕．大脑的潜能与开发．济南：山东人民出版社，2001

3 张银玲，皇甫恩．脑认知功能的研究与开发．中国行为医学科学，2002(11)

4 (美)吉尔福特．创造性才能．施良方等译．北京：人民教育出版社，1991

5 张掌然等．思维训练．武汉：华中理工大学出版社，2000

6 托尼·巴赞．思维导图．北京：作家出版社，1998

7 梁良良，黄牧怡．走进思维的新区．北京：中央编译出版社，2000

8 袁劲松．全脑思维训练场．北京：中央编译出版社，2002

【相关网址链接】

http://prod1.el.com.hk/enducation1/main01.html

http://www.zt110.com/fulao/download/htm/iq/fssw

http://www.tkes.tn.edu.tw/open/mi/so4a01-1.htm

http://contest.ks.edu.tw/river/teach/teach2.htm

第三篇

实务运作

第8章 品牌产品创意

商者必用奇胜。

——《史记·货殖列传》

【商者必用奇胜】

求新好奇是消费者的普遍心理，新陈代谢是市场经济生存发展的规律，而固步自封，“多年一贯制”将永远走不出低效益的误区。我国古代兵法主张在战争中要“出奇制胜”，这个思想移植到商战中就是要不断创新，做到：“人无我有，人有我新，人新我廉，人廉我转。”在当代激烈竞争的市场上，产品日新月异，企业要想持久地占领市场，光靠现有产品是绝对不行的，必须不断更新换代，推陈出新，才能适应经常变化着的市场需求，以及科学技术迅速发展和产品生命周期日益缩短的趋势。

【学习指南】

本章学习目的

通过本章内容的介绍，了解品牌产品创意的重要性，掌握关于品牌、品牌产品、品牌产品创意的相关理念，学习如何在实务中进行有效的品牌产品创意，从而明确不断研究和开发新产品是任何企业和组织保持竞争活力的关键所在。

本章内容提要

本章包括三部分内容，首先进行相关理论的铺垫，介绍产品与品牌的基本内涵以及二者的概念界定；第二部分引入新产品开发策略与创意思维，特别是新产品开发创意思路；最后着重于创意思维在新产品开发中的应用，包括品牌的设计实务以及品牌设计的新趋势。

第一节 现代品牌概论

一、产品的整体概念

企业经营的核心是产品，企业赖以生存和发展的基础是产品，一个企业兴衰存亡，关键在于产品是否试销对路、能够满足消费者的需求。市场竞争归根结底还是产品的竞争。

善于产品创意，方能在百花争奇斗艳中卓而不群。

1. 产品的基本内涵

“产品”这个术语。科特勒定义如下：“就是能够提供给市场以引起注意、购买、使用或消费的东西，它包括实物形态、服务、个性、场所、组织和思想。”①

斯泰通以如下方式定义这个术语：“就是有形属性和无形属性的统一体，它包括包装、色彩、价格、生产商信誉、零售商信誉及生产商和零售商的服务等，这些可在满足买者需要时为他们所接受。”②

市场竞争归根结底还是产品的竞争。

产品是为了满足人们的某种需要，在一定时间和一定技术条件下，通过有目的的生产劳动所创造的物质资料，它是物化劳动和活劳动在生产过程中所凝结的劳动成果。

2. 产品的整体概念

按照现代的整体产品概念来理解，产品是指提供给市场，被人们使用和消费，能满足人的某种欲望和需求的一切物品和劳务。也就是说，产品是一个综合性的观念，可从根本方面来认知，包括机能、材料、结构、大小、形态、包装、品牌、服务和保证等。然而，产品不只指实体部分及所提供的服务而已，最重要的是顾客因而取得可满足其欲望的效用。因此，从产品的整体概念出发，产品应当包括三个层次：核心产品、有形产品和附加产品。

(1)核心产品。即产品实体部分。这是产品最基本的层次，它能提供满足消费者需要的效用和利益，因此这是消费者真正要购买的东西。作为生产者必须清楚地知道，消费者购买某种产品绝不是为了占有该

产品⟺需求

① MBA 编译组，《新产品开发》，中国国际广播出版社，1997 年版，第 47 页。
② MBA 编译组，《新产品开发》，中国国际广播出版社，1997 年版，第 48 页。

产品本身,而是为了获得能满足自身某种需要的效用和利益。

例如,意大利著名服装品牌贝纳通(Benetton)以它的广告独特而备受关注,许多年轻人接受调查时说“我不喜欢贝纳通的广告,但我喜欢它的服装。”“为什么”?“因为身穿贝纳通绝对是大家的焦点所在。”肯德基的总裁也这样说过,我们不仅给消费者提供鸡腿,更重要的是为他们提供美国的家乡风味。力士(Lux)浴皂70年的成功经验也证明了一条深刻的心理法则:世界上没有真正的丑女,每一位女士都是她自己方式中的维娜斯。由此可见,企业生产经营人员的任务就在于推销产品的“实际利益”,而不是其表面的形式与外观,他们要表现隐藏在产品后的真正需要,把消费者所真正需要的核心利益和服务提供给他们。

消费者真正需要的是利益和效用。

(2)有形产品。即核心产品借以实现的形式,这是产品的第二个层次,企业的设计和生产人员必须将核心产品附着于一定的载体,这样才能卖给消费者,这是满足消费者需要的各种具体产品的形式。有形产品主要包括五个方面的内容。品质,如产品的性能、质量等;特色,表现某产品与竞争产品的区别,显示其竞争优势;形式,如产品的式样、风格、类型;商标,即产品的标志;包装,它保护产品,同时给产品增加美感。有形产品的特点是直观和具体,能给消费者提供直接刺激。

(3)附加产品,亦即延伸产品。这是产品的第三个层次,是指消费者在购买产品时所得到的附加服务和利益,如提供信贷、免费送货、安装保修、保换、售后服务等,附加产品虽然不是实体产品,也不构成产品的外观形式,但却能给消费者带来多种附加利益,从而直接影响到消费者对该产品满足需要的程度和对该产品的评价。

例如,美国的家美公司正是因为推出了草坪养护这项新产业才能如此成功。以前的家美主要出售的是液态草肥、除草剂、除虫剂和除草机械等,但他们首先发现顾客除了要购买这些东西以外,主要的是想得到修护草坪的服务。因此,公司确立这样一个愿望:要拯救用户,让他们不必再和照料草坪这种麻烦得要死的工作搏斗。这样,用户购买家美公司产品的同时,也享受到了训练有素的园艺工的专业服务。所以,消费者购买某种商品,为了满足需要的同时,理所当然也希望得到和满足需要有关的一切事物,企业只有向消费者提供具有更多利益的产品,才能在竞争中取胜。

产品的整体概念体现了现代企业的经营观念。

以上三个层次结合起来,就是产品的整体概念,产品的整体概念体现了现代经营观念。明确这一观念，对于产品的策划开发、设计、生产等具有重要的指导性意义。

二、品牌与产品的概念界定

品牌是一种感觉和联系，它不仅可以用来辨识，更可以为产品创造一种精神上的氛围，使产品具有一种人性的气质与感觉。现代商战中，企业的成败不在于你拥有多少种产品，而在于拥有多少知名品牌。一个民族拥有一流的品牌，就等于拥有了推动国民经济快速发展的巨大资产，拥有了支撑民族自信心的消费文化。

1. 品牌的内涵

几种关于品牌的代表性定义：

(1)D. 奥格威定义："品牌是一种错综复杂的象征。它是品牌属性、名称、包装、价格、历史、声誉、广告风格的无形总和。""品牌同时也因消费者对其使用的印象，以及自身的经验而有所界定。"

(2)O&M 广告公司的定义："品牌是一个商品透过消费者生活中的认知、体验、信任及感情，挣到一席之地后所建立的关系。"强调：品牌是与消费者的一种关系。

(3)著名营销学教授菲利浦·科特勒的定义："品牌反映了六方面的内容：①属性：即该品牌产品区别于其他品牌产品的最本质的特征，如功能、质量、价格等；②利益：即该品牌产品因能帮助消费者解决问题而带来的实惠利益；③消费价值：产品为消费者提供的价值；④文化：品牌所具有的文化内涵；⑤个性：品牌所具有的人格特性；⑥购买使用者：即该品牌现实地为哪种类型的消费者所购买和使用，也即该品牌的目标消费者。"

赋予品牌整体的个性——形象感和鲜活的生命特征。

本书认为，品牌的内涵并不像表面直观解释的那么简单，品牌不仅是一个区分的名称，更是一个综合的象征；品牌不仅掌握在品牌主手中，更取决于消费者的认同和接受；品牌不仅是符号，更要赋予形象、个性和生命；品牌不仅是短暂的营销工具，更是长远的竞争优势和最有潜在价值的无形资产。

2. 品牌与产品的界定

必须理解产品和品牌之间的区别。从比较上看，品牌比产品的范围更大，内容更丰富，更具独特性，也更持久(见表 8-1)。

表 8-1 产品与品牌的界定

产品与品牌的具体比较	
产品	品牌
依赖制造商	依赖消费者
是具体、具象、物化的	是具体的，也是抽象的、综合的
是实现交换之物品	是与消费者沟通的工具
要素包括原料、工艺、生产、技术、质量等	要素是标记、形象、个性等
对应特定的功能和效用	包容大的范围、不局限于特定的功能和效用
有功能意义	还兼有象征意义
冷冰冰的	活生生的
注重价格	注重价值，追求高附加值
容易被模仿	独一无二
有一定的生命周期	可以经久不衰、天长地久
只从属某一种类型	可以延伸、兼并和扩展
其效应难以积累	其资产可不断积累和增加

第二节 新产品开发策略与创意思维

品牌是与消费者沟通的工具。

一、新产品的概念界定

不断开发新产品，是市场对企业的要求，也是企业立足于市场的根本和惟一出路。谁能不断开发新产品，谁就能在市场竞争中不断发展，而免遭被淘汰的厄运。

1. 新产品的概念界定

新产品是一个十分广泛的概念，同时也是一个相对灵活的概念。新产品的概念可以从不同的出发点来理解。

(1)根据不同的对象界定

1)对企业而言的新产品。包括改进产品、转型产品或多样化的产品。

2)对市场而言的新产品。包括目前可得到的产品、发生了新变化的产品、与原先含义不同的产品。

3)对买方或用户而言的新产品。一件老产品可能由于顾客的误解而被冠之“有新意”,一件真正的新产品也可能被斥为陈旧。

(2)根据创新程度界定

1)具有全新功能的产品,如有 MP3 功能的手机。

2)在现有功能上进行改进的产品。

3)具有新用途的现有产品,如烟雾弹,最初用于杀虫,后来用于喷涂。

4)具有附属功能的产品。如在早期电话的基础上增加一些功能的免提电话。

5)开辟新市场的现有产品。

6)通过降低成本招揽更多客户的产品。

7)通过现有产品的一体化形成的高档产品。

8)改进式样的产品。如汽车、服装的不断翻新。

(3)更为灵活的界定

从新产品的整体概念上,我们可以弹性地理解为,只要产品的任何一个要素发生变化,都可以视之为新产品。也就是说,凡是能给顾客带来某种新的感受、新的利益的产品,都可称之为新产品。

大浪淘沙方显英雄本色。

2. 新产品的特性

(1)新颖性

产品的新颖性一般指产品具有以下一项或几项特点:具有新原理、新结构、新技术;具有新的材料或组件;具有新功能;具有新用途。

按新颖性的程度或技术的先进程度,新产品可分为世界性新产品、国家性新产品、地区性新产品和企业性新产品。缺乏新颖性的产品,就不能成为新产品。

(2)商品化

一件产品如果只具有新颖性的特点而缺乏商品化的特征,那就只能算是一项科研成果、专利或发明,而不能被看做是一项新产品。作为新产品,应该具有以下商品化的特征:

1)市场适应性。新产品必须满足用户对该产品功能、用途、质量、可靠性、使用、包装、价格方面的显在要求和潜在需求,最好是潜在市场稳定而可靠。

2)时效性。新产品必须能在适当的时机投放市场,因为任何新产品的生命周期有限,所以新产品的时间性一般都很强。

3)可生产性。新产品一般能以市场接受的价格进行工业化生产。

4)效益性。新产品能够保证给企业带来利润。

(3)风险性

开发新产品,尤其是全新产品,要冒一定的风险,因而应慎重考虑。新产品的风险性主要表现在:

1)技术风险性。由于技术不成熟造成的技术风险,包括新产品样品研制和随后的批量生产的技术风险。

2)市场风险性。由于对市场分析研究得不够透彻,而造成产品不是消费者需要的市场风险性。

3)效益风险性。由于对效益估计不准而造成的风险。

二、新产品开发的程序

开发一项新产品要想获得成功,必须有一套科学的程序,有计划、有步骤地进行。此外,对我国目前来说,存在的主要问题是:一方面许多企业的产品市场疲软,库存积压,企业不敢轻易开发新产品;另一方面市场上有许多空档、许多未满足的需要,亟待开发新产品。此外,还有不少企业开发新产品的动力不足,资金短缺,阻力重重。所有这些问题,都需要通过企业真正走向市场去解决。

新产品的开发程序如表 8-2 所示。

表 8-2 新产品开发程序

第一阶段	调查·情报·分析	·调查计划立案 ·各类情报收集(市场、技术、竞争、价格) ·广泛收集和剖析代表性样品 ·决定新产品的目标及其采用的新结构、新技术 ·预定新产品的用途、范围和应达到的技术	设想·评估·筛选	·进行目标的各类创新构思 ·分析比较各种提案 ·确定各项评价标准 ·方案可行性评估 ·对目标、日程、预算进一步具体化 ·方案的进一步修改 ·形成目标开发方案 ·编制新产品计划任务

续 表

第二阶段	设计·试制	·展开各类创意方案 ·关键课题研究 ·样品试制 ·样品、样机剖析 ·采用标准件 ·功能测试 ·模具筹集 ·进一步修改生产技术上的问题	评估·确定	·设计评审 ·经营分析 ·生产试制评价 ·开发进度分析 ·新产品鉴定、定型
第三阶段	试销·改进	·销售测试 ·有重点的部分试销 ·掌握销售对象特点 ·了解产品销售的价格函数 ·根据用户意见改进	市场·计划	·市场反馈研究 ·对销售市场评估 ·投入市场时机、方式 ·包装、商标、营销规划 ·正式生产决定
第四阶段	生产	·确定最大利润、产量和价格 ·建立有关生产管理制度和系统	营销	·有效的推销计划 ·开拓新市场 ·主要力量用在宣传新产品用途及特点上

功能上的三大卖点：

主辅功能、多功能和特殊功能。

三、新产品开发的创意思路

1. 广开思路，一专多能

设计功能类产品时，除了要提高其基本的效用外，还应增加附属功能，使其具有与原同类产品不同的特点，给消费者带来更多的使用价值。

【创意金点子】

一拐在手，生命无忧 拐杖的功能较单一，容易滞销，某厂及时设计了多功能保健手杖。这种拐杖自带名片，上写使用者的姓名、住址、病史，当使用者跌倒时，手杖自动发出求救信号。此外，手杖还有照明功能，既安全又方便。

一加一大于二 美国加州有一个制造小巧玲珑汤匙的青年，推出一种叫做“温度匙”的产品。这种装有温度计的小汤匙推出后，成本不过是30美分左右的这一产品，零售一支卖10美元。这项小东西不过是把两件东西拼起来而已，但是非常实用，合乎人们的需要，是生活不可缺少的必需品。

2. 寻找空档，创造优势

“欲到山中寻宝物，须向无人涉足处。”产品的优势都是相对的，而且是时时变化的，企业只要认真分析市场，善于捕捉经营战机，就可以集力于刃，形成自己的优势。

【创意金点子】

目睹现代战争，锁住CNN 美国有线电视网(CNN)就是采用抓空当而一跃成为全世界最有影响力的电视台之一的。当时，美国三大电视网——全国广播公司、美国广播公司和哥伦比亚广播公司——在电视领域中打得头破血流，如果CNN想从中分得一杯羹，几乎等于白日做梦。CNN总裁特纳先分析了这种情况后，决定另辟蹊径，他以有线电视作为突破口，以全天24小时新闻为特色，逐渐站稳了脚跟。海湾战争期间，CNN以其快速、高质量的新闻轰动了美国及全世界。以此为契机，CNN终于走上了健康发展的金光大道。

3. 抓住商机，敢于创新

企业进行新产品开发时，一定不要错过任何可能成功的机会，要善于运用发散性思维，推陈出新，独树一帜，想他人所想不到的，这样才能抓住稍纵即逝的商机，获取成功。

附加值上的三大卖点：
文化—时尚；
情感—人性；
幽默—情趣。

【创意金点子】

垃圾成金砖 东、西德统一时，推倒柏林墙，也出现了一次绝妙的利用政治事件生财的点子。有位商人认为柏林墙的石头是历史的见证，是一种永久的纪念，随着时间的推移会慢慢显示出它巨大的价值。这位商人在砖块上编了号，写明这块砖是在柏林墙的什么位置，在什么经度纬度，甚至连在第几层等都标明了。其中编号第一和最后的两块砖头很贵，编号数码与推倒柏林墙时间一样的那块砖头更贵。他还将有些砖头标明面向东德还是面向西德的。柏林墙的奠基石最后举行拍卖，以很高价格被法国一位收藏家买走。这次以“掌握一份历史”为主题的商业活动，引起了很大的反响，欧美购买的人非常多，甚至还有邮购的！

4. 以退为进，欲擒故纵

企业在进行产品开发时，应该从长远的角度出发，设计相应或系列的产品，以满足消费者不断发展的需求，同时也为企业自身的营销推广搭桥铺路。

【创意金点子】

"傻瓜"当道，柯达显威 前些年，美国柯达公司同时在27个国家推出了大众化的"自动式"照相机。这种相机不分男女老少都可以运用自如，全世界都为这一新产品而轰动。但不久该公司竟然宣布：柯达照相机的专利，本公司绝不独占，我们允许所有的厂家仿造。对此，许多企业感到不可思议，但实在又经不住诱惑，于是开始纷纷仿造这种被称为"傻瓜"的相机。随着各种式样"傻瓜"相机问世，"柯达"胶卷开始粉墨登场，并很快席卷了全球。这时，许多人才如梦初醒，原来柯达公司放弃这种照相机的专利，目的就是拓展照相机市场，照相机普及了，必然刺激胶卷的消费，引导出一个更加广阔的胶卷市场来。

5. 注重需求，应运而生

企业应及时了解消费者的意愿，美国杜邦公司董事长曾说过："知道消费者在想什么是最重要的事情。"企业要紧紧围绕消费者，依靠消费者，时刻为消费者着想，就能最大限度赢得消费者，为产品找到"归宿"。

消费价值观上的三大卖点：
天然与自然、绿色与健康以及女性主义。

【创意金点子】

可口拌饭 近些年在日本，饭馆老板新推出儿童风味的"拌饭食品"，即用浸过酱油的鱼片、烤过的裙带菜、肉糜鲜汤，经精心烹调后进行真空包装，用于拌饭。这种"拌饭食品"上市后，很快成为深受儿童欢迎的风味食品。推出这种食品的永谷园开发部长田中博先生在人们就餐时间拜访各类家庭，偶然发现一个5岁男孩子不愿吃饭，大人无论怎么哄都不行。男孩子的妈妈赶忙说："用鱼汤拌饭很好吃，赶快吃吧。"孩子很快就将饭吃完。目睹这一情景，田中博猛然省悟连忙跑回店去。经过多次试验，终于推出新型儿童风味"拌饭食品"。

6. 敢于创新，重获生命

随着时代的发展，有的产品可能会失去以前的效用，企业应该根据不同的时代特点和产品特点，进行创新改造，挖掘产品的发展潜力，使其获得第二次生命。

【创意金点子】

沙漏的新生 时钟未发明前人们所爱用的沙漏，现在它的用途只限于玩具方面，需要量很小。制造沙漏的日本人西村金助偶然看到一本书，里面写着："马匹虽然丧失了运输的功能，但是又以高娱乐价值的面目出现。"他想：赛马骑用的马匹比运货的马匹值钱，是啊！我应找出沙漏的新用途。经过思索，一个构想浮现在他的脑际："做个限时 3 分钟的沙漏，在 3 分钟内，沙漏上部的沙就会完全落到下面来，然后把它装在电话机旁边。这样打长途电话时就不超出 3 分钟，电话费也可以有效地控制。"这个东西的设计非常简单。把沙漏两端嵌上一个精致的小木板，再接上一条铜链，然后用螺丝钉在电话机旁边就行了。不打电话时做装饰品，看它点点滴滴地落下来。虽是微不足道的小玩意，但是对于现代人而言，倒是很能调剂生活的。担心电话费支出的人很多，这个东西可以有效地控制通话时间，其售价又非常便宜。因此一上市，销路很好。

7. 巧用名人效应

消费者崇尚偶像的心理应该被企业所掌握，企业利用名人设计开发的时尚化产品一旦被消费者接受，就很容易形成流行现象，这对销售十分有利。

【创意金点子】

戴妃效应 英国王妃戴安娜的一颦一笑，一行一止，都常常引起西方世界人们的极大兴趣。她的服装，她的发型，各国少女们竞相模仿，趋之若鹜，甚至还掀起了一股"戴安娜热"。服装制造商们敏感地抓住戴安娜这种昙花一现式的"时装表演"，纷纷仿制她曾经穿过的服装样式，大批销售。戴安娜曾穿过一种羊毛衣，上面织有一只逗人的小羊，于是这种款式就风靡一时，销售额达 100 多万元。她穿过的平跟皮鞋也成了时髦，一家制鞋公司销售了 280 万双这种平跟鞋，价值达 6 300万美元。

8. 摸透心理，对症下药

对不同种类的产品，消费者有不同的心理期望，产品能否满足消费者的心理期望，直接影响购买动机。企业必须耐心细致地捕捉消费者的心理信息，从他们的言谈举止、表情神态及反馈等各种表现，来判断他们的心理活动，有针对性地开发适合消费者心理需求的产品。

【创意金点子】

灭“顶”之财 20世纪70年代以后，装有空调、音响设备的封顶车抵消了敞篷车露天通风的优越性，因此几家大的生产厂家都停产了。刚担任克莱斯勒汽车公司董事长不久的艾柯卡独具慧眼，让人改造了一台旧式的敞篷车，先做实验。没想到他第一次把车开到中心市场就引起了极大轰动。因此，他进一步摸到美国人想重坐敞篷汽车大兜其风、重温旧梦的时尚趋向。他立即通知制造部，不再做市场调查，马上就造！新型敞篷车先声夺人投放市场后十分畅销。开始估计有3 000辆就能满足需要，没想到竟一气卖了23 000辆。后来，通用、福特也紧步后尘。克莱斯勒多年来头一次走在前面，使艾柯卡感到无比自豪。

9．多一些趣味性与情趣性

处于不同生活环境的消费者，其认识事物的思维方式、行为方式、消费概念、价值观念也不尽相同。这就导致了他们对产品的需求各有差异。因此，企业要尽可能使产品与消费者所处的生活环境及其变化相适应。趣味性与情趣性产品将日益受到消费者的青睐。

【创意金点子】

真假虚实、生财之道 日本有一个水果商人，一次去大商场买东西，看见柜台上放着各式各样的假果树，上面都挂着假水果。他想：我卖水果时没有果树，他们卖果树时又是假水果，可不可以将二者结合起来呢？于是让工厂生产出较结实的果树，摆在他的水果店里，然后将真正水果挂在这种树上，可以到乱真的地步。顾客都觉得相当有趣，纷纷前来购买。顾客可以自己动手摘水果，选了这棵树上的还可选那棵树上的，不再像以前那样堆在篮子里，而成为一种很漂亮的居室装饰。这位水果商获得了很丰厚的利润。

会“说话”的水果 日本一家公司的一位职员，有次去买苹果送给病中的朋友。站在水果摊前他忽发奇想：要是在这苹果上印上“祝你早日康复！”等类字眼，拿去探望病友肯定很受欢迎。因为许多时候人们买水果是送人的，那么可以在水果表面上写上各种吉利的话语，如“福”、“我爱你”字样的水果，那绝对会很畅销，他还将一些公司的简洁的广告词写在水果上，结果许多水果店大量订购。

第三节　创意思维在新产品开发中的应用

一、品牌产品设计创意

当代国际市场上的竞争，正日益成为产品设计和科学技术的竞争，哈佛商学院的海斯教授曾说："昨天在价格上竞争，今天在质量上竞争，明天在设计上竞争。"①良好的设计可增加产品的实用性和吸引力，把经济、科技、艺术巧妙地结合起来，使产品更有魅力，更加适合人的需要。

1. 品牌产品设计的理念

(1)产品设计的内涵

设计是产业的命脉，是产品的灵魂。

产品设计是指对产品的外观、用途以及外延功能进行的以满足和适应消费者不断变化的需要的设计。

产品设计直接制约着产品质量和特色，影响企业经济效益和社会效益，对扩大市场、增加销售、促进产品以至整个国民经济的发展，都有极其重要的意义。世界上许多国家的经济起飞，在国际市场上竞争力的加强，都离不开工业产品的设计。日本人曾提出"设计立业"的口号，视设计为产业命脉；前英国首相撒切尔夫人曾大声疾呼：忘记了设计的重要性，英国工业将永远缺乏竞争力。

产品设计是产品生产的起点，也是产品竞争取胜的关键。一种产品的功能、结构、外型等特点，是在产品设计过程中确定的。所以，产品设计应在市场营销调研的基础上，从实际需要出发，将产品功能与制造、维修、原材料和加工成本等结合起来考虑，防止片面性，对不同档次的产品应根据目标市场的需求有所创新。同时，要处理好基本功能和辅助功能的关系。例如，手表的基本功能是计时，辅助功能是防水、防磁、防震等，辅助功能应当围绕基本功能并有助于加强基本功能，而不应该喧宾夺主，本末倒置。

设计是产品的灵魂，没有卓越的设计，就没有高质量、高效益的产品。例如，日本东芝公司聘请意大利著名的IDEA公司设计的高档电

① 苏亚民主编，《市场营销学》，中央广播大学出版社，1993年版，第180页。

视机，将设计者的名字刻在机身正面的显著位置上，每台售价高达2 000美元，在日本市场引起轰动。

(2)品牌产品设计的要领

要想使其设计出来的产品赢得消费者的认可，就必须遵循产品设计的要领。“学我神者生，似我形者死”，这是我国著名国画大师齐白石的一句名言。告诉我们：完全模仿他人的东西是没有市场的，只有在吸取他人长处基础上加以创新、创出自己的独特品味来，才能大有可为。同样，企业在开发设计产品时也需要创建自己独特的风格，体现自己独一无二的个性。不同的消费者有不同的个性，对产品的需求也不同，因此，产品的设计除考虑产品的共同需求的功能、品质、结构等以外，还要考虑产品的独特个性，以满足不同个性购买者的心理要求。企业要想设计开发出具有个性的新产品，就必须掌握消费者不同的消费特点。

学我神者生，似我形者死。

——齐白石

1)显示人的成熟程度。产品设计应根据人们的成熟程度，按照其不同的心理要求而设计。每个人都要经历从小到大的不同成长阶段并伴随着相应的成熟程度。人的成熟程度不同，个性特点也不同，购买产品的动机自然会有差异。一般来说，年轻人往往要求产品新颖别致，而中、老年人则往往更看重产品的物美价廉，追求结实耐用。

产品设计师必须是一位消费心理学家，否则消费者会说：其实你不懂我的心。

2)显示个人的成就和威望。有的消费者希望通过购买和使用某种产品，来显示其事业上的成就和威望。企业在设计此类产品时，一定要注意品质上乘、款式豪华、用料精美、功能齐备，同时最好控制产品的数量，以求物以稀为贵。

3)满足自尊心的需要。自尊是人们的普遍心理，出于自尊心理的需要，人们要购买一些自我清洁、自我修饰的产品。企业设计此类产品，应以美观、舒适、方便为原则，并考虑不同层次消费对象的心理特征。

4)满足精神的需求。人们的需求一般是物质需求与精神需求相结合的。当然，不同种类的产品满足人们需求的侧重面是不同的，有的产品除了要满足消费者的物质需求外，主要是给予其精神上的满足。人们购买服装和家具等，主要是满足某种感情上的需要和美的享受，所以这类产品的设计必须在新颖性和艺术性方面，给人以更多的满足。

5)提供多项功能或特定功能。功能类产品是以产品的实用价值来满足人们的需要，其中主要是以提供物质方面的功能为主。设计这类产品，除了提高其基本的效用外，还应增加其附属功能，使其具有与原同类产品不同的特点，给消费者带来更多的使用价值。

6)设计要考虑产品的时尚化和对生活环境的适应。产品的时尚化是指在一定时期内产品的某些式样在社会流行并受欢迎的社会消费现象。求新、求美、求变是消费者最普通的心理需求，企业设计开发的时尚化产品只要能被消费者所接受，就很容易形成流行现象。而产品一旦流行起来，对企业的销售将十分有利。

(3)品牌产品设计策略

1)适用性策略。现代企业生产的一条重要经验，就是为消费者提供最满意的产品。一个企业生产的产品，如果不受消费者的欢迎，不能令消费者满意，销售不出去，这个企业就会面临着破产的威胁。所以，现代企业必须彻底抛弃过去那种“先有产品，后有用户”的经营思想，树立起“先有用户”的经营观念，即把消费者的要求、利益放在第一位，消费者购买产品，首先是为了取得它的使用价值，但同时也要求使用起来方便、舒适、具有适用性。所以，在进行产品设计时，就要考虑到人体的结构，以及人的感觉、知觉和运动特性等，使产品在消费者使用时方便灵活、强度适宜，能保持心率、血压等生理情况的正常，减少疲劳，避免因人的机体负荷过重而引起厌烦心理和紧张心理。

增加适用性就是力争带给消费者更大的便利和满意。

按照消费者的意愿和要求开发设计新产品，减少了新产品开发的盲目性和失误，增加产品的适用性，从而必将提高消费者对产品的满意程度，受到消费者的普遍认同。

台湾一家以生产甘油和肥皂而闻名的公司推出了一种新产品——柠檬香皂。为了强化消费者对柠檬香皂的印象，产品被设计成椭圆形的球状，外表形似凹凸不平的柠檬片，颜色也同真正的柠檬一致。因此，香皂看上去就像一只实实在在的柠檬。公司认为新产品投放市场后必定会大爆冷门，以其新颖、独特的特性受到消费者的青睐。但是，事与愿违，倾注了公司很多力量和心血的这种柠檬香皂在全面上市后不久就因无人问津而宣告失败。失败的原因究竟是什么呢？事后的分析表明，导致柠檬香皂失败的关键是：产品造型不切合实际，设计人员过分考虑了产品外型的新颖，但忽略了适用性。球型香皂与皮肤接触面积小，表面粗糙，使用起来感觉不舒服。香皂沾水后非常光滑，很容易滑落。一般家庭的香皂盒也很难装下这种椭圆球形的香皂。

由以上可以看出，出色的设计，不仅仅是指在技术上、美学上合乎要求，更重要的是增加产品的适用性满足消费者的需求，力争给消费者带来最大的方便和满意感。

2）灵活性策略。市场就像六月天，孩子脸，说变就变。因此，企业要建立灵活的生产体系，快速反应。日本在灵活生产方面可以说是走到了世界的前列。如日本东芝公司为适应多变的国际市场，已经建立起了“灵活生产体系”，从设计、技术、技术创新和装备销售，完善了整个灵活生产过程，实现了产品的小批量、多品种、快销售。丰田公司在这方面也不示弱，投巨资进行“灵活生产”的研究，成功地安装了一条“灵活生产线”，生产 20 多个品种型号的汽车，使企业生产效率由过去的 75％提高到 95％以上。

消费需求变化万端，惟快速反应和灵活生产方能应对自如。

随着我国市场经济体制的确立，卖方市场正在向买方市场转变。与此同时，人们的消费方式、消费意识正在发生着巨大变化，购买的选择性明显地增强。消费潮流的不断变化、消费者的个性化趋势、消费结构层次化和周期变化日益缩短等诸多因素，对企业的灵活生产提出了新的要求。随着人们生活质量的提高和科学技术的快速发展，无论是哪一种产品都不会经久不衰，大批量生产中总要包含着多品种、多种式样。

“灵活生产”既是当今市场竞争的重要手段，又是衡量企业竞争实力的重要标志之一。如果一个企业没有灵活生产的意识与措施，那么就很难在激烈的市场竞争中立足，当然就更谈不上进一步的发展壮大了。在当今社会里，那种以不变应万变的传统的经营观念势必要把企业引入死胡同。

民族的也就是世界的。

企业要达到灵活生产的目的，就必须有一套“快速反应”的机制，即建立灵敏的信息网络和处理系统。惟有如此，才能使灵活生产建立在科学可行的基础之上，并且具有针对性和指向性。实践证明，企业制定决策、进行生产并不是最难的一环，最难的是快速掌握最新的市场信息，一旦对市场的情况做到了如指掌，那么决策与生产就成为顺理成章的了。

3）民族化策略。中国企业要进军市场，参与国际市场的竞争和角逐，提高自身的竞争实力，就有必要把自己的产品和中国的优秀民族文化相结合。中国的产品文化源远流长，中国历史上曾有几次商业鼎盛时期，中国的产品与文化结合，在世界上享有很高的地位。陶瓷、丝绸、茶叶、酒、漆器等，都是极富有文化附加值的产品，这些产品在国际市场上甚至成为中华民族的形象。民族的就是世界的，我国的产品要提高国际竞争力，最有效的方法就是弘扬产品文化的民族性，发掘精粹产品。优秀产品，从来就是民族经济、民族文化、民族精神的象征。

例如，在消费者心目中，一提到美国，人们就会联想到可口可乐、柯达、麦当劳，一提到法国和德国，皮尔·卡丹和奔驰轿车马上在脑海中闪现出来。日本有一位著名人士曾说过：代表日本脸面的有两个：左脸是松下电器，右脸是丰田汽车。这些产品之所以能够成为民族的代表甚至民族的化身，最根本的就在于它们和本民族文化的高度融合。

2. 品牌产品设计创意实务

(1)品质创意

品牌应成为本国民族文化和时代精神的象征，要体现出民族的自信心和国民性格。

产品创意战略的首要因素是产品的品质。品质是产品创意的生命。持续稳定的优良品质，可以使一个品牌顺利成长为名牌。而一次严重的质量事故可以使一个名牌很快就倒了牌子。如何保持好的产品质量，是世界上众多名牌企业的首要战略目标。

【创意经典个案：奔驰(BENZ)的高贵品质】

本茨(BENZ)，人称世界汽车之父。1886 年世界第一辆汽车就是出自这位发明家之手。

如今的奔驰汽车以其卓越的品质在世界汽车工业傲视群雄，在整个世界工业领域，“奔驰”似乎都成了质量过硬的代名词。奔驰的质量号称 20 万公里不用动螺丝刀，跑 30 万公里以后，换个发动机，再跑 30 万公里。

以卓越的质量为保证，“奔驰”有过这样的广告：如果有人发现奔驰汽车发生故障被修理厂拖走，我们将赠您 1 万美金。

那么，奔驰何以获得如此的高品质呢？这要归功于公司严格的质量意识和全方位的管理措施。

(1) 重视人才素质，严格质量意识

在质量保证方面，“奔驰”认为只有全体职工都重视质量，产品的质量才有保证。因此，公司强调企业精神和工人参与，努力营造一种严格质量意识的企业理念。他们的劳动组织是，把生产流水线作业改为小组作业，12 人一组，确定内部分工、协作、人力安排和质量检验，改变职工总是重复单一劳动的现象，使人人成为多面手，提高了劳动的兴趣和对整体的关心，从而有利于改进操作，提高效率和质量。

高品质和员工的素质成正比。“奔驰”特别注意培训技工队伍，在国内有502个培训中心，负责对各类员工进行培训。结业考试合格才能成为正式工人，不合格可以补考一次，再不合格就要辞退。车间的技术性工作全部以老带新，新老结合。

(2)精工细作，一丝不苟，严格的质量管理

奔驰车座位的纺织面料所用的羊毛是从新西兰进口的，粗细在23～25微米之间，细的用于高档车，柔软舒适；粗的用于中低档车，结实耐用。纺织时还要加进一定比例的中国真丝和印度羊绒。皮面座位要选上好的公牛皮，最后选定南德地区特有的世界上最好的公牛皮，并从养牛开始注意防止外伤和寄生虫。加工出一张6平方米的牛皮，能用的不到一半，肚皮太薄，颈皮太皱，腿皮太窄，都不能用，制作染色工艺考究，最后座椅制成，还要用红外线照射灯把皱纹熨平。

“奔驰”汽车公司有一个实验场。每年拿出100辆新车进行破坏性试验，以时速35英里猛撞坚固的混凝土厚墙，以检验前座的安全性。

“奔驰”在全世界各个洲设有专门的质量检测中心，有大批的质检人员以及高质量的检测设备，每年抽检上万辆车。因此，“奔驰”能够名冠全球，归根到底是因为具有过硬的产品质量。质量是产品的立身之本。

买椟还珠：意为买了漂亮的装珍珠的匣子，却将珠子退还。比喻舍本逐末，取舍不当。语出《韩非子·外储说左上》：“楚人有卖其珠于郑者，为木兰之柜，熏以桂椒，缀以珠玉，饰以玫瑰，辑以翡翠，郑人买其椟而还其珠。”

(2)功能创意

企业应该根据消费者的实际需要，不断改善产品结构，使产品更加方便、适用。在保证产品基本功能的同时，给它附加上辅助功能，锦上添花，为产品开拓更广阔的市场。

(3)造型创意

产品外观不仅是为了使产品更加美观，“华而不实”更不可取，外观设计更应该满足消费者的适用性要求。

【创意金点子】

美国有一对青年夫妇在用奶瓶给婴儿喂奶时，觉得市面上出售的奶瓶太大，8个月以下的婴儿都无法自己抱住奶瓶吃奶。他们的岳父是一家工厂的烧焊产品的检查员，听到他们抱怨，便顺口说最好两边都焊上瓶柄，好让婴儿双手抓住奶瓶。这句话启发了这对青年夫妇，他们设法将圆柱形奶瓶改制成圆圈拉长后中间空心的奶瓶，投放市场销售，结果60天内卖出5万个奶瓶，开张的第一年就收入150万美元。

(4)包装创意

在现代商战中,利用包装促进产品销售已日益成为企业的营销手段之一。以前中国的产品常被称为一流产品,二流价格,三流包装;在市场经济日益发达,人民生活水平不断提高的今天,仅以优质来吸引顾客就远远不够了。古时候就有买椟还珠的故事,如今成功包装的案例也层出不穷。三分长相七分打扮,对于产品包装的系列也越来越受到企业的重视,香水行业有一句名言:"设计精美的香水瓶是香水最佳的推销员。"就目前而言,企业常采用的包装策略主要有:

精美的包装就是最佳的推销员。

1)同类相似包装策略。又称产品线包装策略,即一个企业所生产的各种产品,在包装上采用相同或相似的图案、色彩、形状、结构等特征,使消费者易于辨认,借以提高或壮大企业的声誉。特别是新产品上市,能利用企业的信誉消除消费者对新产品的不信任感,迅速打开销路,而且可以节省包装成本。迪斯尼公司的产品上都有一个米老鼠的影像,让人一目了然。

2)成套包装策略。根据消费者需要,将多种相关的、不同类型规格的产品成套设在同一包装内。如学生用的组合文具,内中有尺子、小刀、钢笔、圆珠笔、铅笔、小剪子等,过中秋时的月饼礼盒,内装各种口味的系列月饼,家庭常用的"急救箱",内装药棉、胶布、纱布、红药水、碘酒、酒精以及其他急救用药。

包装是沉默的推销员。

3)惯用包装策略。主要用于经常使用或长期使用的某种产品,它符合消费者的观念和习惯,既容易识别,便于记忆,也乐于接受。如装酱油、醋一直使用玻璃瓶子,采用塑料瓶子虽然新鲜,但难以勾起消费者购买欲望。惯用包装的意义在于让消费者对某一包装外观产生深刻印象,以后目睹此包装就知道是什么产品,从而加快心理活动的认识过程,同时,惯用包装又能起到很好的广告作用,只要想起购买某类产品,必定先回忆起对自己印象至深的那一种。

4)分量包装策略。根据消费者的使用习惯或产品性质,按数量、重量等设计不同的包装。这样包装既能适应不同消费者的消费习惯和生活特点,又能给消费者以比较精确的数量与价格信息,从而方便消费者使用。饮料通常都有大桶和小桶之分,食品大部分都有分量包装。分量包装决定产品包装的发展趋势,特别是随着小家庭的增加,人们生活的多样化,对产品的需求趋向数量少、品种多、质量高,这就要求产品包装也要适当变化。

5)等级包装策略。根据产品价值不同和消费者使用需求不同而设计的包装，一般分高、中、低三个等级。

高档包装，其包装材料质量高，主要适用于艺术珍品、珠宝首饰、文物古董、贵重药材等稀有名贵的产品。图案设计或古朴高雅、或高贵华丽、印刷精美、制作讲究，一般购买这些产品的顾客，均有一定的经济实力和身份地位，高档包装可以烘托出贵重的身价。我国出口的人参，包装用上等材料制成，增加消费者对产品的信赖。

中档包装，往往采用比较现代化的材料，如塑料、尼龙、铝、箔等。设计图案和色彩具有强烈的时代感，做工精细。

低档包装，一般使用较为廉价的材料，图案设计简单明快，朴实大方。低档产品包装一般经济实用，价格低廉，适用于普通消费者。消费者会根据不同的购买目的选择不同档次的包装，如同为一套《四大名著》的小说，留作馈赠和收藏之用，消费者乐于选购装帧精美、包装华丽的，如果只是自己看看，一定会选购包装简单，又经济实惠的。

6)附加包装策略。指在产品包装内附加一些物品或一些别出心裁的构思设计，以吸引消费者，达到刺激销售的目的。有些女性杂志附赠某种化妆用品。儿童食品附加一些智力玩具等，美国某食品公司则出品了一种谜语罐头，即在盖子上印谜语，而谜底在罐头底部，只有吃完才能知晓谜底。这种独特的包装，令人耳目一新，不由先试为快。

7)复用包装策略。这是一种具有多用途的包装形式，除了作产品包装外，还可以为消费者提供其他的用途。这类包装的设计，一般要讲究适用性、耐用性与艺术性。它利用消费者一物多用的心理来吸引购买。如市场上常见的漂亮的碗、背包、提兜等式样，产品使用完毕后，这些包装既可以作生活用品，又可以作工艺品。有的卫生纸的外包塑料纸拆开后其实是一个塑料袋，非常适于盛放卫生纸。事实证明，复用包装对消费者有很大的吸引力，同时它还可以起到广告作用。

8)环保包装策略。一般这种包装材料都是可回收再利用的，十分适合于当前可持续发展的政策需求，而且的确对环境起到保护作用。歌手罗中旭新发行的专辑就采用可回收的麻质材料包装，一方面形象突出，另一方面在歌迷心中造就了健康向上的形象。但是环保材料相对较为昂贵，所以在定价方面也要谨慎行事。

3. 品牌产品设计创意的新趋势

(1)开发科技含量高的新产品

当今国际经济竞争已经由以价格为中心的竞争转变为以技术为中心的竞争，科学技术的进步摆到了最突出的位置。企业若能十分注重抢先采用高新技术研制产品，增强产品的科技含量，可以不断地创造出附加值高的名牌产品。

(2)开发和生产特色产品

“人无我有，人有我新”是一个企业在当今激烈竞争的商战中应该把握的原则。只有不断开发和生产特色产品，才能始终使企业保持鲜活的生命力以及进一步开拓的实力。

(3)新产品开发必须以消费者口味为导向

新产品的开发和生产应该以市场为导向。“顾客就是上帝”这句话永远也不过时。及时、准确地研究、预测消费者的偏好和未来市场的变化，才能有的放矢，把损失和风险降到最低程度。特别对于新企业的新产品开发，这一点尤其重要。

科技附加值是品牌竞争力的核心。

二、品牌基本标识设计创意

1. 品牌标识设计理念

(1)企业识别系统 CIS 的内涵及构成

CI(Corporate Identity)系统也称 CIS(Corporate Identity System)即企业识别系统，它是一种塑造企业形象的系统方法，将企业的经营理念与文化通过整体传达系统(特别是视觉手段表达方法)，向外传递给与企业有关的团体和大众，向内传递给公司内部员工，使企业内外对公司产生一致的认知。

惟特色产品，才能保持品牌鲜活的生命力。

企业 CI 系统创意的重要性：是塑造企业形象的有效手段，以整合的形式使企业形象统一、一致、独特并可以被他人辨别与认同、喜爱。

理念识别是核心，行为识别是传达企业理念的重要手段，视觉及听觉识别是企业理念的直观表达。

企业 CIS 系统的结构如图 8－1 所示。

(2)品牌基本标识的内涵及构成

品牌基本标识设计，就是企业视觉识别(VI)中的基本设计。具体由名称、标志、标准色、造型与象征图案和标识语等五部分构成。品牌标识设计的基本原则应坚持个性原则——设计要新颖别致;法律原则——符合商标法、具有法律的专有性;文化原则——与人文与习俗相容。这里重点介绍品牌标识的设计要点。

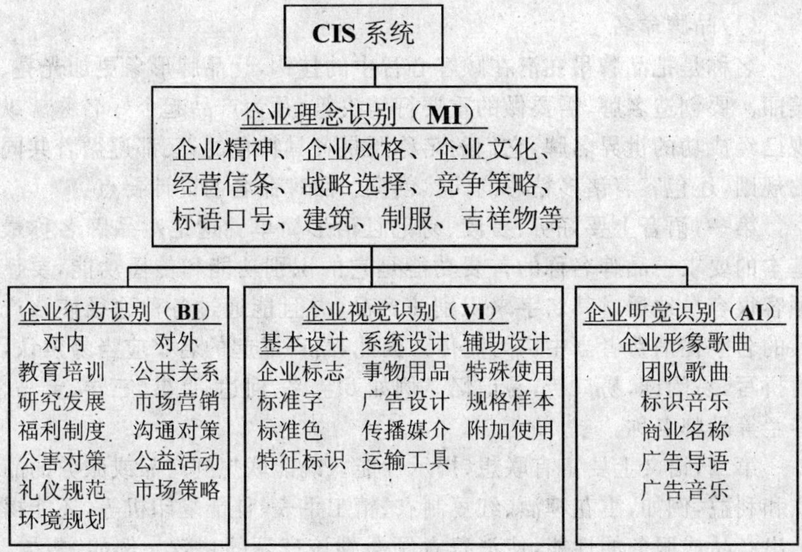

图 8-1 CIS系统

MI——企业之心脑
BI——企业之四肢
VI——企业之脸面

2. 品牌基本标识设计创意实务

“山不在高,有仙则名;水不在深,有龙则灵。”品牌设计犹如给人起名字和服饰打扮。如果你有一个响亮悦耳的名字和得体入时的服装,你很快就会被周围的人所接受和爱戴,品牌也是这样,没有完美、卓越的品牌设计就不会有或至少延缓名牌的诞生、成长和发展。

“山不在高,有仙则名;水不在深,有龙则灵。”语出刘禹锡:《陋室铭》

【创意经典个案:蓝色巨人 IBM】

CI 战略本身就是创意,最早将 CI 系统化、整合化的企业就是赫赫有名的计算机巨擘——IBM 公司。

在当时的著名工业设计专家诺伊斯·兰德等人的帮助下,IBM 开始着手各种设计工作。IBM 的目标是:通过一切设计来传达公司的优点和特色。在国际市场的竞争中,公司尤其需要一个具有视觉冲击力的形象标志,于是他们把公司全称“INTERNATIONAL BUSINESS MACHINES”缩写成“IBM”三个标准字,选用蓝色作为标准色,并采用 8 线条的富有美感的造型。由蓝色线条构成的“IBM”标准

CH. 8

字对传递公司理念，识别公司行为具有重要意义。通过公司几代人长期不懈地努力，IBM成功建立起高科技“蓝色巨人”的公司形象。IBM的成功使之成为世界上其他公司设计CI系统的典范。

画龙重在点睛。

(1)品牌命名

名称是把品牌吊在潜在顾客心智中的挂钩，让品牌形象更加光亮、美丽。要创造名牌，需要做的重要行销决策，是为产品起个好名称。纵观已经成功的世界名牌，它们的名称既是各具特色的，又都遵循着共同的规则，还包容着诸多精彩的偶然创意。品牌命名的设计要点：

第一，语音上要好听、易读、易记且语形简单。这是对品牌名称最基本的要求。品牌名称的首要功能是它的识别功能和传播功能，要让顾客很容易地通过其名字来识别该产品，并且能通过各种途径使该产品的名字在消费者当中广为流传。因此，给产品起的名字应当易辨认，易拼写，易阅读，易口传，易记忆。例如万宝路、柯达、百事、三洋、宝马、春兰等品牌名称。

第二，语义上要富有联想，揭示性能。既能联想到产品或服务的品质和利益，例如，雪花啤酒、红豆制衣、精工手表、佳能复印机等，还能揭示出产品或服务的性能，使消费者领会到该产品的功效。例如“飘柔”洗发香波、“健力宝”饮料、“黑又亮”鞋油等都在一定程度上说明了其产品的功效，容易引起消费者的好感。

品牌首先应叫得响。

【创意金点子】

取名的艺术 杭州娃哈哈集团的“娃哈哈”：第一，“娃哈哈”三字读音中的韵母a是孩子最早最易发的音节，极易模仿，且发音响亮，音韵和谐，容易记忆；第二，从字面上看，“娃哈哈”是各种肤色的人表达欢笑喜悦之情的共同表达方式，包含了一种健康喜悦的寓意，不仅孩子喜欢，孩子的父母也会喜欢；第三，同名儿歌以其特有的欢乐明快的音调和浓烈的民族色彩，唱遍了天山内外和大江南北，把这样一首广为流传的民族歌曲与品牌产品联系起来，既为产品增强了文化色彩，又可使千千万万个消费者通过艺术的回味和旋律的体验，熟悉它，想起它，记住它，从而提高它的知名度和美誉度。

【创意金点子】

成功的品牌译名 当可口可乐刚进入中国的时候，并没有合适的中文名称。据说当时负责可口可乐亚洲业务的部门在英国伦敦征求中文名字，一位中国著名学者恰好在英国留学，就以可口可乐这个名字赢得了这次比赛，获得了此次赛事的奖金，可口可乐暗示饮料有良好的口感，让人舒心快乐。这一名称逐渐深入人心。

宝马(BMW)汽车、百事(Pepsi)可乐、帮宝适(Pampers)尿布、强生(JOHNSON)、精工(SEIKO)、佳能(CANON)、爱立信(ERICSSON)、家乐福(CARREFOUR)等，都是成功的经典之作。

第三，适应性强。品牌的创立与传播推广需从时间和空间两方面扩展，从时间方面，应考虑适合将来新增产品的发展；从空间方面，应考虑全世界的需求。

适合全球需要，设计的国际化：

- 公司名与品牌名合一
- 本国名与外国名统一
- 主名与爱称相映成趣

适合发展需要，与公司形象或品牌形象一致。世界名牌一般都不是单一产品，而是包容多种产品。因此，在选择品牌名称时，必须考虑将来家族品牌的运用。诸如“乖乖”品牌适合一系列儿童食品及用品。“味全”开始时用于味精，十分贴切，后来扩展至乳品、果汁、酱油、酱菜食品及罐头，也名正言顺。

(2)品牌的标志设计

1)品牌标志的设计要点。品牌标志是由各种或多或少的符号所组成的图案，认真研究中外名牌标识，可以发现其品牌标识设计的一般规律。找到这一规律，我们才能根据我们的品牌形象定位和一般标识符号的基本表现信息来设计出高水准的品牌标识。

第一，著名品牌标志大多简单醒目。假如我们把世界名牌标志进行一下排列，很难找到冗长和繁琐的名称标志。因为，简洁与凝炼的东西，才能使人一目了然，过目不忘。

第二，著名品牌标志大多寓意深刻，富有联想。

第三，著名品牌标志大多形意一致。例如，奔驰汽车的“方向盘”标志、奥迪汽车的“四轮”标志等。

2)品牌标志的设计方法。总结各种品牌标志设计方法，大致有：

第一，名称性标志。在世界名牌中，有许多品牌是名称与标志合一的。即直接把名称文字数字用独特的艺术字体来表示，它既是读出声

简约之美。

音的品牌名称，又是与众不同的品牌标志，这种标志选择方法在世界名牌中占一定比重。

第二，名称解释性标志。对于一些新创造的词汇名称或本身没有什么意义的品牌名称来说，大多采取文字标志的方法，但对于品牌名称本身包含有事物、动物、植物、图形等意义的，常用名称内容本身所包含的图案来作为品牌的标志。如骆驼牌香烟就是以骆驼图案为品牌标志。这在世界名牌中也占不小的比重。

其一，记号标志。用一种记号作为品牌标志称为记号标志，它既不像文字标志那样含义明确，又不像图形标志那样造型复杂，常见的记号标志均来自简单几何图形的组合。记号标志可以是名称的演绎，也可以与品牌名称无关。日本三菱公司的三菱商标，就是由品牌名称直接转化而来的，它由三个菱形图案组成。瑞士名表欧米茄的标志就是与其发音相同的罗马字母“Ω”。金利来的标志来自于 goldlion 单词中“g”和“l”字母的组合。由于在世界名牌中，以某种记号名称作为品牌名称的极为少见，因此采用记号标志的世界名牌大多是名称与标志相脱离。诸如奔驰车的记号标志与奔驰这个品牌名称无直接关系。

其二，图形标志。美国雷诺兹公司推出的世界名牌“骆驼”香烟，其标志设计思路与“雄鸡”相似。烟盒的底色为淡黄色，犹如浩瀚无比的沙漠，背景图案为金字塔和棕榈树，充满着神秘的东方色彩。烟盒正中一只昂首天外、傲视世俗的骆驼驻足沙海，它成为骆驼香烟的标志。当然世界名牌的图形标志绝不限于动物，常常是围绕着品牌名称这个核心来进行设计。例如 Apple Computer（苹果电脑）的标志，是在品牌名称前加上了一个苹果图案；Nestle（雀巢）公司也常使用“三只小鸟在巢旁”的标志图案。图形标志的特点是形象、鲜明、生动，会给人留下实体形象感，但其表达的含义不如文字商标明确。

第三，名称转化性标志。直接将品牌名称翻译为记号或图形作为品牌标志属于上面谈到的名称解释性标志，而将名称进行若干变化与组合，创造一定的标志称为名称转化性标志。这种标志常由文字、图形或记号组合而成。

其一，名称与字母组成的标志。意大利菲拉（Fila）体育用品公司的商品标志也具有如此特点。它在“Fila”之上加上了一个方框，方框之中有一个大“F”。其间不仅利用了美丽的几何图案，而且产生了一种艺术感。

其二，名称与线条组成的标志。可口可乐饮料几乎无人不晓，耐克(NIKE)标志就是名称与线条的组合，在 NIKE 品牌名称一角有一个“√”，这个勾像一艘船一样载着“NIKE”字。据说，这个“√”是一名学生设计的，后来又改细了一些，更体现出速度感和兴奋感。

其三，名称具体化为图形标志。名称与图形组合，常能创造理想的品牌标志，这种标志在世界名牌中非常普遍。我们前面列举的名称解释性标志大多是名称与图形互译。这里我们要讲的是品牌名称转化为一定的图形，形成品牌标志，它不是品牌名称直译为图形，而是进行了加工与提炼，但仍是对名称的说明与表现。太阳神是这种标志的代表，其图形标志是以简炼、强烈的图形与三角形构成基本格式，用圆与三角构成对比与和谐的形态，圆形是太阳的象征，代表健康、向上的商品功能与企业经营宗旨；三角形是 Apollo(太阳神)的首写字母，体现企业向上升腾的意境和以人为中心的经营服务理念。以红、黑、白三种永恒的色彩，组合成强烈的色彩反差，体现企业不甘现状，奋力开拓的整体形象。可见，太阳神标志并非文字的直译，而是转化。

(3)标准色设计

众所周知，产品给消费者的第一印象中最重要的就是色彩。日本色彩大师大智浩说：“人们在掏钱购物时，实际是在有意无意地购买颜色。”运用得当的色彩是产品制胜的利器。

色彩不仅仅带来强烈的视觉冲击，更重要的是它能引发特定的心理联想。

色彩能将产品或企业的某一种信息，直接通过视觉神经传递给大脑，具有快捷、刺激强烈、极易记忆的特色，加之色彩能激发人们许多微妙的心理变化，故而运用巧妙且恰到好处的色彩能增强消费者对产品或企业的好感，并进而产生购买欲望。可口可乐的红、柯达的红黄、雪碧的绿都给我们带来了强烈的视觉冲击。标准色设计应注意两个问题：

1)注意色彩运用上的差异性。色彩的运用须体现出行业产品、使用对象、季节、文化的差异。如食品常用鲜明丰富的色调，用红、黄、橘红、橘黄来强调味觉，突出商品的新鲜、美味、富有营养；用蓝、白表示食品的冰冷、清洁、卫生。又如化妆品常以极色(如黑色)来表示庄重大方，以柔和色(如各种淡雅的粉红色、浅玫瑰色)来表示化妆品的轻快和妩媚。

对于色彩的运用，既要考虑习惯色，又要有所创新。如糖果总是五彩缤纷的，而花生牛轧和话梅糖却反其道而行之，一个采用白蓝相间的颜色，一个则采用褐色。形成了强烈的货架冲击力，倍受消费者青睐。

2)发挥色彩的联想作用。色彩是一种特殊的刺激物，它具有很强的吸引力，容易引起联想，具有诱发情感的作用，并能在一定程度上左右消费者对产品的印象。美国色彩研究部门曾做过这样的实验：咖啡煮沸后倒入三个分别贴有黄色、红色、绿色标签的罐中，然后请人品尝，结果产生了不同的味觉：黄色罐中的咖啡偏淡，红色罐中的咖啡香甜可口，绿色罐中的咖啡发酸。

——红色。具有强烈的刺激性，常使人联想到血、太阳、革命、爱情、喜庆、热烈、爱心、健康等，能使人产生强烈的印象并富有人情味。

——黄色。它使人联想到阳光、希望、灿烂、亲切、菊花、香蕉等，给人以愉快，优美的感觉。在中国历史上，它是权势的象征。在佛教中，它是高尚、崇高和慈善的象征。

——蓝色。给人的印象是清洁、凉爽、冰冷、理智，常使人联想起大海和天空。蓝色是现代科学以及智慧和力量的象征，高科技产品一般多采用这种颜色表现技术力量。此外，止痛退热，镇静神经的药品也常用它。

——绿色。给人以和平、理想、希望、成长、新鲜、动力等联想与印象。

——紫色。给人以高贵、神秘、优雅、浪漫等联想与印象。

——白色。给人以纯洁、朴素、神圣、虔诚等联想与印象。

(4)品牌造型与象征图案

品牌造型与象征图案就是企业为了强化品牌性格，诉求产品特质，运用形象化的人物、植物、动物等富有亲和力和人性化的造型和图案，塑造品牌的个性形象。

一语值千金。

常用的设计手法包括历史性、故事性、材料性、特质性等四种设计手法。

(5)品牌标识语

品牌标识语兼有广告语与品牌识别双重作用。标识语的类型包括：

1)品牌经营理念标识语。例如，科技以人为本——诺基亚；让我们做得更好——菲力普；真诚到永远——海尔。

2)品牌产品特质标识语。例如，滴滴香浓 意犹未尽——麦氏咖啡；只溶在口，不溶在手——M&M；农夫山泉有点甜。

3)品牌个性形象标识语。例如，Just do it——耐克服饰；刚柔并济，衣中钻石——报喜鸟西服。

3. 品牌标识创意的新趋势

随着社会的发展，企业与消费者、社会公众之间沟通交流的手段、途径越来越多，MI、BI、VI 已经不能完全涵盖企业战略的全部内容。AI、FI、MAI、SI、II、EI 等一些新的识别系统为 CI 开拓了更开阔的空间。

CI 新景象。

(1)听觉识别——AI

AUDIO IDENTITY，是根据人们对听觉视觉记忆比较后得到的一种 CI 方法，是通过听觉刺激传达企业理念、品牌形象的系统识别。

听觉识别主要由以下内容构成：主题音乐、标识音乐、主体音乐扩展、广告导语、商业名称。

(2)感觉识别——FI

FEELING IDENTITY，是指通过各种综合感官刺激传递企业信息，树立品牌形象的系统识别方法。

(3)市场识别——MAI

MARKET IDENTITY，是指企业运用公关、促销、广告等市场活动树立品牌形象的识别系统。

(4)战略识别——SI

STRATEGY IDENTITY，是指企业在实施 CI 方案时，始终贯彻战略思想，以一种整体的、长远的思路进行 CI 设计。包括企业的总体发展战略、CI 战略、营销战略等内容。

(5)情感识别——SI

SENSATION IDENTITY，是企业跳出产品的范畴，以情动人树立品牌形象的识别系统。包括公益活动、公益广告、赞助大型社会活动等内容。

(6)直觉识别——II

INSTRICT IDENTITY，是利用人们具有的直觉认知和评价事物的识别系统。

(7)环境识别——EI

ENVIRONMENT IDENTITY,是企业通过创造良好的环境改变公众认知和评价的识别系统。包括企业所处的市场环境、企业内部环境和企业展现给公众的环境。

三、品牌形象设计创意

1. 品牌形象设计创意理念

品牌,品牌形象,形象载体,实际上是三位一体的。品牌好像是一个人的名字,品牌形象是这个人的性格构成,而形象载体是这个人昭示世人的形体。三者合一形成完整意义上的品牌。

(1)品牌形象的含义

品牌形象是个综合性的概念,是品牌营销商渴望建立的受形象感知主体主观感受及感知方式、感知背景所影响,而在心理上形成的一个集合体。

品牌形象和品牌实力一起构成品牌的基石,是品牌的基础,是企业整体形象的根本。品牌实力决定和影响着品牌形象,同时,品牌形象表现品牌实力。二者密切结合才能满足消费者物质和心理的需求,创造出一流的企业形象。

世界民族之林中,惟有民族特色才能为世界所真正接受和欣赏。

(2)塑造品牌形象的原则

1)民族化原则。“只有民族的,才是世界的”。随着通信工具的广泛发展,世界日益成为一个大市场,各民族之间的融合也日益紧密,但无论怎样融合,各个民族文化中总有一些有特点的东西会保留下来并且为世界所接受和欣赏,抓住这些具有民族特色的东西赋予品牌一定的形象,往往能获得意想不到的结果。

2)特色性原则。这是指品牌形象策划上的差异性或个性化。品牌形象策划的目的就是要使该品牌具有独特的个性,以在众多同类品牌中脱颖而出,迅速抓住消费者的心理。因此,特色性原则是品牌形象塑造的重要原则。

3)整体性和兼容性原则。品牌形象是企业形象的一个重要部分,企业形象是一个整体,包括各个子系统,品牌形象和企业形象塑造的目的都是为了加强企业实力,营造竞争优势,最终创出知名品牌,实现企业长远发展战略。因此品牌形象必须与其他各子系统协调一致,相互配合，共同发展。

4)社会化原则。企业是社会大系统中的一个单位，其生产经营活动都必须和社会协调一致，服从和满足社会的需求。品牌形象只有得到公众的认可和赞同才具有意义。

(3)塑造品牌形象的程序

塑造品牌形象的程序如图8-2所示。

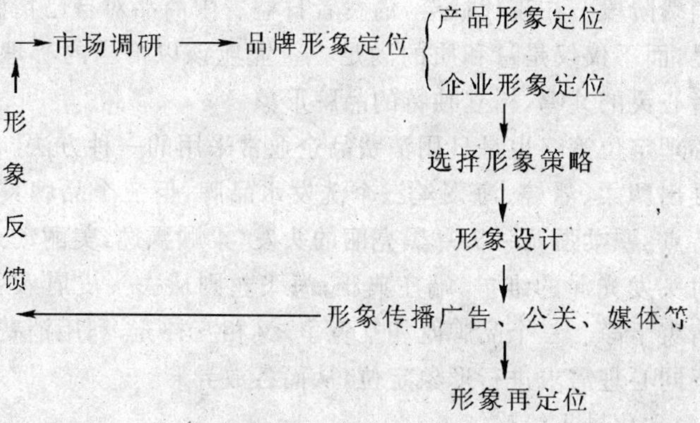

图8-2 塑造品牌形象的程序

> 美好的情绪体验和记忆，会使消费者对品牌一往情深，难以忘怀。

2. 品牌形象设计创意实务

(1)情感导入策略

品牌不是冷冰冰的牌子，它具有思想、个性和表现力，是沟通企业和消费者的桥梁。以情动人、以情诱之是品牌经营者的法宝。

1959年，美国玩具厂推出了一种名为芭比娃娃的玩具，她的容貌设计得惟妙惟肖，她大眼碧蓝，鼻高嘴小，身材苗条，肤色娇嫩。她有不同颜色和发型的头发，穿着各种各样的时尚服饰，鲜艳夺目，美不胜收。芭比娃娃就是美丽可爱的象征，女孩子都说："我长得像芭比娃娃就好了。"芭比娃娃问世40几年来，设计者又不断为她创造附加产品：她的朋友、恋人、丈夫、家庭等，使她成为美国人成长过程中的好朋友，历久不衰。

情感导入策略的奥秘在于与消费者进行情感沟通，使之在不知不觉中被吸引、被感动，成为企业永远的朋友。

(2)专业权威形象策略

宝洁公司在推出其新品牌洗发水"沙宣"时使用了这一策略。广告中，国际专业美发师沙宣以其娴熟专业的手法为几名靓丽的模特打理出飘逸的长短发式，潇洒无比，令人信服。专业权威策略是一种具有扩张性、竞争性和飞跃性形象策略，一般为那些在某一行业占据领先地位的企业所采用，以突出该品牌的权威性，提高消费者的信任度。

(3)心理定位策略

人的消费行为变化分为三个阶段：量的消费阶段、质的消费阶段、感性消费阶段。在现代社会，消费者日益看中商品对自己情感、心理上的满足，而不仅仅是量和质的满足。企业应该以恰当的心理定位唤起消费者心灵的共鸣，树立独特的品牌形象。

心理定位策略也是日用消费品企业常采用的一种方法。宝洁公司同时推出飘柔、潘婷、海飞丝三个洗发水品牌，但三个品牌具有不同的个性特点：飘柔强调一头乌黑亮丽的头发，柔顺飘逸，美丽动人；潘婷则强调对头发光泽的维护，端庄典雅；海飞丝则从去头皮屑入手，强调头发的清爽干净。三个品牌既相互竞争，又相互补充，利用消费者对洗发水的不同心理需求进行形象定位，从而各放异彩。

品牌的深厚文化底蕴和独特韵味，会提升品牌形象的品位。

(4)文化导入策略

品牌本身就是一种文化，凝聚着深厚的文化积累，在品牌中注入文化因素，使品牌形象更为丰满，更有品位，更加独具特色。例如“红豆”品牌，它借用了一首人尽皆知、缠绵悱恻的古诗《相思》中的意境，令人联想翩翩。一首名诗，道尽了绵绵相思，诉尽了无数情意，其丰富的文化内涵和缠绵的意境使得“红豆”这一品牌具有了丰富的内蕴，大大提高了品牌形象的文化品位。

3. 品牌形象设计创意的新趋势

(1)区分品牌形象和品牌标识系统

以前许多企业家总是将品牌形象等同于取个好名字，设计个好样子，搞一个特别的包装，再加上大量的广告宣传。近年来我国的保健品行业中靠此法做品牌而行销大江南北的例子屡见不鲜，但也仅仅是昙花一现。如前所述，品牌形象的基石是品牌实力，是雄厚的产品实力，是良好的品牌形象。而品牌标识系统仅仅是品牌形象的一个重要组成部分，是品牌形象的外在表现。把品牌形象等同于品牌标识系统，只追求品牌的外在形象而忽视其内在魅力是一种短视的行为。为了延续品牌魅力，企业家现在更应注重企业的产品质量、品牌文化，随着市场的不断变化，调整和创新经营思想。

(2)坚持统一的品牌形象

坚持统一的品牌形象是国际知名品牌成功的重要原则之一。拥有百年辉煌的可口可乐，始终贯彻“美味的、欢乐的”这条主线，从而在消费者心中树立了鲜明的品牌形象。

但并不是所有的品牌经营者都意识到，在企业经过宣传之后市场没有反应或者当销售额下降，市场份额日益缩小时，企业往往习惯于重塑品牌形象，而盲目变动，随意更改。

品牌朝令夕改，会破坏品牌形象的统一性和独特性。

著名服装品牌 LEE 曾经因为中途改变品牌形象而陷入困境。LEE 最初的广告语是：最贴身的牛仔。在当时大肆宣传自己“领导潮流，高品位，最时尚”的牛仔服装市场中，LEE 以其朴实真诚的品牌形象拥有了自己独特的个性。但后来由于中间商的建议，LEE 以时尚牛仔的形象重新定位。之后，陷入了困境。在总结教训之后，LEE 重新回到了原来的定位：最贴身的牛仔。并在宣传中一直强调这一点，LEE 已经成为牛仔服装市场的知名品牌。

品牌朝令夕改，最终无法建立起强势品牌。而坚持品牌形象的统一，则是品牌形象设计的新趋势。

【本章小结】

本章系统地介绍了品牌产品创意的相关知识，引入了丰富的实例，更便于学习和理解。而有关该领域新趋势的变化，也能启发我们的创意思维。

【思考题】

1. 如何界定产品和品牌的概念？进行这样的界定有何意义？
2. 新产品开发的创意思路多种多样，你能预测一下新产品的开发趋势吗？
3. 现代品牌形象设计注重整体设计，你认为哪些要素是构成品牌形象的核心要素？

★★★★★ 进修指导 ★★★★★

【参考文献】

1 (美)兰加纳特·纳亚克．创意成真．谭家瑜译．海口:海南出版社,1998

2 曹孟勤．企业产品策划．保定:河北大学出版社,1997

3 郭光华．商品开发技巧．济南:山东人民出版社,1993

4 MBA必修核心课程编译组．新产品开发．北京:中国国际广播出版社,1997

5 陈放．品牌学．北京:时事出版社,2002

6 卢泰宏．整体品牌设计．广州:广东人民出版社,1998

第9章 企业管理创意

苟日新，日日新，又日新。

——汤之

【管理创意——企业进步的阶梯】

用兵之妙，惟乎一念。对于企业而言，创意无处不在，产品创意、行销创意、广告创意……在注意力经济时代，这些局部创意能够快速吸引眼球，常常成为创意的典范。但是一个优秀的产品构想，一个别出心裁的广告，如果没有整个企业资源的配合，只能引起暂时性的轰动效应，整体性的企业创意决定企业在长期竞争中保持市场的注意力。

托夫勒："21世纪属于创意经济。"在新经济时代的赛跑中，企业惟有不断创新，才能在新一轮竞争中求得发展。

阿尔弗雷德·小斯洛恩："创意是改变的手段。"在新一轮的竞争中，无论是传统企业，还是新兴行业，管理创意是保持其竞争力的重要手段。

尼尔·科德："创意是创新的起点，打破常规则是创意的开始。"企业管理的不断创新是企业发展的坚实基础，所以我们说企业管理创意是企业进步的阶梯。

【学习指南】

本章学习目的

把握企业管理创意的内涵，掌握管理创意的思想精华，学会运用创意思维，提高在企业管理方面的创新能力。

本章内容提要

本章首先介绍和总结了企业的基本理念，引出企业管理创意对企业发展的重要意义。又从企业发展战略入手，分析了企业成长与创意思维之间的关系，强调了在企业发展过程中，创意思维在企业管理中的重要意义以及企业发展战略的创意思路。本章重点为创意思维在企业发展中的应用，着重从企业管理理念创意、企业管理方式创意角度阐述企业管理创意的方式与思路，并运用案例分析，分享成功企业的管理创意经验。

第一节 现代企业管理概论

一、企业的基本理念

企业是现代市场经济条件下最基本的组织单位，企业管理创意首先受到企业自身性质的制约，研究企业的性质，成为我们把握企业管理创意的出发点。

21 世纪是创意经济主宰的世纪。

1. 企业的内涵与特征

企业是现代经济生活中最为重要的组织形式。企业是在一定的制度安排条件下，采用一定的运行机制从事产销活动，按照一系列的契约调整企业内部关系，以利润为核心目标，形成独立自主的经济组织。企业行为一方面增进企业的内部效益，另一方面也促进社会福利水平的提高。

企业的存在，是为了安排分散的人或资源，使之具有一定的系统性或完整性。各种经营行为常常需要借助这一组织形式来达到其经济目的。

不同的企业往往具有不同的制度结构、生产作业方式以及经营范畴，但是所有的企业都具有以下基本特征：

企业如何在竞争中赢利，是企业创意首先要解决的问题。

1)商业性。以奈特为代表的一些新古典经济学家认为，企业与其他生产者的性质不同，企业生产不是为了满足生产者自身的需要，而是为了供给市场，所以说企业的行为是商业行为。

2)赢利性。既然企业组织生产的目的是供给市场，就需要预测消费者的需求，满足消费者的愿望。但是归根结底，其本质的目的，还是为了“利己”，为企业的所有者谋求最大的经济效益。

3)系统性。企业作为一个经济活动组织，为保证“利益最大化”目标的实现，就要整合各种资源，并通过一定的机制传导信息，实现企业目标。所以，企业组织是一个系统。

4)自主性。在市场经济条件下发展壮大的企业具有清晰的产权界定，在企业内部，权责分明，对外而言自主经营、自负盈亏。企业的自主性源于企业的法人治理结构，也就是说，企业并非由出资人分别管理属于个人的企业资产，而是将整个企业作为独立的法人统一管理控制，从而保证了企业管理的统一与协调。

5)竞争性。企业作为社会经济中的一员,是市场竞争的主体。在竞争中生存、在竞争中发展是每个企业的基本商业环境。为了争取竞争优势,企业必须用创造性的思维方式,用企业创意争取市场的青睐,获得发展空间。

尽管企业以"利己主义"为出发点,追求利润最大化,然而由于"看不见的手"的作用,企业在经营活动中,不仅为企业自身创造了财富,也为社会创造了财富;同时,企业的出现使分工细化进一步发展,优化了资源配置。

2. 企业的基本职能

从企业的产生与发展来看,其功能可分为企业基本职能和现代企业创新职能。

1)社会资源转换职能。依赖于有效的企业管理,包括人机协调、生产环节的衔接、人力资源的管理、资金的筹措和运用,以达到投入和产出效益最大化的目的。

现代企业的核心资源应当是一种不可复制的企业优势。

2)社会财富创造职能。在机器化大生产条件下,企业还是社会财富的主要创造者。企业运用其组织社会资源转换的职能,与社会的需求相适应,创造出被社会认可的商品和服务,增进了人类社会的福利水平。

3. 现代企业的新职能

随着社会经济系统的变迁,企业自身也在不断地变革、创新,以适应社会的需要,达到企业经营目标。企业创意源于企业的变革与创新,而企业的变革与创新往往受到外界条件的变化和企业自身发展需要的双重影响,如环境变化、理论变革以及企业核心资源的转变,使现代企业具有新的时代特征和新的职能。

传统观念认为,企业作为整合社会资源的组织,效率是企业生存的基础,因此,企业成败源于生产技术水平的高低。企业的核心资源常常被物化为机器、设备、新工艺及具有法律保护的专利等。然而随着生产技术水平的进一步提高,人们认识到这些物化的企业核心资源,并不能成为企业保持优势的基础。

现代企业核心资源构成

技术资产及研发体系：有形资产
信用资产：资金融通的前提
供应链：生产供应体系及销售渠道
客户资源：客户的评价及口碑
人力资源：员工素质、活力及协同性
组织资产：企业战略、制度、管理、文化

在资本面前，传统意义上的企业核心资源极易被复制，从而使企业丧失优势。因此，现代企业的核心资源实际上应当是一种不可复制的企业优势，它是口碑极佳的品牌；是良好的客户关系；是畅通的销售渠道；是协同的团队；是快速反应的决策机制，这些都源于企业适应环境发展变化的创意，比那些先进的系统、设备更难引进——它无法用快捷的方式复制，只能从经验和教训中积累。

因此现代企业的职能进一步发展，必将产生新的职能。

(1)具有独特的价值观和经营理念，以全新视角审视企业资源

现代企业尽管依然具有社会资源转换的职能，但是企业对资源的认识已发生改变，资源不仅是各种生产要素，还包括企业的管理资源、组织优势、经营模式、超前的战略和独特的公司文化，这些企业的无形资产也是创造财富的源泉。

(2)具有高度的市场灵敏性，以满足客户个性化需求为核心目标

现代企业依然创造着社会财富，但是社会财富的载体不再是企业提供的产品和劳务，而是满足客户需求的“解决方案”。例如，客户面临的困扰是一次性纸杯没有把手，企业的“解决方案”是提供有把手的杯托；客户面临的困扰是缺乏网络设备的维护，IDC(互联网数据中心)就是雪中送炭的“解决方案”。在经济发展、物质丰富的当今社会，个性化消费是人本主义思想在消费领域的应用，迅速扩大的城市中产阶级和新兴的年轻一族消费力量，需要独特的产品显示其与众不同的风格。于是手机的价格、功能、待机时间都不是注意力的焦点，外型够炫、够酷，更能体现“以人为本”的理念成为客户的个性化需求。除了市场嗅觉敏锐的现代企业，又有谁还能准确把握消费者的需求？

双管齐下的管理之道：对内激发员工的创新意识，开发员工的心理潜能；对外满足顾客的个性化需求，提高顾客的满意度。

(3)以人力资源为创新主体，以激发人的创新意识为目标

企业的核心资源转为无形资产，在无形资产的背后是企业的人力资源。在当今激烈的市场竞争中，创新是企业生存和发展的原动力，满足客户需求的创意来源于人的创造力。传统企业将员工看作是庞大生产体系中的一个零件，作为“被管理者”的员工很难发挥其创造性的才能。目前，人力资源管理已成为企业经营管理的核心内容，新的管理趋势以激发人的创新意识为目标，围绕“创新”构建企业战略、制度和管理体系。

(4)重视集体力量，建立互动的团队协作组织

事实上，企业的出现就是运用企业内部的分工体系重新整合资源，改变“单打独斗”的生产方式，以较小的投入获得较大的产出。但是在管理实践中，由于公司内部的等级制、薪资差异、绩效工资的存在，于是，员工在采取行动之前常常先权衡个人的得失，很难实现真正意义上的团队协调。有效率的、互动的团队应当是一种扁平化的组织，团队内部充分授权，调动团队成员的创新积极性，同时将个人的绩效考核与团队绩效相结合，一方面协调个人与团队的利益；另一方面有利于增强团队向心力，“积聚人的力量”是现代企业重要的组织性质。

二、企业管理的基本理念

1. 企业管理的内涵

企业管理是企业的管理者为了实现企业的目标，对管理对象进行以人为核心的计划、组织、控制和领导等一系列协调活动的总称。

企业管理强调从实际出发，以灵活、能动、多样化的方式开展经营活动。企业管理的内容主要包括信息管理、组织领导、生产管理、研发管理、人力资源管理、市场营销管理、财务管理等。

企业管理集科学性和艺术性为一体。科学性是指企业管理的知识体系存在着一定的理论和规律，企业管理的理论、原则、方法和手段来源于管理实践的总结和概括，对管理实践具有重要的指导意义。企业管理人员通过系统学习管理知识，可以提高其管理素质；企业管理的艺术性是指运用管理理论、原则、方法和手段，具有较大的技巧性、创造性和灵活性。任何管理活动所处的环境不同、内部结构各异，这就要求管理者必须具备权变理念，因人、因时、因地不同，运用管理创意灵活地、

变通地开展管理活动，提高管理绩效。

2. 企业管理创意的重要性

企业管理在企业发展中是实现组织目标的保证。每一个企业管理创意都有其指导思想，是管理理念创意在应用领域的延伸。创意本是一个火花，却燃起了管理科学发展的燎原之火。管理创意在给企业带来收获的同时，其效益溢出机制，还带动管理科学水平的发展。

现代的企业管理创意具有系统性、整合性、解析性的特点，其外在形态可以为他人模仿，但是管理思想内涵却不容易被复制，往往受到企业自身价值观、文化背景、技术条件等因素的制约。

管理创意不仅仅给企业带来了效益，而且也带动了企业管理科学水平的提高与发展。

3. 企业管理创意构成

企业管理创意具体而言涉及以下几个领域：

1)基础层面：战略管理创意。

2)核心层面：管理理念创意。

3)局部层面：管理方式创意。

具体的企业管理创意的构成及内容如表 9－1 所示。

表 9－1　企业管理创意的构成及内容

	企业管理领域	直接目标	具体内容
管理创意涉及类别	人力资源管理	整合人力 资源协同性	差异管理 行为激励 团队建设
	企业生产作业管理	降低成本 减少库存 物流通畅 快速反应	生产研发 作业流程 物流管理 外协企业沟通
	企业外部管理（信息管理）	满足顾客需求 弹性回应市场变化 树立企业形象	市场管理 客户沟通 情报收集 公共形象
管理创意总体目标	运用创新性管理手段，实现预期目标，促进企业发展		

第二节　企业发展战略与创意思维

一、制定企业发展战略的前提条件

企业管理创意离不开企业的发展战略,很难想象一个对未来缺乏整体规划的企业会激发人的创意思维。制定企业的发展战略,首先要“知己知彼”,掌握相关的信息,认清当前的形势,这是制定企业发展战略的前提条件。

1. 企业所处的开放性商业环境系统

封闭性系统指企业内部管理,是企业家关注的焦点。但是企业内部的管理是否有效,取决于该系统是否能对外界环境的变化快速反应,理解企业所处的商业环境是构建企业内部管理系统的前提。

战略战术的制定,要知己知彼。

开放性系统指企业与环境之间构成的自动耦合体系,该系统的“开放性”源于企业与潜在对象的接触,分析各种与外界的联系对企业产生的影响,控制和辨识各个事件的利与弊,是制定企业发展战略的前提。

2. 企业所处的竞争环境系统

了解企业外部环境,还要与企业内部资源与体制相结合。运用SWOT分析法,有助于我们充分认识企业自身条件与外部环境的适应性。SWOT分析法从四个角度分析了企业的竞争环境:优势(Strengths)、劣势(Weaknesses)、机会(Opportunities)和威胁(Threats),SWOT是每个单词的开头字母缩写。

1)优势是企业的独特竞争力,是企业掌握的核心资源。包括企业发展态势、领先的市场占有率、独特的行销方案,以及企业高素质、高效率、协同合作的员工队伍等。如何发挥企业的优势,是企业成功的关键。

2)劣势是企业的弱点,包括市场份额的下降、市场反应速度缓慢、员工涣散、技术过时等。具有致命的劣势往往是导致企业失败的重要因素。

3)机会对企业经营而言,是外部环境的有利因素。包括产品细分的可能性、新开辟市场的潜在性、宏观经济变动是否有助于贸易活动、汇率和利率的变动是否能创造更有利的竞争优势等。机会往往是企业在短期内变劣势为优势的关键。

4)威胁亦来源于企业外部。与机会相反,威胁体现外部环境给企业设置的障碍,环境提供的机会常常伴随着威胁。海外市场的拓展为企业扩大市场份额提供了机会,但又会遇到贸易壁垒的威胁;多元化经营提供了分散企业风险的机会,也存在潜力不足的威胁;宏观经济衰退、相关产业萎缩对企业经营构成极大的威胁。

实际上,SWOT 分析法就是将企业内部与外部系统进行整合。机会与威胁源自开放性系统,优势与劣势属于封闭性系统。制定企业战略就是要让企业处于两个系统的动态平衡之中,利用优势、把握机会的同时,减少威胁、克服劣势是达成动态平衡的关键。面对"SWOT 四要素"长期存在并且不断变化,只有运用创意思维,在组织内部不断变革,才有可能使 SWOT 四者向最有利于企业成长的方向发展。

企业所处的竞争环境日益险峻,企业所处的利益关系日趋复杂,创意的战略性与实战性就日显重要。

3. 企业相关利益分析

企业行为会涉及有关方面的利益,或引起某些方面的关注,这些相关方面的组织、个人构成利益攸关者领域。利益攸关者组织包括合作组织、竞争组织、客户组织、公共和舆论组织以及相关政府部门;利益攸关者个人往往是这些组织人格化的代表,包括合伙人、投资分析专家、主要管理人员、记者、公关人员等。

利益攸关者与企业密切联系,在不同的条件下,不同的利益攸关者对企业的行动会有不同的反应,这些反应会反作用于企业,从而影响企业目标的实现。

识别利益攸关者之后,运用角色设定的方法,从对方的角度考虑企业行为对对方的影响,以及对方的反应。为防止消极影响,运用角色设定分析首先要考察合作者和旁观者的期望值,以及竞争对手的威胁性反应,并结合企业目标制定企业战略。运用角色设定分析有助于企业准确把握潜在的和显现的矛盾以及可能拥有的机会。这时企业以创意思维制定发展战略不再是天马行空的构想,而是脚踏实地的行动计划创意。

二、创意思维在企业发展战略中的地位与作用

战略是企业发展的导向,是企业一切活动的根本依据。企业战略创意,是企业整体创意和局部创意构想的基础。优秀的战略创意是企业成功的关键所在。

尽管企业制定发展战略需要把握内外部环境，但并不意味着企业的战略部署是按部就班的过程。企业战略决策需要创意思维，有创意的决策能强化企业优势，拓展市场机会，从而缩小威胁，最终消除劣势。可见，创意思维在企业发展战略中具有重要的地位和作用。

1. 创意思维决定企业发展的方向

创意思维是企业创意的源泉，这种企业创意源自创造性的思维。企业发展战略指明企业发展方向。明确的发展战略应当是一盏明灯，使企业行动不再杂乱无章，面对多变的环境，指导企业全部力量向着目标前进。

2. 创意思维整合企业资源

充分运用创意思维，形成优秀的企业创意，不仅有利于明确企业发展战略目标，同时还吸引和汇集社会资源，形成企业可利用的内部资源。在企业资源中，组织资产整合企业全部资源，以创意思维优化企业资源。

创意思维已经成为企业DNA的一部分，而且是至关重要的一部分。

3. 企业发展以激发创意思维为目标

越来越多的现代企业已经意识到，创意思维是企业的无形资产。创意思维是创新活动的源泉，最大化激发企业内部的创意思维，同利润、市场占有率等指标一样，已经成为企业发展的目标之一。现代经济竞争已经从产品、服务、市场份额这些表象化的竞争，演化为创意思维与守旧、平庸、僵化的思维之间的竞争。创意思维已经成为企业DNA的一部分。

三、企业发展战略的创意思路

标新立异、特立独行的商业炒作不是企业管理创意的内涵。企业管理创意的第一步就是企业发展战略的构想。这种构想突破常规，将企业发展引向新领域，开辟新空间，为企业创造更多的利润，为社会创造更多的财富。作为企业发展战略创意思路，总结得出以下10点：

1. 稳扎稳打，步步为营

在投资决策中，企业常把注意力放在高利润、高成长行业，忽视了本企业的基本特点，最终企业发展反到被多元化经营所累。为避免盲目扩张给企业发展带来的困扰，企业在制定企业战略决策时，应结合自身的特点，先做到精益求精，巩固现有市场。

【创意金点子】

精益求精的 INTEL INTEL 出于稳健性的原则，在制定发展战略的时候，首先考虑从事自己熟悉的芯片设计制造领域，并结合 PC 市场大发展的机会，不断巩固 CPU 业界技术领先者的形象。随着市场发展和变化，INTEL 的业务活动也在不断创新，但始终围绕传统业务，即芯片设计制造而展开。

2. 把握机会，开拓新兴市场

INTEL 前任 CEO 葛洛夫有句至理名言："只有偏执狂才能生存。"培育新兴市场无疑具有极高的风险，谁能真正把握机会，谁将尝到新兴市场的"头啖汤"。

【创意金点子】

从健康概念入手 80 年代初，豆腐曾经是美国人最讨厌的食品之一。在绝大多数公司从豆制品行业中退出的时候，WHITE WAVE 公司进入该行业，由于新企业没有历史包袱，并坚信豆制品的营养健康成分最终会被消费者认同，经过 20 多年的苦心经营，豆制品已经成为健康食品的代名词，WHITE WAVE 全部努力的回报，就是这个新兴行业市场份额的高速增长，以及从中获取的高额利润。

3. 整合资源，改造传统产业

在新经济蓬勃发展的今天，传统产业似乎已经江河日下，成为夕阳产业的同义词。诚然，传统行业的经营业务，由于竞争已经充分开展，市场日益成熟，市场机会相对较少，然而传统产业尤其是大型企业往往拥有资源优势，运用新的管理理念，以企业管理创意打造传统产业，使之重新焕发勃勃生机。

【创意金点子】

邮政转行，发挥优势 广东邮政在决定进入 B2C 互联网在线零售市场之前，充分把握企业的优势资源：邮政储蓄网络、投递网络，以及邮政部门的公信力，从而突破了"在线零售"中支付和配送瓶颈；同时还结合国情，提供电话和上门征订业务。由于运用企业优势资源，使经营成本降低；由于拥有广泛的客户资源，邮政也赢得大厂商的支持。与大多数 DOTCOM 公司高额亏损不同，广东邮政在 B2C 领域异军突起，成为传统产业向新兴行业转型的代表。

4. 创新行业规则，创新技术标准

一般而言，企业战略总是围绕产品、技术、服务展开的。在科技大发展的今天，高科技公司的技术研发与投资，集中在科技的高端领域。几乎所有的业内人士都认为：谁主导技术发展，尤其是主导了技术标准的"规则"，谁就将在未来的竞争中独占鳌头。引领行业规则，主导技术标准是企业在未来发展中保持优势的基础。

条条道路通罗马。战略创意就是为了最终赢得竞争优势。

【创意金点子】

盖茨的游戏规则 大多数人会将市场游戏规则的形成看成是社会参加者之间博弈的结果。在前PC时代，个人电脑的发展主要是硬件的发展，PC机所使用的软件均出自电脑爱好者之手，这些软件源代码开放，是非商业性的共享资源。然而一个叫比尔·盖茨的程序员以知识产权保护的理由将软件商业化，并将他的BASIC程序的使用权标了价，对于当时的电脑爱好者来说这简直是令人啼笑皆非的事。然而正是比尔·盖茨的游戏规则，促进了软件业的大发展，改变软件在PC业中从属于硬件的地位；依靠这个游戏规则，盖茨的微软公司依靠多年的努力，制定和掌握着PC机操作平台的技术标准，并会同相关企业结成联盟，牢牢把握着客户资源，成为PC时代最大的赢家。

5. 双赢思维，缔结战略同盟

市场竞争的传统观念就是击败对手，"赢家通吃"是企业竞争的摩尔定律。随着企业竞争进入白热化状态，产品价格失常，竞争成本上升，外部环境进一步恶化。面对企业收益下滑，一些具有远见卓识的企业家意识到，必须改变以往的思维方式，接受竞争对手，结成战略联盟，加强企业战略合作和协同发展，从而才能赢得市场。

【创意金点子】

辉瑞的市场逻辑 作为全球重要的药品供应厂商，辉瑞公司的研发能力是无人能敌的。曾经一度，辉瑞与日本某公司同时研发一种药品，在得知这一情况后，辉瑞面临重大决策，或者加速研发，以技术和人才的优势，战胜对手；或者在保证质量的前提下，按原计划进行，投放市场后，凭借辉瑞首屈一指的行销队伍，战胜日本公司一样是胜券在握。然而辉瑞公司最终却放弃了研发计划。辉瑞的逻辑是：竞争对药品的研发工作和市场定价都将不利，消费者也将支付更高的选择成本。基于此，辉瑞选择了与日本公司展开合作，以其全球销售网络优势，充当新药品的营销代理。在这个战略同盟中,他们各自利用了自身的优势,获得相应的回报,实现了两家企业双赢的目标。

6. 扬长避短,出奇制胜

如何激发企业战略创意的灵感,是企业家面临的重要课题,挖掘潜在需求,是企业创意的基础,切入市场空档则是创意的具体表现。事实上,各个厂商提供的产品都具有一定的优势,没有十全十美的产品。厂商在宣传时总是要将本企业产品的优势放大,并传递给消费者。

【创意金点子】

市场真空,及时进入 20 世纪 90 年代初,绝大多数人都认为微波炉不能用于烹调中餐,于是进入这个市场的厂家也很少。而格兰仕以为:未来市场需要清洁化厨具,同时应具有快捷方便的特点;微波炉正是这样的产品,产品技术也已成熟。当时家电生产寡头的注意力还集中在大家电上,微波炉市场面临的是供给与需求的双重真空,属于市场空档,可避开实力雄厚的竞争者。于是整个 90 年代,格兰仕致力于微波炉市场培育工作,不仅让这个产品深入人心,还使"格兰仕"成为微波炉的代名词。目前格兰仕以微波炉为契机,将品牌优势扩展到各种小家电产品。这些收获都离不开当初的战略创意。

另辟蹊径的"7－11" 面对大型超市的价格竞争,"7－11"连锁店另辟蹊径,以都市社区日常消费和单身消费群为对象,以便利性为诉求,弱化价格不利的影响,回避与大型超市的竞争。尽管"7－11"连锁店经营规模小,平均店面只有 15～25 平方米,但由于采用科学管理方法,用统一配送、遍地开花的形式保证了丰厚的利润空间。一向低调的"7－11"回避了价格竞争,在零售业独辟蹊径,站稳脚跟。

7. 顺应时代发展,迎合社会文化

随着时代的变化和生活水平的提高,社会消费热点也在不断变化。如今"物美价廉"已经不足以吸引消费者的目光。随着新人本主义思想的传播,社会文化因素对消费行为的影响越来越被厂商重视,于是不少企业纷纷打出"关注民生,以人为本"的文化大旗,塑造良好的企业形象,取得消费者的文化认同。

【创意金点子】

开米的绿色形象 当人们还习惯使用洗衣粉、肥皂的时候,开米洗衣液已经悄然上市了。价格不菲的洗衣液在功能上与传统产品无二,如何赢得消费者?开米公司在市场分析中注意到，随着生活水平的提高，人们更加关注生活质量，关注生存环境。于是，在宣传中开始向消费者灌输“绿色产品”的概念，开米无磷洗衣液符合环保要求，洗衣后的污水不会污染环境。以倡导绿色消费为基础，开米公司塑造一个关心社会、关心公益事业的良好形象，逐渐赢得市场的青睐。

8. 先难后易，高屋建瓴

“先难后易”这种企业发展战略的运用，是以过硬的实力、规模和自信为基础的。“先难后易”就是首先突破难点和瓶颈状态，随后的问题将变得简单化，困难也就迎刃而解了。

【创意金点子】

海尔的国际化道路 海尔的国际化战略思想正是“先难后易，高屋建瓴”的体现，即产品出口首先进入发达国家与地区，创出信誉后再以高屋建瓴之势进入发展中国家与地区，海尔进入国际市场的战略方式确实与众不同。当海尔的产品进入发达国家市场并得到市场认可后，再进入发展中国家，由于已经建立了良好的口碑和产品美誉，发展中国家的消费者也就很快接受了海尔优质产品概念。

9. 借风行船，打破常规

新经济时代，战略创意成为企业发展之本。

在新经济欣欣向荣的今天，传统行业也纷纷制定了实现电子商务管理的战略决策。然而电子商务系统作为新兴事物，一方面商业模式风险大，另一方面投资规模大，而企业掌握的社会资源有限，“战略转航”无疑存在着极大的投资风险和资本瓶颈。这时，采用强强联手的形式，借助其他企业的科技优势，为本企业规避市场风险。

【创意金点子】

康佳的企业再造 家电企业康佳公司为打造电子商务平台，利用租赁方式借风行船，为转型迈出了实质性的一步。租赁在国外早已成为流行的融资方式，康佳采用 IBM 为其度身订造的电子商务方案，涉及金额 2 000 多万元，由 IBM 以租赁形式向康佳集团公司提供电子商务后台系统的技术和支持，租期约为 4 年，租赁方式既减少了康佳的现金流出，又实现了康佳进行电子商务改造的目标，使康佳电子商务后台处理能力得到大幅提升，为企业整合价值链奠定了坚实的基础。

10. 商海搏击，激活休克鱼

人们习惯把企业兼并比作“鱼吃鱼”，或者大鱼吃小鱼、快鱼吃慢鱼，以及强强联手的鲨鱼吃鲨鱼。在中国，由于体制的原因，小鱼、慢鱼和鲨鱼各有所倚，缺乏兼并重组的积极性。必然造成资产重组的困难。如何在企业兼并中，谋求利益最大化？海尔的“吃休克鱼”的理论为企业兼并提供了新的思路。

【创意金点子】

激活休克鱼 海尔在兼并活动中，总结经验，提出“吃休克鱼”的理论。所谓休克鱼是指企业硬件良好，但思想观念、管理水平导致企业停滞不前。海尔认为，这种企业一旦注入新的思想观念，采用一套行之有效的管理方法，很快就能被激活，重新会到商海中遨游。因此，海尔在兼并中看中的不是企业现有资产，而是潜在的市场、潜在的活力和效益。在海尔 18 宗兼并案中，被兼并企业亏损达 5.5 亿元，而最终盘活资产 15.2 亿元，“激活休克鱼”的兼并战略实现了海尔集团低成本扩张的目标。

纵观各国商业巨头的发迹史，在关键时刻的一个创意，常常是这些企业处处得胜的通行证。在新经济时代，创意更加成为企业发展之本，促进一些企业迅速成长壮大。

企业管理理念是企业文化的核心，是指导企业一切行为的准则。

第三节 创意思维在企业管理中的应用

本节主要研究企业管理理念与方式的创意问题，而企业管理方式的创意包罗万象。这里仅从人力资源管理、生产作业管理和信息管理这三个方面探讨企业管理方式创意。

一、企业管理理念创意

1. 企业管理理念的内涵与构成

(1)企业管理理念的内涵

所谓企业管理理念，意指在经营活动过程中的简化而浓缩的、便于传播和识别的指导思想。在企业识别系统 CI 中(Corporate Identity)，企业理念识别称为 MI，是将企业内部已被广泛认同的理念具体化，企业经营理念与文化通过整体传达系统(特别是视觉手段表达方法)，向外传递给与企业有关的团体和大众，向内传递给公司内部员工，使企业内外对公司产生一致的认知。

企业管理理念是企业行为的基本精神依据，也是整个企业运作的原动力。企业理念体现了企业自身的个性特征，并能促进企业规范运作和不断发展，是反映整个企业明确经营意识的价值体系。企业管理理念是企业文化的核心，企业行为是传达企业管理理念的重要手段，企业管理理念不是塑造企业形象的花瓶，而是指导企业一切行为的最高准则。

(2)企业管理理念的构成

企业管理理念的构成如图9-1所示。

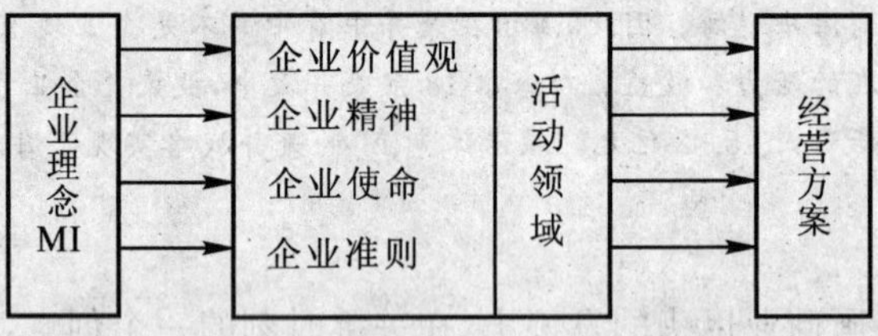

图9-1　企业管理理念具体构成

2. 企业管理理念创意的重要性

理念须在行动中体现，在传播中表现，这样，它才能深入人心。

作为CI系统的一个组成部分，将企业理念具体表现出来，本身就是一个创意。企业理念创意的重要性就是将企业理念系统化、整合化，并贯穿于企业战略、目标、行为之中。

理念识别作为企业形象的核心、集约精神的根基，其功能作用是巨大的。从整体上看可分为内部功能和外部功能两大部分。

(1)企业管理理念的内部功能

1)企业管理理念是企业经营的指导思想。企业理念是包含了企业使命、目的、精神、思想等内容的一整套理论体系。因此，企业理念是企业经营活动保持协调和统一的基本因素。

2)企业管理理念是指导企业各项规章制度建立的依据和理论基础，使员工行为秩序化、制度化，实现对企业员工行为的调节和规范。企业理念是企业行为统一性的强化，是企业员工凝聚力的源泉。

3)企业管理理念是一种精神蕴涵和文化氛围。企业理念的影响力和教育作用，使企业员工意识到自身发展与企业发展的一致性。在这种熏陶和制约中员工会自觉遵循企业规范，企业依靠这种内在自律力，形成企业发展的向心力。

4)企业管理理念对企业员工具有激励作用。形成整体的企业自然可以使其中的每一个成员感到一种原动力、激励力量。在此基础上,员工的聪明才智和积极性才会充分调动起来。企业理念通过简练、直接的形式传送着整个企业的目的、领导决策层的计划、思想,这种展示显示出了信任激励的作用,使领导决策层的意图变成员工的直接行动。而且,也只有企业员工的自觉行为才能够充分体现企业的精神内涵。

(2)企业管理理念的外部功能

1)使企业富有统一性。统一性就是指企业内外、上下都保持经营上、姿态上、形象上的一致、协调。理念识别自身具有统一性,同时,它还有统摄、指导力量,使 VI、BI、AI 都能体现出与 MI 的一致与协调,这是 CI 系统本身的特性和企业特性所决定的。

2)展示易于识别的个性。企业理念识别要求与其他企业相区别,所以企业理念必须具有个性化特征。同时,企业理念的独特性通过多种识别手段加以强化,突出理念的特性,使之成为传播过程中易于识别的内容。

从对企业理念重要性分析中可以看到:企业经营理念创意是企业 CI 战略的核心,CI 战略的成功首先是经营理念的成功;又通过传播管理技术的创意,以良好的视觉形象、系统性的行为识别,准确传递和贯彻了公司的经营理念,使企业形象深入人心。

员工利益至上,
顾客利益至上,
股东利益至上。

3. 企业管理理念创意要领

事实上,企业成功的前提条件不一定要有悠久的历史、雄厚的资金以及先进的科学技术水平,一个有创意的经营理念,能为企业成长壮大奠定坚实的基础。

经营理念是指导企业的行动纲领。经营理念为企业的发展提供前进的动力。企业的理念是企业内部的经营哲学。独特的企业理念识别创意,反映了企业文化的根基。

(1)为服务对象着想

不同的行业、不同的产品总是面向不同的消费群,“为服务对象着想”是获得目标客户认同的重要途径。

【创意经典个案:"处处为运动员着想"的耐克】

1962年,资产仅为10 000美元、经营业务只涉及运动鞋的耐克公司诞生。当时运动鞋市场已经是年收益十几亿美元的阿迪达斯公司的天下。但是耐克经过20年的发展,成为阿迪达斯的劲敌。1984年,100%的NBA球员穿耐克鞋。体育明星的崇拜者特别是青少年把穿耐克作为时尚,耐克已成为体育文化的代表性标志。

耐克的成功,关键在于始终如一地贯彻"为服务对象着想"的经营理念。耐克公司的创始人鲍尔曼原是大学田径教练,他潜心研究人体力学,钻研制鞋技术,设计出新型跑鞋图样,并且自行试制成功。运动员穿着这种跑鞋不仅可以减少脚部伤痛,还提高了运动成绩。鲍尔曼把设计这样的运动鞋看作是为运动员造福的事业。于是"为运动员服务,为客户着想"成为耐克清晰的企业经营理念。

在这一理念的指导下,耐克进一步加强对运动鞋的研究与改进,适合各种运动项目的专用鞋接连推出,升级换代的新产品不断问世。不仅如此,耐克公司赞助体育比赛,支持青少年运动竞技,耐克越来越多地得到运动员及体育爱好者的偏爱。

正如一个人的行为表现其内心世界一样,耐克今天的辉煌,正是其"处处为运动员着想"的回报。在20世纪60~70年代,耐克的经营理念本身就是一种创意,其他运动厂商的经营概念核心还是"产品",而耐克已经是一种人性化的温情,耐克的一切经营推广活动也是围绕这个理念展开的,所以说耐克的成功就是经营理念创意的成功。

(2)倾听顾客意见,追求产品品质

倾听消费者的意见,不断的改进和革新产品,以品质为企业生命,不懈地追求卓越的品质标准,是企业获得市场认可的核心。

【创意金点子】

"P&G优质产品"的宝洁公司 宝洁公司(P&G)是世界上最大的家庭日用产品厂商,各种产品的广告均以"P&G优质产品"为结尾,这不仅是公司的产品宣传口号,更是宝洁根本性的经营理念。

宝洁的产品线几乎囊括了全部家庭日用品领域,对于不同的产品,无不追求卓越的品质。即使是卫生纸,宝洁也会不遗余力地改造工艺,保证产品的品质。有位顾客曾经反映宝洁的卫生纸直径稍粗,装不进卫生间的纸槽,宝洁并不打算减少纸量,那样可能会给消费者以偷工减料的印象,降低产品品质。他们汇集技术研发部门和工艺生产部门的人员群策群力，最后通过改进工艺，卷紧纸卷，使卫生纸刚好装进纸槽。

宝洁公司十分注重倾听消费者的意见，他们坚信，革新的动力来自市场。为了更好地收集消费者意见，宝洁采用800免费电话的创意，成为第一家提供800免费电话客户服务的消费品公司。通过接听顾客电话，宝洁收集到大量的产品意见和建议，为改进和革新产品奠定了基础。

(3)与时俱进，变革创新

变革与创新是现代企业在激烈的市场竞争中求生存、谋发展的根本途径。企业必须通过不断的变革与创新，带来行动上的超前和理念上的超前，从而形成领先于其他企业的优势。

自我超越，
追求卓越。
与时俱进，
锐意创新。

【创意金点子】

TCL 的理念创新 经过多年的实践，TCL 将"为顾客创造价值，为员工创造机会，为社会创造效益"作为企业的经营宗旨，从而实现了经营理念上的重大变革和创新。TCL 属于无资源优势的竞争性行业企业，它的成功发展在于它始终保持与改革的潮流一致，与市场需求一致，与技术发展的潮流一致，与国际上现代企业的发展步调一致，不断地变革创新，强化企业竞争优势，时时更新观念，打破以往模式，不断否定自己，超越自己。所以说经营理念创新是企业生存之本。

【创意经典个案：MARYKAY 服务女性的管理理念】

MARYKAY 是美国500强企业中，惟一由女性创办的公司。MARYKAY 的赫赫有名不光是因为公司的高速成长，更是因为 MARYKAY 富有鲜明个性的特征："Face To Face"的销售方式创意、"沙龙式"团队管理创意、"赞美与充分奖励"的激励原则等。这一些与众不同的创意，是 MARYKAY 的公司文化中"女性视角"概念和"照顾女性的需要"这个基本理念在企业经营活动中的反映。

在20世纪60年代，女性在职业生涯中常常受到性别歧视。MARYKAY 当时在一家以男性为主的公司从事推销员工作。尽管她工作勤勉、业绩突出，由于身为女性，却难以获得提拔和重用，MARYKAY 愤然辞职。在自家厨房的餐桌旁，MARYKAY 打算以自己的名字来开创一家化妆品公司。她首先在一张纸上列举出男性统治的公司具有那些弊端，又在另一张纸上提出解决方案，这些解决方案以照顾妇女的需要为前提。两张纸上的内容逐渐充实丰富起来，形成了以"女性视角"为基础的公司轮廓。

MARYKAY 凭借自己的才智、激情和想象力，创办了这样一家女性公司：无论服务对象还是销售团队，均以女性为主体；企业行为以满足女性的需要为根本；企业视觉识别系统也是女性化的"温柔主义"。

作为化妆品公司，MARYKAY的客户几乎都是女性，因此，MARYKAY建立了一个以女性为主的直销队伍，采用面对面的入户美容指导为销售方式，让顾客亲身感受产品，MARYKAY公司的销售人员被称做"美容顾问"，提升销售人员的专业化形象，也使女性顾客容易产生信任感，这种适应女性特点的"个人式沟通"销售方法，为MARYKAY的成功奠定了基础。

由于采用入户美容指导为销售手段，MARYKAY的"美容顾问"自行安排工作时间，保证家庭事业两不误。为了进行有效的销售团队管理，MARYKAY称自己的销售团队为"美容沙龙"，任何一位美容顾问在达到一定的要求后，均可建立自己的"美容沙龙"。在沙龙内部美容顾问定期聚会，交流心得，沟通联谊，加深销售团队内部的合作。

化妆品公司以服务女性为企业理念，以粉红色为产品包装及相关宣传材料的标准色，以粉红色的玫瑰花为企业标识，MARYKAY的企业视觉系统给人温柔祥和的印象，散发着女性特有的典雅气质。

以女性视角服务于女性，是MARYKAY独特的企业理念，也是MARYKAY成为美国500强企业中惟一的女性公司，80～90年代，MARYKAY三次获得全美"最值得员工为之效力公司"的殊荣，反映了"女性主义"公司文化的独特魅力。

二、企业人力资源管理方式创意

人本管理不应只成为美丽的口号和纲领，而更应转化成系统的行动规划和步骤。

越来越多的企业意识到人力资源是企业创造财富的基础，传统人事管理与人力资源管理的差别在于对象不同，前者将管理对象看作是"雇员"，而后者则是"人才"。现代人力资源管理理论的核心已转化为"以人为本"的系统性管理，因而亦称为"人本管理"。管理学者芮明杰提出人本管理的理论模式，我们以此模式为框架，从创意角度探讨人力资源管理问题。人本管理的理论模式如图9-2所示。

1. 促进新员工对企业价值观的认同

人本管理的前提，首先要精挑细选，招贤纳士。每年高校学生毕业前夕，各个公司开始奔走于名校之间，展开一场人才争夺战。大公司通过严格的程序挑选出富有才干的年轻人，获得企业发展的又一笔宝贵资产。"良禽择木而栖"，现在，很多大公司已经将这个工作放到招聘之前，在未来员工的潜在人群中树立公司良好形象。

招聘后对新员工的管理工作才刚刚开始。新员工要适应工作环境、建立企业价值认同感、接受工作职责再培训等。其中逐步建立新员工对企业价值观的认同是首要任务，主客体目标之间的协调是一个潜移默化的过程。价值观认同愈强，员工对企业的归属感、责任心愈强，工作中的磨合期就愈短。

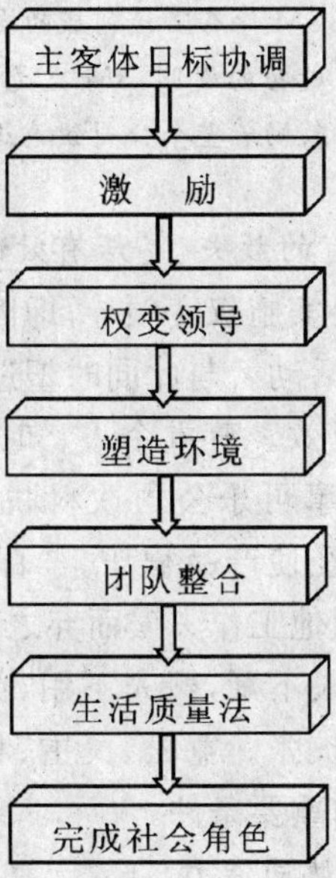

图 9－2　人本管理的理论模式①

模式运作的精髓全在于权变二字。

2. 形成鼓励员工创新的激励机制

长久以来，激励一直是企业人力资源管理的核心工作，人本管理思想下的激励，就是将员工个人与企业的目标协调整合后，鼓励员工发挥其最大的主动性、积极性和创造性，以实现预定的目标。一个富有进取精神的企业，能够适应市场的任何变化，发展的动力来自于创新，企业管理应当具有鼓励创新的激励机制。

【创意金点子】

3M的创新斗士　以推陈出新享有盛名的3M，平均每年推出新产品100多种，在其多达60 000种的产品目录中，从不干胶便条到医疗设备无所不含。3M的

---

①　芮明杰著，《人本管理》，浙江人民出版社，1997 年版，第 57 页。

卓越表现得益于公司对创新的鼓励和支持。任何新创意在3M都不会招徕嘲笑，3M的多重审批制，保证了新创意可以通过多个渠道获得批准，纳入公司研发计划。"弹性人事制度"使研发计划的参与者完全自愿结合，在研发阶段遇到巨大阻力时，即使公司已经取消计划，只要"创新斗士"依然坚持，公司依然会鼓励其独立研发。李尔董事长常说："在3M你有坚持到底的自由，就是说你有不怕犯错、不畏失败的自由。"对于那些获得成功的发明，3M更是充分奖励核心成员及整个创新团队，不仅奖励了创新者，还激励着整个公司锐意进取，独步先行。

3. 采取因地制宜、有的放矢、灵活有效的管理方式

在人本管理中，还要实施权变领导，即因地制宜、有的放矢，采用灵活有效的方式展开管理活动。与此同时塑造有助于员工发挥潜能的环境氛围，保证措施取得成效。尊重个人、知人善任、合理授权是人才发挥潜能的基本要求。百事可乐公司饮料联营部的英力科工作成绩突出，但由于激进冒险，曾经使产品积压。"百事"看中英力科勇往直前、冲劲十足的特点，并未因他工作失误而弃之不用，反倒任命他担任全球食品联营部总经理。用人不疑，疑人不用，英力科不负众望，迅速推进百事公司在海外市场的扩张。宽松、民主、和谐的企业环境，是员工展示才华、推进公司发展的重要条件。

4. 培养团队作战的协同能力

人才整合后形成团队是企业的终极财富。如果把一家优秀企业的资金、厂房乃至品牌留下来，把原来的团队带走，这家企业必会垮掉。相反，只留下团队白手起家，他们将重建一切。思科公司首席执行官钱伯斯指出："思科的快速成长很大程度得益于不断购并，购并目标不是被购并企业本身而是它的团队。"IBM公司也一向重视培养团队作战的协同能力。团队协同是这些大公司保持竞争优势的不二法门。

> 工作的快乐与生活的幸福合二为一，是最理想的管理境界，虽不可至，但我心往矣。

5. 重视员工的工作生活质量

越来越多的企业意识到，利润最大化已不再是企业惟一的目标，注重工作生活质量的人本管理，把利润看做手段，用于体现"造福员工、造福社会"的管理理念，管理价值导向由利己主义、竞争转向利益分享、合作价值取向。在重视工作生活质量的人本管理条件下，企业、员工从专业素质、思想素质、组织性、纪律性、责任心等方面得到全面提升，在实现组织目标的同时，实现个人的自我价值，从而完成其扮演的社会角色，达到人与社会环境系统的统一协调。

【创意经典个案:西安杨森的"鹰"式与"雁"式管理】

西安杨森是我国制药企业中的佼佼者,作为一家中外合资企业,西安杨森的人力资源管理结合企业自身的特点,在适应文化环境方面具有独到之处。杨森的人力资源管理有以下几方面的特色:

(1)严格管理,注重激励

杨森公司的首要管理工作就是制定严格的劳动纪律,使员工逐步适应新的管理模式,培养了员工对企业和社会的责任感。

在严格管理的同时,杨森发现在中国员工尤其是较高层次的员工中,价值取向表现为对高报酬和高工作成就的双重追求。于是,优厚的待遇和不断丰富的工作意义,增加工作的挑战性和成功的机会成为西安杨森吸引和招聘人才的重要手段,而不断丰富的工作意义,增加工作的挑战性和成功的机会则是公司善于使用人才的关键所在。

杨森公司一向重视销售,于是他们从人—职—组织匹配的原则出发,选用勇于探索、争强好胜,又认同企业价值观、工作责任心强的人作为企业的销售代表。西安杨森大力宣传以"鹰"为代表形象的企业文化,鼓励销售人员不惧困难,做搏击长空的雄鹰。

(2)注重团队建设

在培养"销售雄鹰"的同时,他们还特别注重员工队伍的团队精神建设。杨森人应该像大雁一样具有团队意识,在队伍中跟着带队者,与团队同奔目的地;在工作中互帮互助,协同进步。

(3)充满人情味的工作环境

西安杨森的管理实践,充满了浓厚的人情气息。逢年过节、员工生日等总会得到公司领导的问候;员工结婚或生小孩时,公司同仁都予以热烈祝贺。

根据中国员工福利思想浓厚状况,考虑到中国社会保障体系的不完善,杨森尽可能地为员工解决实际生活问题,建立了杨森的福利保障体系,如为职工办理个人待业、就业、退休保险、人身保险;员工的医疗费用可以全部报销;建立职工购房基金,公司还负责为员工的住房贷款提供担保。在西安杨森工作 4 到 6 年的员工基本上可以购买住房了。

杨森优厚的福利制度并没有成为员工好逸恶劳的借口,相反,去除后顾之忧的杨森人将更大的热情投入到激烈的市场竞争中去。

三、企业生产作业管理方式创意

企业生产作业管理创意的出发点:用创意思维设计与环境相适应的生产作业模式;而企业生产作业管理创意目标:降低成本、生产对市场需求反应迅速。

1. 生产作业管理形式由“流水线”向“JIT”、“定单分解”飞跃

在福特研究如何提高汽车产量的时候,屠宰场的工作程序引起了他的注意:由于屠宰场工人有工种差异,人们便将牲畜吊在可移动的绳子上在不同工种之间进行传递,实现从屠宰到产品分类、乃至包装的全部分解过程。

福特深受启发,产生“流水线作业”这一管理创意。福特以生产标准化和移动装配为基础,创立了“福特制传送带生产”。这种流水线模式是企业生产作业管理领域的经典案例,在生产管理史上具有极其重要的意义。流水线作业开创了汽车工业大批量、低成本生产的先河,揭开了现代化大生产的序幕。

只有柔性化、弹性化的生产作业方式,才能顺应多样化、个性化的市场需求趋势。

“流水线生产作业”源于福特天才式的管理创意,适用于单一品种、大批量生产的要求。从福特制的汽车生产流水线开始,指导企业设计生产作业流程的思想,主要是降低单位产品的生产成本。所以企业一直朝着单一品种的规模经济发展。

自20世纪50年代以来,市场需求追求多样化、个性化,工业生产开始向多品种、小批量的方向发展。在当时的市场条件下,依然采用福特制流水线大批量生产的方式,势必造成库存积压、成本上升的矛盾,于是“JIT”这种管理创意产生。

【创意金点子】

JIT生产管理 “JIT”(JUST IN TIME)即准时生产方式,是日本丰田汽车公司首创的生产作业管理形式,其核心思想是追求一种库存最小化或零库存的生产系统以降低成本。JIT生产管理作为一种管理技术,是各种管理手段和方法集合而成的生产体系,这个体系包括严密的生产计划、细致周详的管理控制、合理的设备布置、生产节奏同步化以及弹性作业人数。

在丰田公司采用“JIT”生产方式的时候,一直困扰管理者的问题就是如何及时有效地传递生产计划和生产信息。管理人员无意间从超级市场货架管理得到启示,于是另一个管理创意产生了:“看板管理”。所谓看板管理就是将工作指令和生产信息写在看板上,工作人员按照看板的要求生产、运送、交接工序,所以说看板是“JIT”生产中各种相关信息和指令的传递工具。“看板管理”是整个JIT生产体系中实现管理目标的重要保证,也是代表JIT生产特征的基本管理工具。

JIT 生产模式创意的产生，是企业用新的管理技术适应外部环境变化的结果。随着市场环境和技术条件的变化，JIT 基础上，产生了更多的生产管理创意，如：生产计划按定单编制，实现从生产车间直接发货的“零库存管理”，零库存管理并非一味追求最低库存成本，这种生产作业方式要求企业具有灵敏的信息传递、迅速的生产反应，才能在适应小批量生产、工序变动频繁的同时，达到降低成本的目的。为了实现对市场要求的快速生产反应，戴尔公司在 JIT 的基础上，采用“定单分解”的流程，更加适应个性化、小批量生产的要求，并获得消费者青睐。

“看板管理”成为了可代表 JIT 生产特征的基本管理工具。

2. 生产作业管理的核心——品质管理

【创意经典个案：海尔 OEC 品质控制管理】

基础管理归根结底是对人的管理。OEC（Overall Every Control and Clear）意为全方位地对每天、每人、每事进行清理控制。全面质量管理主要是全员参与的管理，在整个质量管理过程中，海尔采取了日清管理法。即“OEC 管理法”，提炼为“日事日毕，日清日高”。具体而言，体现在以下管理环节之中：

(1)三 E 日清卡

海尔的每个员工都有一张“三 E 日清卡”。每个员工完成当天工作后，必须填写，总结当日工作。这张日清卡，把整个的工作大目标分解落实到每个人身上。小小一张卡片体现了 OEC 管理的基本精神：工作中事事、物物都有人管，并有人监督检查管理效果，以保证整个企业每一环节的运行不出偏差和疏漏。

(2)6S 大脚印

海尔现场管理运用了“6S 大脚印”的方法。6S 脚印即“整理、整顿、清扫、清洁、素养、安全”几个英文单词的首字母，也是 6S 的基本内容。6S 脚印旨在提醒上下岗的员工，其责任区是否按“6S”要求做了，符合不符合“6S”标准。每日班后，班长都站在此处，总结当日“6S”及其他工作指标完成情况。班前会上，班长站在脚印上讲评昨日“6S”工作和当日要求，并且要将昨日“6S”较差的员工请在脚印上检讨自己的工作。

(3)绿色工作认证

总装车间实行的绿色工作认证也具有海尔特色。总装车间有一个看板记有每个工人的名字，名字底下的绿色圆圈，说明这个员工的工作处于正常状态；而黄色圆圈则说明工作有偏差，要及时纠正；红色圆圈，说明工作质量离标准差距很大，要下岗整顿。绿色工作认证时刻激励员工认真完成每一项工作，为海尔的优质产品奠定了坚实的基础。

海尔管理的模式＝日本管理(团队意识和吃苦精神)＋美国管理(个性舒展和创新竞争)＋中国传统文化中的管理精髓

海尔管理创意告诉我们:仅仅对事后结果进行奖罚与纠偏无法保证企业在生存竞争中处于永远向上的优势。企业以自我纠偏为主,监督考核为辅来实施控制目标的实现和发展。因此,OEC管理方法的核心就是将过去对结果的管理转为对瞬间状态的控制,达到精细化、零缺陷。

像海尔这样高速成长的企业,以极具个性化的管理方式,不仅使企业理念和最新思路能及时、通俗易懂地贯彻到每一位员工,而且还能充分调动员工的积极性,所以说优秀独特的管理创新就是企业最大的优势。

四、企业信息管理方式创意

当生产进入后工业时代,生产力水平进一步提高。一方面,瞬息万变的市场环境,对企业管理水平提出新的挑战;另一方面,科技以前所未有的速度发展,为企业提高管理水平提供了更多更新的技术平台。

信息管理能使企业组织的神经末梢更加敏感,它能摸准瞬息万变的市场脉动。

在物质丰富、消费选择繁多的今天,没有什么方式比"满足客户的需求"更能贴近消费人群了。当你在超级市场看到"买啤酒送婴儿尿不湿"的营销推广时一定很迷惑,其实许多年轻父亲,常因球队胜利饮酒狂欢,而忘记照顾婴儿。将"啤酒"与"尿不湿"结合起来,是厂商对大量的销售信息深入分析的结果。这些独特的创意,可以通过计算机数据采集技术获得,科技发展为创意产生奠定了基础。

创意是发现的过程。在企业管理中,将方兴未艾的IT技术与管理结合,为企业创造价值,充分体现了信息技术对企业管理的重要性。同时,将IT技术与管理相结合本身就是一个创意。伴随电子商务的发展,更多的互联网信息交流与企业资源优化结合成一体,在技术背后,更多的是管理概念的创意。

IT技术正在为企业打造整个产、供、销价值链,全方位的供应、生产、销售流程通过现代IT手段联通,以最快的速度、最低的成本,挤出所有的成本泡沫,着眼于管理运作过程,使企业处于不断向上的良性循环中,为企业创造新价值。在不远的将来,IT业的竞争将是供应链的竞争。

【创意经典个案:将信息系统注入物流管理的沃尔玛】

沃尔玛公司在2000年的优异表现,超过通用汽车,一跃成为全球最大企业。这也是在后工业化时代,第一次出现商业零售公司独占鳌头的局面,这来源于沃尔玛多年不懈地努力,和从未停止过的管理创新。

回想沃尔玛初创时期,由于大城市零售业已比较成熟,市场竞争激烈,沃尔玛独辟蹊径,以"农村包围城市"的战略,主攻中小城镇零售业市场。鉴于中小城镇居民收入和消费的特点,沃尔玛确定"天天平价"的折扣店策略,满足中小城镇消费需要。

零售业的竞争,最终还是服务和价格的竞争,沃尔玛认真分析市场环境后,决定以降低成本为核心,以管理创意赋予传统零售业新的活力。在零售商中,沃尔玛最早着手建立自己的配送体系,以此来降低运输成本。由于美国地域辽阔,中小城镇星罗棋布,沃尔玛的一个配送中心可以为半径150到300英里内的175家商店配货。如此大规模的配送,当然需要先进的物流管理技术支持。

沃尔玛配送中心建于70年代,当时就采用了交叉作业技术,(CROSS-DOCKING)以及电子数据交换(EDI,ELECTRONIC EXCHANGE)来提高工作效率、节约周转成本。

配送中心建立后,供货商不再直接将货物送到沃尔玛各个商店去,而是将货物贴上沃尔玛的价格标签、商品条形码后,直接送到配送中心;在配送中心的配货区,沃尔玛的员工按照每个商店的需求量对商品重新打包并贴上条形码标识;重装好的商品通过传输带被运到位于另一侧的装箱区,在这里直接被装运入车,送到沃尔玛各个商店。

随着配送中心的建立,沃尔玛着手连接配送中心与各个店面的计算机系统,紧接着又实现了与供货商的计算机电子数据交换。在商业企业中,沃尔玛还最早建立了自己的电子化决策支持系统,随时提供各个商店的库存状况、销售信息、财务状况以及销售分析等信息,通过科学管理将批量采购、运送配比、存货成本等控制在最佳结合点上。这样一来,某个商店需要补货的信息通过配送中心汇总,再及时传递给供货商,信息沟通的时滞基本消除。在供货商及时供货、配送中心无须存货的同时,各个商店也实现最大限度降低库存的目标,从而使整个配送体系达成最低成本。

由于使用了电子数据交换方式,货物、信息在供应链中始终处于快速流动之中,提高了整个供应系统的效率。其他大型零售企业的配送成本一般占销售额的4.5%～5%左右,而沃尔玛则低于3%,这就意味着沃尔玛每年比竞争对手节省7.5亿美元的配送支出。

对于供货商而言,沃尔玛不仅是产品的销售点,更是市场竞争的合作伙伴。沃尔玛的决策支持系统向产品供货商开放,提供有关该产品销售的各种历史数据、分析预测,并跟踪产品在全球或特定市场的销售。当然,这些商业数据只提供给生产该商品的供应商。沃尔玛的信息系统为供应商提供了宝贵的商业情报，使沃尔玛与供应商之间结成彼此依存的生态链关系。

沃尔玛在配送模式上的管理创意，就是将信息系统与物流管理相结合，达到资源利用的最佳配置。这些创意，已经成为业内可圈可点的经典案例，也是沃尔玛全球采购战略、商品管理系统顺利运行的基础。

尽管零售商业已有上千年历史，但是沃尔玛40年的发展历程告诉人们，正是有沃尔玛这样的零售企业，以各种各样的管理创意，紧随现代管理系统、信息系统、物流系统及营销模式的发展而发展，为这个传统行业注入新的活力。新兴电子商务管理平台如表9－2所示。

恩格斯曾说，一个民族要屹立于世界先进之林，一刻也离不开理论思维。一个企业要发展壮大，就要不断地探索、创新；不断发展的企业管理创意，则是企业生命力之所在。

打造新兴电子商务管理平台，英雄有了用武之地，必定能演绎出动人心魄的商战传奇故事。

表9－2　新兴电子商务管理平台

新兴电子商务管理平台			
	SCM供应链管理 Supply Chain Management	ERP企业资源规划 Enterprise Resource Planning	CRM客户关系管理 Customer Relationship Management
应用领域	企业内部物流管理	企业内部各个流程与外协企业的交流、互动	企业与顾客来往的全过程
技术手段	企业内部网际网络整体解决方案	以电子商务为核心，创建企业内外全方位咨询系统，采用在线互动界面共享信息。	采用便于顾客信息迅速回馈的多层次咨询系统，以此建立全方位的数据管理和分析流程
核心职能	强调在企业内部优化供应链，通过整合企业内部信息流，达到效率最大化	强调企业与外协单位之间及时沟通咨询，促进产业生态结构的整体优化	强调规范企业与客户往来的一切互动行为与相关咨询，对顾客需求的快速反应，提升顾客满意度

续 表

新兴电子商务管理平台			
目标	降低库存、降低物流成本、提高服务顾客的品质	企业内部整合的同时,在合作企业间实现有效及时地共享信息资源的自动管理模式	迅速回应客户需求、对市场变化及时反应、缩短客户服务时间与流程、增加客户服务满意度
功能	缩短供应链时间 节约库存成本 流通路简化信息透明化 整合物流、咨询流、现金流	在企业内外整合信息、物流与外协企业分享商情 创造企业新价值 关联企业整体效率最大化	市场管理功能 销售管理功能 客户管理功能

【本章小结】

企业战略管理决定企业的发展方向,而战略管理创意能有效整合企业的各项资源,确定有自身特色的发展道路;现代企业倡导以人为本的管理理念,高度重视人力资源的开发与管理。管理创意不仅能最大限度地提高人的工作绩效和满意度,而且能极大地增强组织的凝聚力和竞争力。

【思考题】

1. 企业发展战略创意的目标和核心是什么?
2. 企业管理理念创意应如何体现与时俱进的时代精神?您认为21世纪哪些管理理念最具生命力?
3. 人力资源管理中人的激励问题非常重要,制定一份以激励为主题的管理创意方案。

★★★★★ 进修指导 ★★★★★

【参考文献】

1 李勇军．企业逻辑——新时代企业家思维变革与行为方式．成都:西南财经大学出版社,1999

2 芮明杰．超越一流的智慧——现代企业管理创新．上海:上海译文出版社,1996

3 芮明杰．人本管理．杭州:浙江人民出版社,1997

4 李工有．管理创新指南针．深圳:海天出版社,2000

5 (美)查尔斯·萨维奇．谢华强等译．第5代管理．珠海:珠海出版社,1998

第10章

市场营销创意

营销的目的在于使销售成为多余。

——彼得·德鲁克

【创意的营销最美丽】

“酒香不怕巷子深”、“皇帝的女儿不愁嫁”的时代已成过眼烟云，惟有精彩纷呈的营销创意，顾客才会闻香而来，产品才会花落人家。

产品竞争已迈向品牌营销时代，广告作为塑造品牌形象的核武器，打的却是心理战。广告创意是攻心的艺术，而公关促销这一新式武器，也将粉墨登场，与广告相映生辉。

产品竞争已导入服务营销时代，产品只是鲜花的“花蕊”，服务犹如鲜花的“花瓣”，她把“花蕊”衬托得美丽动人。“花儿为什么这样红？花儿为什么这样鲜？”只因为企业用“真诚到永远”的服务之心在认真地浇灌。

匠心独具的营销创意，能产生“万绿丛中一点红”的市场效应；营造出“人世间百媚千红，我独爱你那一种”的营销佳境。所以，我们要说：创意的营销最美丽。

【学习指南】

本章学习目的

把握营销理念的发展动向，领会营销的思想精华；掌握市场竞争的谋略，体会赢得竞争优势的思路要点；学会运用创意思维，具备从事广告、公关促销、服务营销创意的实践能力。

本章内容提要

首先，回顾和总结了营销观念发展演变历程中的代表理论及其实践主张，认为：营销概念从营销到大营销、后营销；营销理念从产品营销到品牌营销、服务营销、绿色营销、体验营销、订制营销；营销策略从4P策略到4C策略、4R策略、4V策略，营销内涵与外延处于不断蜕变与拓展之中，营销思想与时俱进、丰富多彩，这一切都在表明，营销已切实步入以顾客满意为核心的消费者导向时代。其次，介绍了现代企业赢得市场竞争优势的主要手段、谋略及其创意思路。

本章重点将营销传播与推广的关键环节——广告、公关促销、服务营销作为创意实践选题，围绕企业在提高市场销售力的同时，如何有效地提升企业的公众形象力和社会美誉度这一主题。一方面从理论角度，探讨营销创意的具体理念、策略与方法以及创新趋势；另一方面，结合案例分析，了解营销创意的智慧与经验。

卡尔·马克思认为：企业将产品生产出来，只有将其销售出去，实现这一步惊险的跳跃，才能达到盈利的目的。营销被描绘成“惊险的跳跃”，营销创意就在于完成这一成功的惊险跳跃；彼得·德鲁克则主张营销的目的在于使销售成为多余，营销创意的关键则在于使营销过程充满智慧、艺术而又富有戏剧性。

第一节 现代营销概论

一、营销概念的界定

Marketing 有两种译法：营销——企业需要谋略创意；行销——企业需要行为创意。

Marketing 有双重含义。营销，是指一种经济行为或一种实践活动，即主要由企业组织所进行的营销活动；营销学，是指一门科学，即主要以企业组织的营销活动为研究对象的应用经济学。营销是一门科学、一种行为、一项艺术。

定义什么是营销，版本众多。不同的立场和角度就会产生不同的观点和看法。因此，营销是一个具有丰富内容的概念体系。

1. 营销概念

美国西北大学营销专家菲立普·科特勒(Philip Kotler)定义：市场营销是指个人和群体通过创造产品和价值并同他人进行交换以获得所需、所欲的一种社会和管理过程；市场营销是指在可盈利的情况下提供给顾客满意。市场营销的目标是通过许诺卓越价值来吸引新顾客和通过提供给顾客满意来留住现有顾客①。

2. 大营销概念

美国西北大学营销专家菲立普·科特勒(Philip Kotler)的定义：为了成功地进入特定市场并在那里从事业务经营，在战略上就必须协同地运用经济的、心理的、政治的和公共关系等手段，以博得外国或地方各个方面的合作与支持，从而达到预期目的。

日本营销学会(JMA)的定义：市场营销是包括教育机构、医疗机

真正的营销卖的不是产品，而是一种新型的生活方式，一种别样的时尚文化。

营销是一个具有丰富内容的概念体系。

---

① (美)科特勒著，俞利军译，《营销学导论》，华夏出版社，1998年版，第5页、第7页。

构、行政管理机构等在内的各种组织，基于与顾客、委托人、业务伙伴、个人、当地居民、雇员及有关各方达成的相互理解，通过对社会、文化、自然环境等领域的细致观察，而对组织内、外部的调研、产品、价格、促销、分销、顾客关系、环境适应等进行整合、集成和协调的各种活动。

3. 后营销概念

营销活动具有极强的“征服性”(conquest)特征，企业希望征服竞争者、顾客和市场，从而维护和推动企业自身发展。

后营销认为：在竞争异常激烈、市场过度饱和的情况下，维持老客户比争取新客户更重要、更容易，成本更低且效果更佳。企业应藉交易活动带来的企业与顾客接触的机会，努力耕耘双方之间的长期关系，重视售后服务、售后与顾客的交流和联系，培养顾客对企业产品和服务的忠诚。

与一般营销活动相比，后营销活动表现出很强的“维持性”(retention)特征。简单地说，后营销是指企业销售产品和服务后，以维持现有顾客为目标所进行的一系列营销活动。

培养和争取顾客是商战成功的最高法则。

二、营销观念的发展潮流

观念是行动的先导；观念决定行动。营销观念既是企业的经营指导思想，也是企业的一种经营哲学。

1. 第一股浪潮

(1)生产(产品)观念(Production concept)

企业活动以生产为导向，其营销的着眼点是产品，企业的经营口号是“我能生产什么，就卖什么”。企业关注的重点是提高生产效率，降低成本而获取利润，这是卖方市场背景下的“以产定销”观念。

(2)销售观念(Selling concept)

企业活动注重销售，企业大力开展销售和促销活动，运用各种办法将已有的产品大量推销出去。销售观念支配下的营销方式：专业化、技巧化的人员推销；广告诉求以侧重反映产品差异的理性诉求方法为主；对比性广告、竞争性广告应运而生。

(3)市场营销观念(Marketing concept)

企业开始十分重视市场调研，并以反映在市场上的消费需求出发，消费者需要什么产品，企业就生产销售什么产品，企业的经营口号变为

"顾客就是上帝",企业会对顾客言道:"我们为您才这样做,""只要您满意,我们才满意"。这是买方市场背景下的"以销定产、以需定销"观念。

市场营销观念支配下的营销方式:促销注重心理渗透和攻心为上策略;广告诉求以感性诉求为主,软广告迅速发展,广告在创立品牌形象、维护企业信誉方面显示了突出功效,广告的运作方式呈现整体运作趋势;人员推销的直销方式产生。

(4)社会营销观念(Societal marketing concept)

企业所提供的产品,不能单单仅满足消费者的一时需要,而应考虑符合消费者的长远利益和社会整体利益。

社会营销观念要求企业在制定营销政策时,能权衡公司利益、消费者需要满足和社会利益等三方面的利益。企业要在盈利基础上,建立维持、促进与顾客和其他合作伙伴的关系,以实现各方的目标,从而形成一种兼顾各方利益的长期关系。

实现多赢将成为未来营销的主旋律。

社会营销观念支配下的营销方式:绿色营销、关系营销、服务营销成为营销主要策略;企业注重整体CI形象的策划与传播;公益广告盛行,厂商通过关注公益事件、维护公众利益,确立企业良好的公众形象;广告文化策略,成为重要的广告策略。"救救地球",从长远角度而言,企业真正救的是它自己。

(5)绿色营销

以环境保护和人类健康为主题的绿色产品与绿色消费,将成为未来营销观念发展的主题。

绿色营销与传统营销的区别在于强调人与自然、社会经济、生态环境的和谐、可持续性发展;更加注重营销的社会效益和企业的社会责任与道德。

2. 第二股浪潮

(1)自我营销

让顾客心悦诚服地认同和接受营销人员的个人素质和形象,是影响营销业绩的重要因素。从某种意义上讲,营销人员就是产品、品牌与企业的化身与象征,其自身的专业性、可信性与亲和性素质和形象,就是一种穿透性强的营销力。

(2)品牌营销

品牌的内涵在不断的扩展,其内涵极为丰富。首先,品牌作为一种区分的标志和速记符号，用于识别和认牌购物；其次，品牌作为承诺和契约，用于增加顾客的安全感和维护双方的信任关系；再次，品牌作为个性形象的象征，用于认同、喜爱和沟通；最后，品牌作为无形资产，用于品牌的延伸、租赁、资产评估和资产增值。

产品营销已被品牌营销所超越，品牌营销的价值和威力正日趋明显。品牌形象塑造与品牌经营管理成为营销的重要策略。

(3)文化营销

文化营销主张尊重、顺应和创造文化价值观或价值观念的集合来达到某种程度的满足感。

文化营销认为营销应解决好文化障碍与冲突问题，营销行为应通过诸如语言、宗教信仰与传统习俗、文化心理即民族文化与国民性格、法律、价值观等文化关口，实现本土化营销与国际化营销的一体化。

营销的人文化将会日趋重要。

(4)体验营销

体验营销的基本思想为：让每一个客户以个性化的方式参与营销过程之中，突出客户的感受，增强客户对营销过程的情绪体验，从而留下深刻的品牌印象和美好的情绪记忆。

3. 第三股浪潮

(1)关系营销

建立和发展厂商与社会公众的良好关系，核心是建立与顾客之间的长期友好与信任关系。

(2)服务营销

服务营销是继产品、价格、分销、促销之后的第五种竞争手段。服务营销就是一种为了使顾客感到满意并为了与顾客保持长期友好互惠关系，建立顾客忠诚的企业活动。服务营销的核心理念是顾客满意和忠诚，通过提高顾客的满意度和忠诚度来促进相互有利的交换，最终获取适当的利润和公司长远的发展。

(3)网络互动营销

利用最新的科技成果(可视电话和因特网等互动媒体)，随时随地实现与顾客的双向沟通；建立顾客数据库，加强双方的信息反馈，实现直效营销。

网络互动营销与传统营销的区别在于时效性、个性化服务、宽泛性、覆盖面和持续性追踪。

(4)订制营销

订制营销的实质就是厂商能为不同的顾客提供顾客所要求的产品或服务。

订制营销与传统营销的区别在于创建灵活和柔性的生产和服务体系,满足顾客的个性化需求,实现差异化消费。

【专题探讨:全面步入整合营销时代】

整合营销传播观念(Integrated Marketing Communications 即 IMC)。IMC 理论创立者美国营销专家唐·E. 舒尔茨认为:"整合营销就是一种适用于所有企业中信息传播及内部沟通的管理体制,而这种传播与沟通就是尽可能与其潜在的客户和其他一些公共群体(比如员工、立法者、媒体和金融团体)保持一种良好的、积极的关系。"①

IMC 的轴心是以消费者为中心,一切站在消费者的立场制定营销策略;IMC 的指导思想是在实现与消费者的沟通中,以统一的传播目标,运用多元的传播手段、方法和工具,如广告、公关、SP、直销和网络等工具,在每一阶段发挥出最佳的集中火力;IMC 的实质就是整合企业资源,切实做到目标、策略、战术和形象的统一,使企业资源都朝向一个共同的方向,从而使营销推广真正具有整体效应。

营销行为更加注重厂商与消费者的沟通以及人与人之间的个性互动。

三、营销理念的精华要点

经典、现代与创新营销理念的精华要点如表 10-1 所示。

表 10-1 经典、现代与创新营销理念的精华要点

阶段 项目	经典的营销理念	现代的营销理念	创新的营销理念
1. 营销目标	企业盈利	三赢	利润链
2. 营销策略	4P 策略 Product 产品策略 Price 价格策略 Place	4C 策略 Customer need 顾客需要策略 Cost 成本策略 Convenience	4R 策略 Related 与顾客关联策略 Reflect 快速反应策略 Reward

① 舒尔茨,《整合营销传播的发展发向》,《销售与市场》,2001 年,第 6 期。

续　表

阶段 项目	经典的营销理念	现代的营销理念	创新的营销理念
2. 营销策略	分销策略 Promotion 推广策略 麦卡锡 (Jerome. McCarth)	便利策略 Communication 沟通策略 罗德明	顾客回报策略 Relation 顾客关系策略 舒尔茨 (Don. E. Schultz)
3. 营销行为	整体运作	整合沟通	个性互动
4. 营销导向	顾客需求	顾客关系	顾客满意

【专题探讨:最新的营销策略——4V 策略】

4V 策略的基本思想:Variation——针对客户差异化,实现个性化营销;Versatility——产品在功能上,力求弹性化;Value——为顾客多创造附加价值和提供附加利益;Vibration——让顾客积极体验营销全过程,与顾客产生共鸣,增进与顾客的关系。

第二节　市场竞争优势谋略与创意思维

竞争谋略异彩纷呈,贵在推陈出新。

中国清末一位名叫郑观应的著名学者,把商业竞争形象地称之为"商战";日本企业把"孙子兵法"奉为最高的经营教科书。商战演绎出现代商战谋略,而商战谋略则是现代企业赢得竞争优势的致命武器。

创意思维在竞争优势谋略的集中体现就是竞争谋略创新,竞争谋略创新就是要对人类已有的竞争谋略发扬光大,尤其是推陈出新,在竞争的谋略、手段和方法等领域都须不断创新。参与竞争较量的企业各出奇谋,各出奇招,导致竞争谋略异彩纷呈。

一、竞争手段的创意谋略

1. 领先性产品

它包含:①技术领先;②品质领先;③趋势领先及高附加值领先。

【创意经典个案:奔腾不息的英特尔之“芯”】

英特尔公司自20世纪70年代以来,不断创新产品,使产品不断升级。由286芯片到486芯片再到多媒体芯片;由奔腾Ⅰ处理器发展到奔腾Ⅳ处理器,几乎每隔2年至3年就要完成一次产品更新,从而树立起技术领先的品牌形象。

2. 挑战性价格

它包含:①低成本保证体系;②市场差价体系;③结算及金融优惠体系。例如,50年代末期,日本丰田汽车打入美国市场,就采用高额折扣的优惠方法,成功地挤占了市场。

3. 强有力市场推广

它包含:①攻心性广告;②短、宽一体化渠道;③品牌个性形象塑造;④联合推广。例如,美国雅芳化妆品公司培养了20万直销大军,采用直销方式短化了厂商与消费者的距离;中国“李宁牌运动服装”,采用“一地多家”专卖店的方式宽化分销渠道,全面占领市场。

4. 全方位深度服务

它包含:提供售前、售中和售后等全方位服务;提升服务品质和顾客满意度。

5. 现代化管理

它包含:①员工激励与绩效管理;②团队与企业文化建设;③人力资源开发。

6. 战略联盟

它包含:①松散的战略联盟-趋向化合作伙伴;②紧密的战略联盟-同一化合作伙伴。例如,90年代,IBM与苹果公司对外宣布结盟,达成趋向化合作伙伴,双方共同投入时间、人才和技术并分享先进技术,有效阻击了日本公司的商业侵略。又如,60年代,为了对付美国波音公司的入侵,欧洲四国成立了同一化合作伙伴的空中客车公司,优势互补,实力倍增,有效扼止住了美国波音的商业侵略,合力产生抗衡优势。

【创意经典个案:日本丰田汽车的竞胜之道】

1957年,日本丰田汽车公司推出“光环”牌汽车,但由于质量不过关,在美国公众中造成了“脆弱”、“不耐用”的印象。同时,美国市场反馈信息显示:“光环”牌小轿车发动机性能不佳，高速行驶时功率骤降，其质量很难满足美国消费者的要求，代销商对此也失去了信心。该公司轿车不仅在美国轿车竞争中一败涂地，甚至连日本国内头号轿车大王的宝座也被日产公司夺去。

丰田经营者面对失败没有垂头丧气，而是立志要夺回汽车霸主的地位。为此，他们迅速制定出了振兴丰田、再进美国市场的计划。首先，以坚韧不拔、锲而不舍的精神努力开发新产品并在技术上不断创新，于1961年推出精心设计、品质优良的新型“光环”牌轿车；其次，为了消除公众认为“光环牌车不坚固、发动机不可靠”的印象，在日本和全球掀起一场攻势凌厉的广告宣传战。公司创意了一套名为“考验”的专题节目，向公众展现了“光环”牌小轿车的破坏性试验的一系列过程，其画面惊心动魄，扣人心弦。如“空中飞车——光环篇”，一位丰田汽车的职员不惜赴汤蹈火，以120公里的时速驾驶着光环牌轿车冲向飞车台，高速飞驰的“光环”牌轿车腾空而起，像一道耀眼的闪电射向晴朗的蓝天，在两米的高处悬空飞行了大约25米，着地后照样高速飞驰，这个千金难得的惊险镜头在公众中产生了强烈的刺激效果，在其真实可信的破坏性试验面前，“光环”车不坚固的成见不攻自破，扭转了公众原先的看法，认为“光环”车坚固耐用。又如“悬崖滚车——光环篇”，一辆“光环”牌轿车被从一个十多米高的悬崖推下，小车落地后滚了三下，车顶瘪了，发动机罩的一部分也掉了，这种冲击力大得吓人。但电视观众看到的却是：摔得面目全非的“光环”车立即启动了发动机，顺顺当当地开远了。这种“破坏性试验”广告，转变了公众印象，重建了经销商信心，树立起了丰田轿车经久耐用、发动机性能优良的形象。最后，不懈地降低成本与提供周到细致、人情味十足的顾客服务相结合，为丰田客户创造更高价值。丰田公司凭借这些策略的协同努力，把丰田汽车打造成为世界名车。

二、赢得市场竞争优势的创意思路

现代企业必须高度重视创意思维在市场竞争优势谋略中的地位与作用，充分吸取和借鉴已有的企业赢得竞争优势的创意思路等有关知识和经验，丰富我们的创意大脑，在未来创意实践中，产生更为精彩的谋略创意。

1. 创意思维在市场竞争优势谋略中的地位与作用

竞争产生了创意，创意深化了竞争。创意在竞争优势谋略中处于关键性的地位，起着核心的作用。它使得竞争演变成了智慧的角逐和脑力的较量。竞争导致众多企业建立专门的企划部并引进企业“外脑”智囊人员，以求在日益白热化的市场竞争中站稳脚跟并逐步赢得竞争优势。

2. 国内外关于赢得市场竞争优势的创意思路

(1)日本著名策略家大前研一的竞争思路

1) KFS法。KFS(key factors for success)译为成功关键因素。即先确认本行业的成功关键因素,然后把企业的资源集中投入可以取得竞争优势的特定领域中。即使公司拥有的管理资源并不多于同行业的竞争对手,但只要能把这些资源有效地集中运用于要点上,常常能在谋略上取得不同凡响的成功。

2)相对优势法。在同行业相互竞争的公司中,有时候自己公司开始时并不拥有竞争优势,所发动的KFS努力也被其他公司所做的同等努力所抵消,就须利用自己公司与竞争对手之间的竞争条件的差异,可以获取相对的竞争优势。

3)主动攻击法。如果公司的主要竞争对手已经在停滞缓慢发展的行业中有稳固的基础,则很不容易动摇它的地位。应把目标放在破坏竞争对手所依赖的成功关键因素的优势上,可制定谋略,先对这一行业目前的经营方式投下问号,看能否改变竞争的规则,能否扭转目前的情势,从而取得有利的竞争位置。

4)自由度法。如果在同一行业中的竞争非常激烈,可以凭借创新而取得竞争优势。这种创新就是开辟新市场和发展新产品。这两种行动都要全力开发竞争对手未触及到的市场领域。它也是一种回避战术,即避开现存的众多企业在同一产品市场进行自相残杀,去寻求目前尚不存在的市场。

(2)美国著名工商业评论家罗伯特·海勒的竞争思路

海勒在其名著《超级管理者》提出:

1)如果你在竞争中占有全面优势,你必须最大限度地利用它,你必须尽一切努力,达到最高水平的生产率和拥有最大的竞争力。

2)决不能排除竞争对手对你采取侧面竞争的可能性。如果对手这样干,你必须尽早加以反击,不是搞两败俱伤的削价战,而是在产品的战略和战术上胜过对方。

3)如果你并不占有全面优势,那你就应该把力量集中于你所占优势的那些市场。

4)凡是竞争不过他人的领域,千万不要涉足。如果进入了就应尽快退出,而且应该不再卷入,除非局势发生了根本性的变化。

竞争已演变成了智慧与脑力的角逐和较量。

知己知彼,
百战百胜。

(3)市场竞争位次实战竞略的创意思路

市场领导者:该主体占有市场的垄断定位,拥有最大的市场份额。其市场行为都受到了其他公司的模仿和追逐。市场占有率为40%~70%。

市场挑战者:该主体在市场中的地位与份额均次于领导者,但他们具有与领导者竞争的实力。市场占有率为25%~40%。

市场追随者:该主体紧跟市场上的先进趋势,以不落伍的姿态赢得高利润。他们具备竞争实力,但在战略上避免与领导者正面挑战。市场占有率为10%~25%。

市场补缺者:该主体经过市场细分选择生存的空间,在大公司的夹缝中生存。没有竞争实力,但有生存基础。市场占有率为1%~10%。

1)市场领导者企业的竞争思路。处于市场一强主导地位,坚持引领本行业高、新、尖标准和规则。同时,为稳固既得目标市场,对所有其他竞争者,特别是对挑战企业势必奉行防御谋略,施行“多品牌”、“反差异化”的基本战术。

2)市场挑战者企业的竞争思路。处于市场二强地位,为各自扩张既有市场,针对竞争对手“做得不好的”市场行为缺陷和劣势,势必奉行进攻谋略,主动攻击,暴露其劣势,突显自身优势,从而达到打击对手,宣扬自己的目的。应施行“差异化”、“战略联盟”的基本战术。

例如,7—UP汽水攻击可口可乐、百事可乐饮料中含有轻量的咖啡因有伤害青少年健康的产品缺陷,以非可乐手法赢得了竞争优势。

3)市场追随者企业的竞争思路。处于市场三强地位,针对竞争对手“做得好的” 市场行为,对竞争对手的产品和营销行为进行创新性模仿,从而达到一步一步蚕食市场的目的。应施行“跟进仿效、定点超越”、“借势造势”战术,图谋发展。

例如,日本彩电40年代仿造美国产品,80年代超越美国产品。

4)市场补缺者企业的竞争思路。处于市场列强缝隙之间,为了绝处求生,针对竞争对手“没有做的”市场行为,抓住市场空隙迅速抢先挤占或对竞争对手的薄弱环节攻其不备。美国营销专家麦克尔·波特在其《竞争战略》一书中指出:“最好的战场是那些竞争者尚未准备充分、尚未适应、竞争力弱的区隔市场或战略领域。” 应施行“专业精深”、“局部领先”的基本战术。

例如，美国“汉堡包大王”发现麦当劳只提供“油炸”食品，缺少“火烤”食品的空档，以“火烤”食品抢占了麦当劳未能触及的快餐市场。

【精华文摘链接：竞争创新①】

在激烈的市场竞争中，开辟新的竞争道路，拓展新的竞争空间。竞争创新的5种方式如表10－2所示。

表10－2 竞争创新的5种方式

对竞争的传统的定义	激烈的市场竞争	开辟新的市场空间
可替代行业	关注本行业的竞争对手	审视可替代品行业
战略群	关注战略群内的竞争地位	行业内跨战略群思考
关联产品、服务的范围	关注在行业范围内使产品和服务的价值最大化	超越行业范围考虑相关产品和服务
消费群	关注如何更好地服务于购买者	重新对购买者进行定位
时间	关注并适应外部新的趋势	不断参与并促进外部的发展趋势

超越竞争对手，重新洗牌和制定游戏规则。

第三节 创意思维在市场营销中的应用

一、广告创意

广告创意如广告大师伯恩巴克所言：广告创意是赋予广告生命和灵魂的活动。广告创意是广告整体活动过程最富挑战性的核心环节；更是现代商战竞争中树立品牌个性形象、赢得消费者芳心和获得商业利润回报的强有力市场推广手段。

1. 广告的基本理念

(1)什么是广告

从传播学视角审视，广告就是一种信息传播活动；从营销学角度观

① 王成主编，《企业最优战略定位》，中国经济出版社，2002年版，第164页。

察，广告是一种市场推广（促销）的有力手段；从艺术学立场看，广告则是一种创造和表现，而以心理学的眼光透视，广告的实质是一种说服和沟通。

美国广告主协会认为：广告是付费的大众传播，其最终目的为传递信息，改变人们对广告产品的态度，诱发其行为而使广告主得到利益。

美国市场营销协会（AMA）主张：广告是由特定的广告主，通常以付费的方式，通过各种传播媒介对产品、服务或观念等信息所做的非人员介绍及推广。

美国广告学者克劳德·霍普金斯（Claude Hopkins）提出：广告是将各种高度提炼的信息，采用艺术手法，通过各种媒介传播给大众，以加强或改变人们的观念，最终引导人们的行动的事物和活动。

（2）广告的结构与功能

构成广告的基本要素：第一，广告主体（广告主、广告代理公司和广告传媒业）；第二，广告对象（消费者和经销商）；第三，广告手段（媒体和创意表现手段）；第四，广告信息内涵（实体信息和形象信息）；第五，广告目标（商业促销、市场推广和品牌形象传播）；最后，广告环境。

广告兼具信息传达、产品促销、消费指导、文明教育和艺术审美等5项功能。

（3）广告运动的作业流程

广告创意是广告运动的灵魂与核心。

广告运动的作业流程：接洽客户订立广告合同→广告调查与研究→广告目标决策→广告策略规划→广告创意构想→广告媒体选择→广告费用预算→广告方案评审→广告设计与制作→广告刊播→广告效果评估。

现代广告运动已形成了以广告策划为主体、以广告创意为核心的广告运作机制。

2. 广告创意观

（1）广告创意的内涵界定

从动态角度而言，广告创意就是广告人对广告活动进行创造性的思维活动，即出点子；从静态角度而言，广告创意就是为了达成广告目的，对广告主题、文案内容和表现形式所提出的创造性“主意”，即好点子。本书持动态和静态统一的观点——既探讨广告如何精彩创意，又鉴析精彩的广告创意。

基于“广告是一门艺术”的立场，广告创意是小创意，单纯指广告文案或画面的表现创作；而站在“广告既是一门科学，又是一门艺术”的立场，广告创意则是大创意，广泛涉及从广告策略规划到广告文案、画面表现；从广告媒体选择到广告设计制作等整体广告运作的所有环节，都离不开创意。本书持小创意的观点——即重点揭示广告表现的创意和创意的广告表现。

(2)广告创意的实质内涵

广告创意就是广告构思，即指体现广告主题的构思。通过构思，使广告主题具有鲜明的个性和强烈的感染力；广告创意就是广告表现，即指广告主题的表现手段及方法。也就是说，脑海里的构思，通过语言和非语言的多种表现手段，把广告主题鲜活地表现出来。

那么广告创意的首要特质是什么？——实效性。实效性就是能产生促销实效的创意，它是广告创意的首要特质。评价广告创意，通常有三个标准：①广告界、消费者、广告主都认为是好广告；②既能导致促销，又受到广告界、消费者和广告主的广泛好评；③促销，但并没有引起舆论对广告本身的兴趣。正如广告大师大卫·奥格威一针见血指出的那样：“能够促销产品，而不是把人们的注意力引向自身的广告才是一则好广告。”

没有原创性，广告创意就失去了吸引力和生命力。

(3)广告创意观

1) R. O. I广告创意观。广告大师 W. 伯恩巴克提出的 R. O. I 创意策略理论，一直被奉为实用的广告创意指南。伯恩巴克认为，一个好的广告创意，应具备三个基本特质：

第一，相关性(Relevance)。广告创意必须与广告产品、消费者、竞争者相关联。找到产品特点与消费者需求的交叉点，是形成广告创意的重要前提。没有相关性，广告创意就失去了意义。

第二，原创性(Originality)。广告创意应突破常规，出人意料且与众不同。没有原创性，广告创意就缺乏吸引力和生命力。

第三，震撼性(Impact)。广告创意的震撼性要求广告创意能够深入到人性的深处，冲击消费者的心灵。没有震撼性，广告创意就难以给人留下深刻的印象。

R. O. I广告创意观认为：广告创意就是以原创性的手法将相关性的新组合做震撼性的处理。

2）PPA广告创意观。MMI(现代营销研究所)杨青山从广告的实效性出发，研究归纳出广告创意的PPA创意策略。PPA——Peculiarity Protrude Appeal创意策略，就是广告“特点凸现诉求”创意策略，其内涵为“发掘或创造产品或服务中的歧异性特点，对其升华并专一向目标重点传达。”

“发掘”——找出产品中固有的东西；

“创造”——为需要再造出产品或服务中没有的东西；

“歧异性特点”——与众不同或别人从未表达过的东西；

“升华”——美化、扩大、突出；

“专一”——只说它；

“目标”——市场受众。

简化公式为

广告诉求点＝歧异性特点＝抢眼点＝记忆点＝卖点

PPA广告创意观认为：广告创意惟有发掘出广告物与众不同的“特点”，才会与之俱来产生“凸现”效果。

【创意金点子】

简洁有力的广告　罗尔斯·罗伊斯挂速60英里，车内最大的噪声来自那只电钟——福特汽车广告。

3）AIDMA创意观。

A(attention)——诉诸感知、吸引注意；

I(interest)——赋予特色、激发兴趣；

D(desire)——确立信念、刺激欲望；

M(memory)——创造印象、增强记忆；

A(action)——坚定信心、导致行动。

AIDMA创意观认为：广告创意就是攻心的艺术。广告大师大卫·奥格威戏言：做广告若不了解消费者的心理，就犹如一个情人在黑夜里对自己的情人暗送秋波。

3. 广告创意的表现策略与法则

(1)简洁有力

中国山水画，简洁的手法却能营造出博大精深的天地；而这简洁之中，透出的却是画家深厚的功力。广告大师伯恩巴克认为：在创意的表现上光是求新求变、与众不同并不够。杰出的广告既不是夸大，也不是虚饰，而是要竭尽你的智慧使广告信息单纯化、清晰化、戏剧化，使它在消费者脑海里留下深刻而难以磨灭的记忆。

在广告界，流传着一个著名的创意公式即 kiss，趣称亲吻公式。它有两种表述：kiss(keep it sweet and simple 的缩写)，译为"令其甜美并简洁"；kiss(keep it simple stupid 的缩写)，直译为"使之简洁笨拙"。所有这些，都只在揭示一条广告创意的基本法则：简洁而有力。

这是因为广告信息浩如烟海，惟有简洁有力的广告，才能脱颖而出，抓住受众的视线；现代社会竞争惨烈、消费者身心紧张加剧，惟有简洁有力的广告，才能与受众进行有效的沟通。

返朴归真，更见大家风范和功力。

广告创意的简洁，会让人过目不忘，而广告创意的有力，讲究一针见血，却能让人印象深刻、久远。

【创意金点子】

简洁的广告之美 台湾的一则"家庭计划生育"报纸广告堪称简洁的经典之作。计划生育广告历来是让广告人士颇为头痛的事，稍有不当就会被指责"有粗俗"和"有性教唆"倾向。而台湾黄禾广告公司却以"一语天然万古新，豪华落尽见真淳"的简洁、质朴创意，获两项国际广告大奖。该广告的画面上只有一个避孕套头和一个婴儿奶嘴，其余部分均为空白，给人疏朗、明快之感。文案也只有一句话"多一分小心，少一分担心。"极为简单，有说服力，画面和文案都简洁到像一首唐人绝句，多一字则累赘，少一字则害意，因而给人留下深刻难忘的印象。

广告创意就是攻心的艺术。

(2)人性组合

广告创意应洞悉人性需求，从人性角度，挖掘广告创意；同时，广告创意应着力赋予产品和服务人性化色彩，使产品能跳出使用功能上的限制，提供让人感受到的心理价值。人性组合的创意法则是竞争品牌日趋均质化时代，广告创意必须遵循的重要法则。

(3)社会心态

广告创意应对社会心态变化和思潮取向有深切的观察，保持敏感度；应对社会情绪的升浮和变迁有准确的把握，增强预感能力。这类似于中医诊断，只有摸准了社会发展的脉相，才能创意出具备社会影响力的广告佳作。

4. 广告创意表现

(1)广告标题文案创意

第一,吸引注意力并诱导广告受众阅读正文。好标题不仅本身能够抓住受众的注意力,而且要切中受众的消费者心理,获得立刻打动人心的效果。

例如:80%的男人被她征服了　　　　　　　某汽车广告

　　从12月23日起,大西洋将小20%　　　某航空公司广告

【创意金点子】

女人最大的敌人　世界杯足球赛还没有拉开战幕,在法国已经评出了这条1998年"最佳广告"。世界杯赛无疑是商家谁都不愿错过的最佳广告机会。在巴黎的地铁站出现了这样一则横幅广告:"女人最大的敌人!"站在很远的地方就能清楚地看到这句广告词。走近一看,才明白原来是电视机厂家在为推销电视机做广告。

第二,传递主要广告信息,要把最关键的信息凝聚于标题之中,并且最好包含产品(或品牌)的名称。

例如:乐百氏纯净水　　　　27层净化

　　仕奇西服　　　　　　365道工序制成

　　尼康FE—2相机　　　快门速度1/4 000秒

第三,击中要害,利益点明确突出。

例如:停电24小时,依旧冷若冰霜　　　　　　某冰箱广告

　　废品! 只因为行李箱底部有一道轻轻的划痕　某汽车广告

【专题探讨:广告文案创意的修辞手法】

广告文案创意常用的修辞手法:

(1)生动贴切的比喻手法

比喻法是根据甲、乙两类不同事物的相似点,用乙事物来比甲事物的修辞手法。比喻的功能:用受众熟悉的事物比喻不熟悉的事物,以便把事物描绘得具体可感;用具体的形象比喻抽象的道理,使道理通俗易懂;用某一鲜明的形象来比喻事物的某一特征,用以强调产品的特征。

例如:甜而酸的酸奶,初恋般的味道　　　某酸奶广告

　　犹如第二层皮肤　　　　　　　　　某牛仔裤广告

(2)产品人格化的拟人手法

拟人法是把物当作人来写，赋予“物”以人的言行或思想感情的修辞手法。

例如：任劳任怨，只要还剩一口气　　某轮胎广告

红润的脸向您道早安　　某西红柿广告

【创意金点子】

SAAB将会牺牲它自己以拯救你的生命　在1990年，某国一汽车推销商刊出了一则汽车广告，画面上展示的是一堆汽车残骸，旁边写着一行醒目的标题：一辆“SAAB”(汽车名字)将会牺牲它自己以拯救你的生命。以下是广告的详细说明：“1990年4月的一次撞车事故，使这部小汽车永远不能再开动，但当时司机却安然无恙地走出了驾驶室。原来车头和车尾是特殊构造的，是可压缩的部分，当剧烈的碰撞发生，它们会凹陷下去，以吸收和缓冲冲击力。在车头和车尾中间是用强化钢板保护的驾驶室和乘客座舱。……”

(3)回肠荡气的顶针手法

顶针法是在遵循递进关系的前提下，让下句起始的字或词与上句末尾的字或词相同的修辞手法。

例如：万家乐，乐万家　　万家乐热水器广告

(4)幽然风趣的谐音手法

谐音法是指用同音或近音字代表本字，使广告语言形成一种特有辞趣的修辞手法。

例如：“闲”妻良母　　某洗衣机广告

趁早下“斑”，请勿“痘”留　　某化妆品广告

(5)意味深长的双关手法

双关法是指利用语言或语义条件，有意使语句关顾表面和内里两种意思，言在此而意在彼的一种修辞手法。简言之，即利用一个词语或句子同时表达两种不同意义的修辞方法。具体分为：谐音相关，即利用音同或音近的条件使词语或句子语义相关；语义相关，即利用词语或句子的多义性在特定语境中形成双关。双关法会使语言具备一定的文化品位，在新鲜感中，给人以精神的美感享受。巧妙的双关法，既别开生面，又会使语言轻松、风趣。

例如：为足下增光　　某鞋油广告

聪明不必绝顶　　某生发剂广告

(6)引人注意的夸张手法

夸张法是指在不影响信息真实性的前提下，对信息内容的某一个特殊之处，做适当夸大或缩小的修辞手法。故意的言过其实，追求的是注意效果。

例如：今年20，明年18　　某化妆品广告

不老的宣言　　　　　　　　某抗皱霜广告

(7)妙笔生花的仿词手法

仿词法是指在现成词语的比照下，更换词语中的某个词或语素，临时仿造新词语的修辞方法。在直接引用原语不能有效表达的情况下，就可用仿词法将人们熟知的成语典故、诗文名句等加以改动，以符合产品特定的表达需要。

例如：大“石”化小，小“石”化了　　　　胆舒胶囊广告

(8)音韵美妙的押韵手法

押韵法是指两句话的最后一字韵母相同、语言美感独特的修辞手法。

例如：强力配方，蟑螂死光光　　　　某杀虫剂广告

人头马一开，好事自然来　　　　某洋酒广告

(2)广告画面创意表达

1)幽默式表达。幽默是智慧的结晶，是高品味的享受，其独特的审美价值是在有趣与可笑、轻松与愉悦的氛围中引发意味深长的思索，体现事物深刻积淀的底蕴。

幽默的基本特征：会心，有所感悟；有趣，叫人发笑。它往往暗含机锋而又充满机智。成功的幽默式表达须在充分理解产品特性基础上，突破心理定势，违反心理常规，在轻松的情节中缩短产品与受众的距离；在欢愉的感受中体味出产品独特的好处。

艺术有法而无定法，贵在自主创新。

2)比喻式表达。比喻式表达是将产品的特点与消费者所熟知的人或物进行比拟处理，形象生动地突出产品的个性，给人以深刻的印象，从而达到耐人寻味的效果，最终品味出广告信息的特有涵意。

【创意金点子】

日本的比喻广告　日本铃木小型客货汽车系列平面广告。广告中，从上到下排列三个动物和一辆铃木客货车。最上面是一只袋鼠，袋鼠下面有小文字说明：可以载客，袋鼠的袋里的小袋鼠巧妙地说明了这一点。中间是个骆驼，文字说明：可以载货，众所周知，骆驼的双峰之间是人们长途跋涉、运输货物的所在。下面是只矫健的公牛，文字说明：有力度。铃木小型客货车旁的文字说明：铃木客货车综合了上面的三者优势，而价格又非常便宜。画面中三只各具特色又有不同功能作用的动物，暗示铃木小型客货车同时具有这些功能，真正是物美价廉。

3)夸张式表达。夸张式表达是运用情节、形象、比例的变形处理，使广告画面活跃生动、引人注目。夸张式表达须在尊重事实的前提下，

采用艺术手法表现出产品典型性的本质特征，而这些特征往往在客观的现实中无法生动表现或无法具体证明。夸张式表达表现空间大，但需要大胆创意。

【创意金点子】

一只无法熄灭的西屋灯泡 美国西屋公司一则灯泡广告，属于一种戏剧性夸张的广告。一间卧室里，准备睡觉的妻子对正在读报的丈夫说："快关灯吧！"丈夫随即按下台灯开关，可灯泡竟光亮如初。于是丈夫把插头拔了下来，但灯泡还是亮着。无奈之下，他索性取下灯泡，谁知它照亮不误。这位丈夫只好把灯泡放进木箱里，可它依然闪闪发光。妻子不耐烦地催促丈夫关灯，这位"无能的"丈夫无计可施。只好手执发光的灯泡呆立着……这时，画外音响起："西屋公司的灯泡较其他灯泡寿命长达几百小时以上。"这则广告近似荒诞的滑稽剧，人们正是从这一"荒诞的滑稽剧"中记住了西屋公司的灯泡，这种效果是一般广告难以达到的。

4)悬念式表达。在广告开始设置一个谜题，使受众产生疑问，唤起好奇心，激发受众探究结果的强烈欲望。随着情节的展开，亮出谜底或答案的瞬间，醒悟或意会出广告的真实意图。

5)置换式表达。又称移花接木法，即用某物取代原有组织结构中的某一部分，采用人为制造谬误的手法，增添画面的新奇效果。

6)情境式表达。即围绕产品设置人物和环境，通过编织一些戏剧化的故事情节，撷取一段真实生活场景，来表现广告主题的手法。运用情境式表达，应注意体现出产品与人们现实生活的密切关系和突出宣传产品在现实生活中扮演的重要角色。

【创意金点子】

麦当劳"第一次点菜"(first order)电视广告 父母带着姐弟俩去麦当劳用餐，坐下来后，姐姐问弟弟："你会不会点呀?"弟弟双手托腮面露难色。姐姐又说："你已长大了，要学会自己点啦。"这时一位麦当劳小姐走到小男孩身旁问道："我可以为您做点什么？先生。"("Can I help you, sir?")小男孩惊讶地看着她，连忙说："我要一个汉堡包、薯条、一杯可乐，还给我的姐姐要一个……"当麦当劳小姐走后，小男孩欣喜又似乎有些不相信地喃喃自语："她称我先生?"脸上露出自己已经长大，生平第一次被人称呼为"先生"，并第一次点菜的喜悦。

7)比较式表达。即运用不指名的手法将自家产品与同类产品相比较或者自家新产品与先前旧产品相比较，引出广告主诉产品的优势特质的结论。运用此法，可提升产品卓而不凡的超群形象，既易于识别，又利于突出产品的特质。比较式表达成功的重要条件是：品牌间存在明确的差异，而该差异对消费者而言又极为重要。

8)实证式表达。通过消费者的证言和社会权威机构的证据，采用消费者现身说法、实际验证过程和演示等手法表达出产品的实际效果。

二、公关促销创意

现代商战是促销大竞赛，促销的密度和力度已成为商战的重要标志；据有关调查资料显示：现代企业的市场推广预算已由从前的广告绝对主导地位转变为促销主导，两者的比例约为3∶7。

1. 促销的基本理念

(1)促销的内涵与特性

> 促销犹如利刃，运用不当，会伤害到自身的机体和形象。

1)促销的内涵。国内学者樊志育促销定义：促销是指企业促使消费者对产品产生渴求愿望、对产品发生兴趣并能够迅速激励顾客购买行动的市场推广方法和手段。

美国学者乔治·贝尔奇促销定义：以创造一种即时的销售为主要目的，对销售人员、分销商或最终消费者提供一种额外的价值或奖励的一种激励①。

2)促销的特性——实效性。促销属于"兴奋剂"型的市场推广策略，它能迅速消除顾客的犹豫观望心理，清除其购买惰性，从而产生立竿见影般实效。

促销不创造无形价值，只增加产品销售的实质价值；促销能大力增强企业的竞争力和吸引力。

促销活动优点虽多，实效明显，但其潜在的隐患也较为突出，主要体现在诸如产品自我形象贬低、厂商为扩大销售急躁地"求售心态"会不择手段，易使顾客心存疑虑和信心动摇等方面。可以这样说，促销威力强大的同时也颇具自我杀伤力。因此，促销策划和创意应力求解决

① (美)乔治·E. 贝尔奇等著，张红霞等译，《广告与促销》，东北财经大学出版社，2000年版，第675～676页。

这些负面效应。

(2)成功促销的要点

1)成功促销须具备以下条件:

第一,吸引广大目标市场的兴趣;

第二,强烈的激励措施和一定的知名度;

第三,对参与者的人为限制最少。

2)成功促销须获得以下支持:

第一,广告支持;

第二,杰出的产品演示支持;

第三,品牌统一形象传播支持。

3)成功促销须注意以下问题:

第一,不要寄希望于以促销活动来解决长期销售衰退现象;

第二,不要依靠少数几种促销方法,所有促销手段应做策略性通盘思考,多做市场推广的配套方案;

第三,不可过分依赖促销活动,以免促销对产品价值和品牌形象造成损害。

公关促销可以做到真正意义上的双赢——扩大销售力和提升形象力。

(3)现代促销的新趋势——公关促销

公关促销要求促销活动与公共关系活动相互合作和渗透,提高新闻媒体的关注性和消费者的参与性,在发挥促销威力的同时,注重维护与发展企业及品牌的形象。

2. 公关促销新趋势之一:事件行销创意

(1)事件行销的内涵与类型

Event Marketing,贴切的译法为事件行销或活动行销,事件行销是促销的新发展。台湾学者樊志育认为:它是指企业整合本身的资源,通过具有创意性的活动或事件,使之成为大众关心的话题,因而吸引媒体的报导与消费者的参与,进而达到提升企业形象,以及销售产品的目的①。成功的事件行销能够引发正面的新闻效应,充分吸引消费者的注意力。不仅能够产生新鲜感觉和新奇效果,而且善于激发消费者参与的主动性,以及能够迅速提高品牌知名度。

事件行销的类型。如果将 event 按不同目的加以分类时,可归纳

① 樊志育著,《促销策略》,上海人民出版社,1995 年版,第 67—68 页。

为下面五种典型类型。

1)创新营销战略型。

2)运用公益活动型。以艺术、音乐、文化、体育、环保或社会责任之名从事的公益活动,由于具有非商业性的特质以及提升生活品质的功能,所以较易受到大众传播媒体的重视而成为有新闻价值的话题。企业从事公益活动,不但能塑造卓越的企业形象,亦可增强消费者的信心。

【创意金点子】

中国台湾统一企业“书香社会和谐家庭”公益促销活动 台湾由于经济快速成长,人们竞相追求物欲,一般家庭有酒柜却不见书柜,这些情形足以反映出精神生活的贫乏与低落。一个理想社会固然要生活富裕,但精神生活层次的充实更为重要。因此,若人人都能养成读书习惯,必能净化社会,使社会和谐安祥。因此,统一企业不断提倡各项公益活动,先后举办:①在爸爸的香烟上画条红线;②在妈妈的健康尺上画条红线;③爸爸别忘了吃早饭;④日行一善;⑤陪爸爸走一段路;⑥ 母亲节母亲结等活动,备受消费者的喜爱与支持。统一企业有感近来社会风气奢靡,灯红酒绿的应酬,消磨了许多人的时间与金钱,因此欲以企业的力量提倡书香社会活动。针对儿童的依赖心理,孩子渴望父母陪他一起玩耍,一起读书,为他讲故事,因此,呼吁让全家人每天都有一段快乐的时间,爸爸妈妈一起来读书;针对小学生心中的疑惑,爸爸妈妈叫我要好好用功,为何他自己却不读书呢?呼吁大家一起来读书;针对中学生,中学时期是孩子性格的转变期,这段期间的强烈叛逆与茫然,需要为人父母者的爱心与耐心,从孩子学习过程中的困惑,盼望父母一起来读书的愿望。统一企业提醒大众,书香社会,和谐家庭,生活原可以过得更温馨、更美好。为此,统一企业印制了《统一书香手册》13 万册,内容大纲为:爸爸妈妈一起来读书、名家谈书、读书经验小品、享受读书之乐、如何阅读一本书、休闲生活中寓有教育等。

3)时势环境型。所谓善用时势环境,是对世局、政局或社会议题、消费心理等,有敏锐的反应,并将其吸纳为企业造势的资源。这是一种借力使力,顺势推舟的 event。

【创意金点子】

惟一的“免撞试验” 加拿大惠特尼公司“免撞试验”,一次惊险的空中事件成为一次精妙的宣传话题。一架美国赛斯纳公司生产的“奖状”号飞机在下降时,遇到一只叼着兔子的老鹰。老鹰见到飞机这个庞然大物时很害怕、丢下兔子就飞走。糟了！兔子恰巧被吸入飞机发动机。发动机一旦被损坏，这架飞机就完了！飞行员惊出一身冷汗。然而，很幸运，兔子撞机虽使螺旋桨受损伤，但发动机却安然无恙，飞机平安地降落在地面上。由于“奖状”号飞机装的是加拿大普拉特·惠特尼公司生产的PT6发动机，PT6发动机因此成了世界上惟一经受过“兔撞试验”的发动机，由此意外地证明了该发动机工作的可靠性。这家发动机公司借此机会，大加宣传，于是在世界航空工业界赢得了很高的声誉。

4)引导教育新知型。

5)挑战传统禁忌前卫型。

(2)事件行销的实施要领

1)事件行销的运作手法在于利用事件与制造事件，使事件本身为企业提升信誉和品牌推广服务。

2)事件行销的成功关键在于企业要善于通过大众传媒或与其联手合作，使事件或活动本身成为社会关注的焦点，从而产生非凡的社会影响力。

事件行销的成功，关键在于社会影响力的大小。

3)事件要引起消费者的注意力，加强与消费者的互动。

(3)事件行销的创意手法示例

1)利用事件。

【创意金点子】

香港怡东酒店的“我的1997” 根据中英联合公报，1997年7月1日，香港地区将回到祖国怀抱，成为中国“一国两制”的特别行政区。为了亲临这具有划时代意义的盛况，世界上不少有心人纷纷预订香港1997年6月30日晚的客房，以便目睹降下“米”字旗的历史时刻。为此，别出心裁的香港怡东酒店甩出高招，推出100间临街能见降旗的客房，当晚收费1997元港币，与1997年这一组数字相同。尽管租金比平时高出许多，刚一公布即刻爆满，所有房间已全部预订出去，并宣布不再接受预订。迟到一步者中许多人不愿就此罢休，与酒店打招呼，愿当“候补房客”，争取有幸运降临。根据香港饭店行业协会估计，1997年6月30日晚，将是港岛各家酒店历史上生意最为兴隆的一天。当然，更是怡东酒店难忘的1997。

2)制造事件。

【创意金点子】

“富士山危机” 日本SB公司制造的“富士山危机”，拯救了自己，也推销了自己。富士山是日本民族的骄傲,日本SB公司利用日本人对富士山的特殊情感,人为"制造"了危言耸听的富士山危机。该公司为推销滞销的咖喱粉做了广告:"富士山将旧貌变新颜了。本公司将雇数架飞机,把满载的黄色咖喱粉撒在雪白的富士山顶,届时,人们将会看到一个金顶的富士山。"这不啻是水滴油锅,一时舆论哗然,SB公司成为各传播媒介的议论中心。斥责之声蜂起,富士山乃日本国民所有,岂容SB公司胡来……各种议论、指责正中策划者下怀,几天之后,公司在报上作出表态:"本公司原意在于美化富士山,如今考虑到社会的强烈反对,决定撤消飞机撒咖喱粉的计划……"于是峰回路转,SB公司由此声名大振。社会公众对SB公司的咖喱粉产生了"不打不相识"的微妙心理,使咖喱粉大摇大摆走进市场,人们争相购买。

3. 公关促销新趋势之二:公开促销

公开促销主要有两种方式:公开参观与公开见证,"百闻不如一见",它是促销日趋重要的利器。

(1)公开参观专题创意

1)公开参观的内涵。公开参观(Open house)活动,是把消费者直接导入你的公司或工厂,使企业与消费者直接沟通,借以创造厂商与顾客及未来顾客的交往机会,确立股东、消费者及潜在顾客,对企业整体的好感与信赖,并借口头传播,建立企业形象,培育无数的舆论领袖(opinion leader)及市场领袖(market leader)。

百闻不如一见,事实胜于雄辩。

通常企业以商品图片,通过媒体,刺激顾客购买的欲望,但公开参观,能使消费者获得身临其境、亲眼目睹并得以触摸商品的机会。公开参观,让公众亲眼看到公司运营实况和产品生产的过程,了解产品的材料、质量、性能等,可使公众了解公司是如何为社会和公众服务的,从而打破公司与公众之间的隔膜,增加公司的透明度与信任度,解除公众对公司产品的某些疑虑。

参观者巡视工厂生产过程,目睹手触公司所生产的产品,或品尝或试用,同时聆听详细的解说,即或短短1小时,可与电视30分钟节目,看20次广告相匹敌,甚至达到更大的效果。

【创意金点子】

"向上帝敞开胸膛" 深圳益生堂的开放参观,让真材实料的品牌印象深入人心。公司针对消费者对保健品的不信任心理,公司首先在广告中发布如下的"特别提示”——为确保益生堂三蛇胆真材实料的承诺，本公司决定向社会各界开放益生堂三蛇胆的投料现场，欢迎各界朋友监督。这一举措果然引起了消费者的兴趣。公司开放投料现场，敞开工厂大门，让新闻界的朋友和消费者及政府有关部门来参观和监督投料。深圳众多媒体先后派出记者去参观现场，全国60多位营养师与主治医师参观现场，近千位消费者以不同的方式来参观投料。

于是有关新闻报道陆续出来了，《向上帝敞开胸膛》、《蛇胆有多少?》、《公开投料现场目击记》等，消费者的口碑出来了，每一个来参观的朋友都是活广告。他们借着这股东风，不断发布告知及证言广告，告知消费者有多少人次参观了投料现场，亲眼证实益生堂三蛇胆一粒胶囊的确含一粒蛇胆。这一新颖的公关促销活动，不仅很好配合了广告卖点诉求，而且大大树立了益生堂公司的企业形象，有力地促进了销售的提升，使这一产品销售不断攀登新高峰。

2)公开参观的类型。公开参观分为经常性公开参观和开放日公开参观两种。

(2)公开见证专题创意

公开见证促销的实质：大众监督与消费者的见证是产品走向市场的真正凭证。

【创意金点子】

深入人心的促销活动　青岛澳柯玛见证促销，让新品电热水器倍受消费者信赖和喜爱。为了在市场上一炮打响，他们在青岛市做了一次范围广、测试者集中(中等收入以上家庭)的问卷调查，从中发现消费者选购热水器最关心的是安全和节能两个因素。这一答案正好与公司提出的“双百承诺”相吻合，于是他们抓住这一契机，举办了一次别开生面的、生动的“断电100小时有热水，大众监督见证”现场促销活动。

澳柯玛热水器公司从消费者极其关心的“电热水器断电后多长时间还能保持有热水”这一问题入手策划了这则案例。他们将澳柯玛电热水器“断电100小时有热水”的承诺通过让消费者在断电后以有奖形式不间断地现场测量、记录，以大众见证的形式予以确认，最终使澳柯玛电热水器高品质的概念深入人心，提高了产品的知名度和美誉度。整个过程如下：公司在七大商场实验现场，同时断水断电，宣布实验活动正式开始，并由总厂工作人员测出断电后的第一个实验数据79℃。这一活动引起极大的轰动，在场的顾客争相参加，参与测量水温的顾客络绎不绝。在以后的100小时内由于顾客的热情参与，原计划每隔1小时测量一次的工作改为每半小时1次。经过全体工作人员和热情消费者的共同努力，在经历了5天4夜的测量见证工作之后，测出800个实验数据，最后得出100小时后的平均水温34.6℃（初温平均为79℃）。这一数据真正体现了澳柯玛电热水器杰出的保温性能和经济节省的特点。许多参与活动的顾客纷纷表示，这种高保温性能在所有品牌的电热水器中是非常突出的。

4. 公关促销新趋势之三：联合促销

(1)联合促销的内涵

联合促销是指两个或两个以上的企业实体，在互惠互利的基础上，共同进行促销的市场推广方式。

(2)联合促销的类型

1)与其他行业联合促销；

2)与经销商联合促销；

3)与同行业联合促销。

众志成城，
泰山可移。

(3)联合促销的原则

1)目标市场相同或相近原则；

2)互惠原则；

3)形象一致原则。

三、服务营销创意

世界进入"服务经济时代"。产品与服务很难分离，你中有我，我中有你；企业的服务质量每提高1%，销售额可增加1%；服务在当代社会不可须臾离开，它深入每个角落，联系着每个消费者；服务员工怠慢一名顾客，会影响40名潜在顾客。

1. 服务营销基本理念

服务营销强调与顾客的沟通与交流，甚至形成伙伴关系。

随着服务在社会经济生活中扮演着越来越重要的角色，市场营销学者开始加强了关于服务营销的研究。科特勒明确指出服务代表了未来市场营销学研究的主要领域之一。

(1)服务营销的内涵界定

服务营销与传统营销的区别在于：

1)传统营销侧重于销售产品，而服务营销则侧重于保留与维持现有的顾客。

2)传统营销注重短期利益，而服务营销则注重长远利益。

3)传统营销只向顾客提供有限的承诺,而服务营销却向顾客提供足够的承诺。

4)传统营销不强调与顾客的接触,而服务营销则强调与顾客的沟通与交流,甚至形成伙伴关系。

5)传统营销认为品质是生产的事情,而服务营销认为品质与产品和服务都有关系。

【创意金点子】

长岭冰箱服务套餐 长岭率先创新提出了全新的服务理念——为顾客创造愉悦。服务已不再是生产与销售的简单延伸,服务本身就是极富创意的工作,长岭通过阳光航班,致力于为顾客提供全接触、互动式、零距离、高品质的服务套餐,从而实现顾客的最大满意。

(2)服务品质的衡量标准

1)时间的迅速性。这里指企业对顾客的反应灵敏度与行动的迅速性。

2)技术的准确性。这要求企业能有效地针对顾客问题,有的放矢地取得实效。

3)承诺的可靠性。这里指企业对确定的服务内容是否严格执行。企业对于企业的各项承诺必须不惜代价予以执行。顾客服务的成功与否,很大程度上取决于承诺的执行与兑现。

4)过程的移情性。移情性不是仅指服务人员的友好态度问题,而是主要指企业要真诚地关心顾客,了解他们的实际需要(甚至是私人方面的特殊要求)并给予满足,使整个服务过程富于"人情味"。

5)外观的可感知性。可感知性是指服务产品的"有形部分",如各种设施、设备以及服务人员的外表等。

【创意经典个案:"IBM 就意味着服务"】

"IBM 就意味着服务"这是 IBM 公司刊登过的一句广告文案,它清楚而又准确地阐明了顾客服务的内涵。"我们要在为用户提供服务方面独步全球。"在 IBM,专门选用表现优异的业务人员担任 3 年的主管助理。在这整整 3 年中,他们只负责一项工作,就是对任何顾客的报怨或疑难,务必在 24 小时内解决;为了解决顾客的急需,IBM 专门请来了 8 位专家,其中 4 位来自欧洲,一位来自加拿大,还有一位是从拉丁美洲赶来，所有这些努力，全然只为一个目的——帮助顾客迅速解决问题；IBM公司获胜的主要因素就是通过高质量的服务使顾客满意。购买IBM的产品，顾客能清除内心的FUD(F——fear 恐惧；U——uncertainty 不确定感；D——doubt 疑虑)。在近1/4世纪里，IBM用户里一直流传着一句话："没有人因选购IBM产品而被炒鱿鱼。"实施全方位服务策略使IBM至今仍是世界信息产业的蓝色巨人。

我们不卖产品，我们只卖安静的睡眠和轻松的心情。
——IBM

2. 服务营销的发展趋势

1)服务营销日趋人性化和个性化；

2)服务营销日趋产品化与品牌化；

3)服务营销日趋互动化与网络化。

3. 服务营销策略

(1)5A服务营销策略

1)认识顾客(Acquainting)。通过认识顾客，熟悉他们，并了解他们的购买行为和需要，逐步认定具有较高价值的顾客群。

2)答谢顾客(Acknowledging)。通过答谢(尤其是函谢)顾客，让顾客知道他们受到企业的重视。对顾客主动发起的沟通、交流活动更应致谢。

3)欣赏顾客(Appreciating)。欣赏顾客及他们为企业提供的业务。在顾客有许多供应商可供选择的情况下，他们却为本企业提供了机会，企业对他们的决策应予欣赏和感激。

4)分析顾客(Analyzing)。分析顾客在沟通和交流活动中提供的信息。通过对顾客意见和感受的深入分析，企业可以为自己未来的经营活动确定方向。

5)为顾客满意而行动(Acting)。向顾客学习，倾听顾客的心声后，企业要通过实际行动，努力改善经营程序，改进自身的产品和服务，更好地提高顾客对企业及企业产品的满意程度。

(2)后营销服务策略

1)建立顾客信息资料库。有效的顾客信息资料库是企业分析顾客特点、顾客需求的基础，也是企业认定主要顾客的前提条件。它能帮助企业有的放矢地使用各种营销手段，满足顾客的需要，引导顾客的消费，避免营销资源的浪费。

2)筹划接触顾客的程度。设计一种策略性的程序,使营销人员据以认定和顾客互相作用的要点,以及企业和顾客双方相互作用的特性,从而帮助企业安排合适的职员与气氛和顾客接触。

3)分析顾客对产品和服务的反馈信息。企业要认真阅读顾客来信,记录顾客的询问和投诉电话,除了对顾客的信函和询问做正常应答外,企业还应把顾客的反馈资料作为自己的重要信息源。顾客的信函可能包括了他们对企业产品和服务情况满意程度的丰富内容,企业应深入分析,从顾客提出的众多问题中归纳出企业经营中存在的缺陷,为未来改进提供依据。当然,企业对顾客的抱怨函和赞赏函应一视同仁,以积极的态度做出回应。

4)进行顾客满意情况的调查。为了全面把握顾客对企业产品和服务的态度、看法、批评和建议,企业应定期、不定期地进行一定规模的"顾客满意"调查活动。把调查所得的"顾客对产品和服务的合理建议"及时融入到新产品设计和老产品改进中去。

5)创造一种企业与顾客正常交流的渠道。企业可以编辑一种以"产品特点、服务状况、顾客心声、用户建议、批评与改进"等为内容的期刊或简讯,欢迎顾客投稿,定期在顾客中散发,形成一个企业与顾客正常交流的固定渠道,既可把企业的有关信息及时传递给顾客,又可让顾客参与企业活动,增强企业对顾客的凝聚力。

6)抓住特殊的顾客事件,举办特殊的顾客活动。企业要善于抓住特殊的顾客事件做宣传。对正面事件积极报道,对负面事件深入反省,变坏事为好事。另外,根据顾客的兴趣,企业可以为顾客举办一些庆祝活动、奖励活动和交流活动,给顾客良好的感觉,强化顾客与企业之间的友好关系。比如,国内不少企业举办的"周年庆典"、"消费者之声"等活动,都起到了增强顾客对企业及其产品忠诚的功效。

7)确认和找回失去的顾客。顾客的流失意味着一定程度的营销失败,而且太多的企业把流失的顾客搁置一边,很快淡忘。然而,流失的顾客可能是企业"新"顾客的最好源泉。这些顾客了解企业的产品和服务情况,如果企业确认他们后,以诚恳的态度予以邀请(当然要倾听他们的意见),他们一般会愿意返回。

(3)服务系统设计与创意

我们可以把服务系统比喻成鲜花,服务系统包括从信息与咨询到问题处理与顾客康复等8类服务，犹如鲜花的8个“花瓣”，花蕊就是核心产品。8个“花瓣”会把“花蕊”衬托得美丽动人。

1)信息与咨询。一般情况下，顾客只有得到他们认为有价值的信息后，才能在内心形成确定感，然后再决定是否购买。在这个过程中，服务人员应当对顾客所处的形势有一个清晰的了解，引导顾客说出他们自己真正的困难，并引导他们解决问题。如果服务人员能够主动咨询，不断与用户加强联系，并关心他们对产品的使用状况，就更有意义。

2)演示操作与解说。演示操作与解说作为顾客服务活动中的一个重要组成方面，应该具备两个基本特征：逻辑性、全面性。只有做到这两个方面，服务人员的演示操作与解说才能说是成功的。逻辑性要求演示操作与解说必须符合产品的操作流程和规定，要让顾客花费最小的气力来学会如何操作和使用，特别是技术性复杂的设备，服务人员就更应该讲究这方面的技巧；全面性要求服务人员对顾客提出的各种问题能够做出满意的回答，显然，在演示操作与解说过程中，顾客要询问许多关于产品本身之外的问题，诸如生产环节中的技术标准、产品的运输服务、原材料的质量等，如果服务人员回答不出来，势必会影响到用户的情绪。

服务营销创意应使服务过程透出更多的人情味，折射出更多的人性力量。

3)人情味。这里的人情味主要指企业对顾客的好客感及关心的行为。人情味要求服务人员要热情、主动，让用户体会到一种被关怀的感觉。人情味还表现在企业对顾客人身及财物的关怀和保护。

4)定购。定购过程一定要快捷、准确、尽可能地让顾客花费最小的气力。一定要让顾客知道在何时、何地以及如何定购，否则顾客会感到不满。定购时，可以由服务人员引导顾客进行。

如果确实不能保证按时按质给用户提供产品，企业一定要尽早与顾客沟通，以达成谅解并避免给客户带来损失。

5)付款。付款活动对于顾客来说应当便捷、安全。

6)交货服务。服务人员要认真、细致地完成搬运与运输，防止产品受到损害，给企业和顾客带来损害，也给顾客留下一个做事认真、负责的良好印象。作为服务人员一定要牢记：我的行动本身代表着企业形象；代表着企业所有员工的行动方式。

在交货服务方面，企业一定要做到及时、按质、按地完成产品转移的最后一道程序。交货服务同样是顾客服务的一个重要组成部分。

7)售后服务。没有完善的、高质量的售后服务,无论企业的产品品质如何好,顾客还是不敢买,因为"后顾之忧"确实让人不敢冒险。

售后服务共包括五个方面,它们是产品的安装、产品的调试、对用户的技术指导和培训、产品的维修与保养、对用户的拜访或其他联系。售后服务是顾客服务中非常重要的组成部分,同样要求服务人员要热情、主动、具有全面的知识和较强的团队精神。

8)问题处理与顾客康复。面对不满意顾客,企业可以从以下五个步骤进行顾客康复工作:

第一步要对顾客所经历的不便事实进行道歉和承认;

第二步是倾听、移情、问一些开端问题;

第三步要针对问题提出一种公平的化解方案;

第四步要针对给顾客带来的不便或造成的伤害程度大小,给予顾客一些具有附加价值的补偿;

第五步要有跟进行动。

服务之花能否盛开,重在企业全体人员的真诚之心能否天长地久。

总之,八种服务构成了服务之花的八个花瓣,与核心产品组成一个完美的花状图。因此,要想使服务之花盛开,并且鲜艳诱"人"(顾客),形成企业的服务优势,就需要按照"花状图"精心设计服务流程,以精彩创意,让服务之花开得更加鲜艳夺目。花儿为什么这样红?花儿为什么这样鲜?只因为企业用一颗"真诚到永远"的心在认真地浇灌。

【创意经典个案:荣事达的红地毯服务创意】

服务竞争是家电市场越来越重要的竞争手段,服务内容扩充、服务承诺升级、服务口号创新、服务行为规范是新一轮服务竞争的鲜明特点。荣事达于1997年3·15之际隆重推出了"红地毯"服务,引起强烈反响,引来不少用户的赞誉。其中的"三大纪律、八项注意"服务行为规范,更被不少家电企业广为仿效。

红地毯服务创意策划分为三个部分:①确定"红地毯"的寓意和特点;②确定"红地毯"服务的承诺内容;③确定"红地毯"服务规范。

服务寓意和特点是一个营销理论与服务实际结合的问题。在现实生活中,红地毯经常在非常隆重的场合使用,企业为用户服务铺设红地毯,确实是以消费者为中心的营销观念的实际表现。因此,确定"红地毯"服务的寓意为:视用户为上帝,尊用户为贵宾;服务的自律要求是:热情周到、温情体贴、深情细致、真情诚恳;服务目标是:追求零缺陷、追求用户完全满意。

中国人对“三大纪律、八项注意”的印象是深刻而美好的，因为它就是革命军队的行为规范。用“三大纪律、八项注意”表述“红地毯”服务行为规范，其创意方向和风格是协调相容的，联想是亲切而美好的，还会引起相当的怀旧情感。定稿时，“三大纪律”被概括为：①不与用户顶撞；②不受用户吃请；③不收用户礼品。

“三大纪律”消除了维修人员与用户对行为规范的距离陌生感，大大增加了熟悉感、亲切感、记忆度、理解度和美感度。

“八项注意”是提醒维修人员根据用户家庭情况注意做到的，其顺序是按上门维修服务工作程序排列的，具体内容是：①遵守约定时间上门准时；②携“歉意信”登门致歉；③套上“进门鞋”进门服务；④铺上“红地毯”开始维修；⑤修后擦试机器，保持清洁干净；⑥当面进行试用，检查维修效果；⑦讲解故障原因，介绍使用知识；⑧服务态度热情，举止礼貌文明。

【本章小结】

在营销创意实践中，理念与策略创新极为重要，创意人应高度洞察和把握营销的发展趋向，新鲜的创意源于先进的理念与策略；而且，创意人更应掌握广告创意、公关促销创意、服务营销创意的具体创意理念与策略，针对各自的特点，引发各具特色的创意成果。创意有法，但无定法，作为一名创意人，应在借鉴和吸取成功创意经验的基础上，尽情挥洒自我的创意个性。

【思考题】

1. 你认为21世纪最有价值和最具发展前景的营销理念将集中在哪些领域？
2. 结合一个具体产业实际，为其制定一份赢得市场竞争优势的策略方案。
3. 虚拟一个品牌产品，运用所学的理论与方法，制定一份营销创意提案。

★★★★★ 进修指导 ★★★★★

【参考文献】

1 樊志育．促销策略．上海:上海人民出版社,1995

2 欧阳康．现代广告——表达与创意．北京:中国社会出版社,1996

3 (美)T·E·舒尔茨．整合营销传播．吴怡国译．呼和浩特:内蒙古人民出版社,1997

4 卢泰宏．广告创意——个案与理论．广州:广东旅游出版社,1997

5 王方华．服务营销．太原:山西经济出版社,1998

6 (美)菲利普·科特勒．营销学导论．第4版．俞利军译．北京:华夏出版社,1999

7 (美)乔治·E·贝尔奇．广告与促销．第4版．张红霞等译．大连:东北财经大学出版社,2000

8 张文贤．市场营销创新．上海:复旦大学出版社,2002

9 王成．企业最优战略定位．北京:中国经济出版社,2002

【相关网址链接】

营销传播网站 http://www.emkt.com.cn

产品策划 http://www.centaline.online.sh.cn/scfx.htm

新元管理资讯 http://newera.bentium.net

美国营销协会网站 http://www.ama.org

营销期刊总汇网站 http://marketing.kub.nl

营销策划 http://www.goeasy.com.cn/mana-8.htm

后　记

创意、创造、创业，是人类创新道路上的三个里程碑，人类的一切创新活动，都不可避免地要经历创意、创造和创业这样三个阶段。这套即将付印的创新教育系列教材，就是对这一创新过程的科学表述。事实上，它的问世也无例外地经历了这样一个创新过程。我们将“创意”、“创造”、“创业”这三个知识点组合成为统一的“创新教育”的概念，就是一个极好的创意；这套教材的编写和出版，无疑是一个创造的过程；而当这套教材投入使用之日，也就是我们开始创新教育事业的阶段了。这是一个培养千百万创新人才的宏伟事业，我们为能成为这一事业中的一名参加者和建设者而感到无比自豪。

任何创新活动都是来自社会实践的推动。这套创新教育系列教材的创意构思，就是我们在长期的创新教育实践的探索中逐渐形成的。1999 年秋，当大学生创业热潮在全国蓬勃掀起的时候，我申报了一个关于创业教育的项目，被列入西北工业大学规划教材，并于 2000 年 6 月由陕西人民出版社出版了《创业学》。后来我又申报了两项关于创新教育的课题，相继出版了《创意学》、《创造学》。在这几年的教学研究和教学实践中，我们对创意、创造和创业的认识越来越深刻，对它们之间的关系也越来越清晰，于是，形成了以创意学、创造学、创业学为基本内容的这样一个完整的创新教育科学体系的构思。

有幸的是，我们的构想从一开始就得到了校领导的关注和支持。校党委书记叶金福教授看到书稿后非常高兴，挥笔写下了“创意以解放思想，创造以回报社会，创业以成就人才”的词句表示鼓励。校长姜澄宇教授不仅为这套教材亲自写序，而且对我们的创意给予了高度评价。他说：西北工业大学在专业教育方面有以航空、航天、航海为内容的“三航”特色，现在在素质教育方面又有了以创意、创造、创业为内容的“三创”特色，这将对西工大向高水平、研究型大学发展具有重要意义。校党委副书记兼副校长王润孝教授更是身体力行，亲自召集编委会议，研究编写大纲，从物质上、精神上给予我们大力支持，使我们深受鼓舞。如果没有校领导的督促、鼓励和支持，我们的设想恐怕到现在还只是一个“精神产品”呢。

这套教材是集体智慧的结晶，是我校人文与经法学院、管理学院和德育教研室广大教师通力合作的结果。作为系列教材的总主编，我仅仅做了一点儿组织工作，其他大量工作都是大家做的。这三部教材既是一个统一的整体，相互联系，不可分割；又自成体系，独立成篇，具有相对的独立性。编写实行主编责任制，由每个分册主编负责拟定本册编写大纲，统稿、定稿。副主编协助主编工作，负责审核、改稿、校对。各册具体分工如下：

《创意学教程》由赵明华副教授任主编，丁社教副教授、高宝营副教授、刘志成副研究员任副主编。丁社教、赵明华撰写第一章；丁社教撰写第二章；周炯讲师撰写第三章；刘志成撰写第四章；高宝营撰写第五章；张洪英助教撰写第六章；田明纲助理研究员撰写第七章；贺苗讲师撰写第八章；刘咏芳讲师撰写第九章；赵明华撰写第十章。

《创造学教程》由杨乃定教授任主编，张亚莉讲师、蔡建峰副教授任副主编。杨乃定撰写第一章；刘丽华讲师撰写第二章、第六章；朱煜明讲师撰写第三章；张亚莉撰写第四章；杨宏玲讲师撰写第五章；易飞博士生撰写第七章；蔡建峰撰写第八章；宫军讲师撰写第九章；田庆峰助教撰写第十章。

《创业学教程》由罗天虎副研究员任主编，张爽副研究员、庞小宁副教授、钟顺虎副教授任副主编。罗天虎、崔义中教授撰写第一章；高旭红讲师撰写第二章；张爽撰写第三章；钟顺虎撰写第四章；庞小宁撰写第五章；李军副教授撰写第六章；陈冰工程师撰写第七章；赵明华撰写第八章；杨云霞讲师撰写第九章；李娜助教撰写第十章。

在教材编写过程中，全体作者群策群力，团结奋斗，一方面充分发挥自己的主观能动性和创造性，尽量追求其新意；另一方面注意吸收和借鉴近年来国内外创新教育研究的最新成果，不断丰富其内容，从而保证了教材的质量，使它具有了不同于其他创新教材的独自特色和风格。所以，这套教材的字里行间不但倾注了全体编写人员的辛勤汗水，也闪耀着许多没有署名的学者思想的光辉。在这里，我要向他们道一声“辛苦”，说一声“谢谢”。

特别需要指出的是，这套教材的编写和出版，与社会各界人士的支持是分不开的。国家教育部袁贵仁副部长对这套教材寄予厚望，在百忙之中抽出时间，亲自撰写了题名为《把创新的旗帜插上科学的高峰》的序文，充分体现了教育部领导对创新教育的高度重视。

费孝通、王光英、马文瑞等老一代国家领导人，高占祥、杨海波、王照华、刘吉、于光远、桓玉珊、于珍、邵秉仁、樊刚、同向荣、陈一坚、温元凯等著名教育家、社会活动家和学者也欣然应邀担任本系列教材的高级顾问，为我们把关定向。他们中的一些人还慷慨挥笔，为教材题词和题写书名。他们对这套教材的热忱关怀，使我们有了一种“小荷才露尖尖角，便有蜻蜓落上头”的感觉，真是“寸草春晖”，难以回报。

在这套教材出版过程中，我们还得到了西北工业大学有关部门的支持和帮助。教务处长万小朋教授对于编写工作给予热情的指导，并提出许多宝贵建议；教材科长李辉也为我们提供了诸多帮助。值得一提的是，西北工业大学出版社副总编辑李辉副研究员为本教材的出版做了大量工作。他一方面担任教材的总策划，另一方面又担任教材的责任编辑，不仅从内容、文字、体例、版式、封面设计上把关，而且对书稿还加注了大量的旁批，进一步丰富、深化了教材的内容，在一定程度上起到了再创造的作用。他的敬业精神深深地感动了我们每一个人。

我们深知，我们付出的劳动很少很少，而我们得到的帮助却太多太多。从某种意义上讲，这套教材已经不止是我们全体作者的劳动成果了，它已经成为名副其实的社会产品。我们仅仅是个署名者，而那些关心和支持我们的人，才是真正意义上的作者。

最后，我有必要告诉广大读者，我们的工作还仅仅是一种尝试，尚有许多不完善之处，缺点错误在所难免，我们随时祈盼读者朋友的宝贵意见和建议。我代表全体作者向大家表示衷心感谢！

崔义中

2003年12月26日

于西北工业大学